110~220kV变电站施工图设计要点

穆　弘　郑家法　主编

中国电力出版社
CHINA ELECTRIC POWER PRESS

内 容 提 要

本书是在总结提炼智能变电站施工图设计和其要点讲解的经验基础上编制完成，主要包括 110kV、220kV 变电站电气一次、电气二次、变电土建等 3 个专业的卷册施工图基本要点、设计内容和边界、深度要求、提资收资要点、图纸设计要点、厂家资料确认要点、施工过程注意要点等。

本书内容简练、重点突出，具有较强的针对性和指导性，方便变电站设计、施工、监理人员使用，相关专业可借鉴参考。

图书在版编目（CIP）数据

110～220kV 变电站施工图设计要点 / 穆弘，郑家法主编 .—北京：中国电力出版社，2021.8（2024.9 重印）

ISBN 978-7-5198-5682-3

Ⅰ . ① 1…　Ⅱ . ①穆…　②郑…　Ⅲ . ①变电所 - 工程施工 - 施工设计　Ⅳ . ① TM63

中国版本图书馆 CIP 数据核字（2021）第 107263 号

出版发行：中国电力出版社
地　　址：北京市东城区北京站西街 19 号（邮政编码 100005）
网　　址：http://www.cepp.sgcc.com.cn
责任编辑：刘丽平　张冉昕
责任校对：黄　蓓　常燕昆
装帧设计：郝晓燕
责任印制：石　雷

印　　刷：中国电力出版社有限公司
版　　次：2021 年 8 月第一版
印　　次：2024 年 9 月北京第三次印刷
开　　本：787 毫米 ×1092 毫米　16 开本
印　　张：16.75
字　　数：334 千字
印　　数：1301—1600 册
定　　价：68.00 元

编　委　会

主　编　穆　弘　郑家法

副主编　胡　晨　靳幸福　薛　欢　何宇辰

编　委　朱　灿　高廷峰　季　跃　于晓蕾　刘　志　张慧洁
孙　博　王　笠　王　灿　方福歆　宋竹萌　刘　超
刘　倩　王　馨　梅晓晨　鲍玉莹　胡丽萍　金天然

前　言

目前市面上有关变电站设计的书籍内容已不再适应当前智能变电站设计的需要，为培养年轻设计人员的成长，提高设计质量和设计人员的技术水平，安徽经研院组织骨干力量开展了对变电站各个施工图卷册设计要点的讲解。为了让更多的工程设计人员快速入门、掌握设计要点，在施工图讲解的基础上总结提炼形成《110～220kV 变电站施工图设计要点》。本书包含变电站电气一次、电气二次、变电土建专业施工图卷册的基本要点、设计内容和边界、深度要求、提资收资要点、图纸设计要点、厂家资料确认要点、施工过程注意要点等。内容简练、重点突出，具有较强的针对性和指导性，方便变电站设计、施工，以及监理人员使用。

全书共三章。第一章为电气一次部分，包含 110kV 与 220kV 主变压器安装、110kV 与 220kV 户外配电装置（GIS）、110kV 与 220kV 户外配电装置（AIS）、110kV 户内配电装置（GIS）、10/35kV 屋内配电装置、电容器安装、站用接地变压器及消弧线圈安装、交流站用电系统、全站防雷保护及接地、全站照明施工图要点；第二章为电气二次部分，包含站内自动化、系统调度自动化及时钟同步，主变压器二次设计，220kV 保护及二次线，110kV 保护及二次线，公用设备二次线，故障录波二次线，一体化电源，火灾辅控，电缆光缆敷设及防火封堵，220kV 常规变电站保护改造，开关柜二次线，站内通信等施工图要点；第三章为变电土建部分，包含土建总平面，建筑，结构，构架加工图及基础，主变压器场区构筑物，GIS 基础，电容器、二次设备舱、消弧线圈及接地站用变基础，室内外给排水，暖通，全站消防施工图要点。

由于编者水平有限，错误及不妥之处在所难免，敬请广大读者批评指正！

编　者

2021 年 7 月

名 词 解 释

（1）设计输入：开展施工图设计工作所需的文件、专业及现场收资、图纸资料等；

（2）设计边界：本施工图卷册与其他专业或同专业其他卷册的设计分界点；

（3）设计内容：施工图卷册中设计所需内容；

（4）设计流程：施工图卷册设计过程中所涉及的流程；

（5）反措：指《国家电网有限公司十八项电网重大反事故措施》，本书简称为反措；

（6）“一单一册”：输变电工程设计质量控制技术重点清单、设计常见病清册；

（7）强条：输变电工程建设标准强制性条文。

目　　录

第一章 电 气 一 次

第一节 110kV与220kV主变压器安装

一、设计依据

（一）设计输入

（1）司令图。

（2）初步设计评审意见。

（3）设计联络会纪要。

（4）外卷册资料：消防管道布置（若有），附属设备箱柜尺寸。

（5）厂家图纸：主变压器外形图、基础图、铭牌图、吊装图、控制箱外形尺寸；中性点成套装置（若有）、隔离开关（若有）、避雷器、支柱绝缘子外形图。

（6）现场收资（涉及改造/扩建）：对于已投运变电站，应利用各方资源收资现场资料。一是利用国家电网有限公司各类应用系统，查考电网实时、设备台账等资料。二是联系运维单位求证、补充，咨询相关意见。三是部分工程已收集资料不满足设计要求的，应至现场复核，记录变电站现状。现场收资内容如下：

1）前期主变压器铭牌参数：容量、联结组别、电压、阻抗、套管电流互感器绕组排序及变比。

2）本期扩建主变压器场区是否有障碍物需拆除（消防沙池、灯具等）。

3）户外变电站若为L型布置，核实前期主变压器场区构架及电缆沟情况。

4）户内变电站扩建需核实主变压器室检修门尺寸是否满足安装及检修需求。

（二）规程、规范、技术文件

GB 50169—2016《电气装置安装工程　接地装置施工及验收规范》

GB 50229—2019《火力发电厂与变电站设计防火标准》

GB/T 6451—2015《油浸式电力变压器技术参数和要求》

GB/T 50064—2014《交流电气装置的过电压保护和绝缘配合设计规范》

GB/T 50065—2011《交流电气装置的接地设计规范》

DL/T 5222—2005《导体和电器选择设计技术规定》

DL/T 5352—2018《高压配电装置设计技术规程》

DL/T 5458—2012《变电工程施工图设计内容深度规定》

Q/GDW 10248.2—2016《输变电工程建设标准强制性条文实施管理规程　第2部分：变电（换流）站建筑工程设计》

Q/GDW 10381.1—2017《国家电网有限公司输变电工程施工图设计内容深度规定　第1部分：110kV智能变电站》

Q/GDW 10381.5—2017《国家电网有限公司输变电工程施工图设计内容深度规定　第5部分：220kV智能变电站》

《国家电网有限公司关于印发〈十八项电网重大反事故措施（修订版）〉的通知》（国家电网设备〔2018〕979号）

《国网基建部关于发布〈35～750kV输变电工程设计质量控制“一单一册”（2019年版）〉的通知》（基建技术〔2019〕20号）

《国家电网有限公司输变电工程通用设备（2018版）》

《国家电网公司输变电工程标准工艺（2016年版）》

《电力工程电气设计手册电气一次部分》

二、设计边界和内容

（一）设计边界

户外变电站：本节与35/10kV配电装置的分界点为主变压器进线穿墙套管，与220kV配电装置分界点为相邻220kV配电装置构架，与110kV配电装置分界点为相邻110kV配电装置构架。主变压器消防设施（若有）由消防或水工专业设计，电气专业配合。

户内变电站：本节与35/10kV配电装置的分界点为主变压器进线穿墙套管，与220kV配电装置分界点为220kV GIS主变压器进线电缆终端，与110kV配电装置分界点为110kV GIS主变压器进线电缆终端或配电装置跨线引下线。

（二）设计内容

图纸包括卷册说明、主变压器电气接线图、主变压器安装平断面图、汇流母线安装平断面图、主变压器安装图、中性点设备安装平断面图、设备安装图、设备材料汇总表。

（三）设计流程

本节设计流程图如图1-1-1所示。

图1-1-1　设计流程图

三、深度要求

（一）施工图深度

1. 卷册说明

卷册说明应包括设计依据、设计说明（建设规模及设备选型、卷册分界点）、设备型号、施工说明（金具选择、导线安装方式、接地及防腐要求）、规程文件、标准工艺清单等。

2. 主变压器电气接线图

主变压器电气接线图需与电气主接线图设备参数、导体型号一致。

3. 主变压器安装平、断面图

(1) 主变压器安装平、断面图应与电气总平面布置图一致，按规定标注指北针；详细标注主变压器器身、基础、油坑、防火墙、汇流母线等中心线距离，标注其他设备、构架、道路、电缆沟中心位置，标注纵向、横向总尺寸；标注主变压器序号、套管相序，标注控制箱位置。

(2) 主变压器安装平、断面图应在各断面图中示意本断面设备接线（表明接线关系，可不标注设备型号、参数）；标注设备、构架、道路、主变压器器身、基础、油坑、防火墙、汇流母线等中心线之间的距离和安装高度，标注断面总尺寸，标注安全净距；标注母线桥支架及各支柱绝缘子位置，母线桥支架高度，穿墙套管距地面室内外高度差；应包含反应软导线跨线温度弧垂张力关系的放线表或数据表标注跨线最大弧垂。

4. 主变压器安装图

(1) 主变压器安装图应根据主变压器外形及油重，确定事故油池及防火墙尺寸，详细标注主变压器中心、基础和油坑中心相对位置，标注主变压器构架位置尺寸，排油充氮基础及定位、预埋管道说明。

(2) 主变压器安装图应绘制主变压器外形及散热器、油枕等主要部件安装位置，说明器身与散热器（当采用分体布置时）基础安装固定详细要求，标示出埋管及留孔位置，表示器身、铁芯夹件接地位置及接地安装要求，表示一次接线板材质、外形尺寸及金具安装孔径及孔距。

(3) 主变压器安装图中的安装材料应注明编号、名称、型号及规格，单位数量及备注有特殊要求的，可在备注栏加以说明。

5. 设备材料汇总表

设备材料汇总表应按主变压器开列设备及材料并汇总，对按照物资采购程序的设备应注明生产厂商；设备安装所需材料按设备数量成套统计。

（二）计算深度

软导线应计算在最高温度、最大荷载、最大风速、最低温度、三相上人检修或单相上人检修等环境条件下的水平拉力、导线弧垂、支座反力；应计算各种环境温度下的水平拉力、导线弧垂、导线长度。

硬导体应计算在正常状态、短路状态、地震状态下的管母线所承受的最大弯矩和应力，管母线的挠度计算，以及校验支柱绝缘子的破坏负荷。

（三）反措要求

根据《国家电网有限公司关于印发〈十八项电网重大反事故措施（修订版）〉的通知》（国家电网设备〔2018〕979 号），本节涉及的十八项电网重大反事故措施如表 1-1-1 所示。

表 1-1-1　　十八项反措要求

序号	条文内容
1	9.5.3　110（66）kV 及以上电压等级变压器套管接线端子（抱箍线夹）应采用 T2 纯铜材质热挤压成型。禁止采用黄铜材质或铸造成型的抱箍线夹
2	9.7.1.4　变压器冷却系统应配置两个相互独立的电源，并具备自动切换功能；冷却系统电源应有三相电压监测，任一相故障失电时，应保证自动切换至备用电源供电

（四）"一单一册"

根据《国网基建部关于发布〈35～750kV 输变电工程设计质量控制"一单一册"（2019 版）〉的通知》（基建技术〔2019〕20 号），本节涉及的"一单一册"相关内容如表 1-1-2 所示。

表 1-1-2　　"一单一册"问题

序号	专业子项	问题名称	问题描述	原因及解决措施	问题类别
1	总平面	电气平面布置图表达不完整，定位标准不清晰	电气平面布置图未标母线及进出线的相别，电缆沟、端子箱、检修箱、电源箱等定位尺寸；漏标相序、指北针、回路序号等	按照施工图深度规定，电气总平图需标指北针、母线及进出线的相别，电缆沟、端子箱、检修箱、电源箱等定位尺寸，并加强专业会签	设计深度不够
2	设备及导体（含选型及安装）	主变压器释压排油口朝向应合理	主变压器释压排油口未正对油坑，导致排油时油喷到设备	为保证人身和设备安全，排油口处设置排油管或排油罩，保证变压器油排至油坑	技术方案不合理
3	设备及导体（含选型及安装）	线夹接线板与设备端子板压接面积不满足要求	线夹接线板与设备端子板长宽尺寸不匹配，导致压接面积不满足电流密度要求，且不满足工艺外观要求。线夹选择时未明确接线板尺寸，施工单位也往往忽视相关工艺要求，同一型号不同金具厂家的线夹接线板尺寸也不尽相同，往往造成与设备端子板不匹配或不能满足压接面积要求的现象	设计未标明设备线夹接线板外形尺寸。施工图阶段设计需标明设备线夹材质及长、宽尺寸，需满足压接面积要求，并与设备端子板相匹配，满足工艺外观要求	设计深度不够

（五）强条

根据国家电网公司企业标准《输变电工程建设标准强制性条文实施管理规程　第 2 部分：变电（换流）站建筑工程设计》（Q/GDW 10248.2—2016），本节涉及的工程建设标准强制性条文执行情况如表 1-1-3 所示。

表 1-1-3　　强制性条文

序号	强制性条文内容
《火力发电厂与变电站设计防火规范》（GB 50229—2019）	
1	11.1.7　单台油量为2500kg及以上的屋外油浸变压器之间、屋外油浸电抗器之间的最小间距应符合表11.1.7的规定
2	11.3.1　35kV及以下屋内配电装置当未采用金属封闭开关设备时，其油断路器、油浸电流互感器和电压互感器，应设置在两侧有不燃烧实体墙的间隔内；35kV以上屋内配电装置应安装在有不燃烧实体墙的间隔内，不燃烧实体墙的高度不应低于配电装置中带油设备的高度
3	11.3.2　总油量超过100kg的屋内油浸变压器，应设置单独的变压器室
4	11.3.5　地下变电站的变压器应设置能贮存最大一台变压器油量的事故贮油池
《高压配电装置设计技术规程》（DL/T 5352—2018）	
5	5.5.1　35kV及以下屋内配电装置当未采用金属封闭开关设备时，其油断路器、油浸电流互感器和电压互感器，应设置在两侧有实体隔墙（板）的间隔内：35kV以上屋内配电装置的带油设备应安装在有防爆隔墙的间隔内。总油量超过100kg的屋内油浸变压器，应安装在单独的变压器间，并应有灭火设施
6	5.5.2　屋内单台电气设备的油量在100kg以上，应设置储油设施或挡油设施。挡油设施的容积宜按容纳20%油量设计，并应有将事故油排至安全处的设施，当不能满足上述要求时，应设置能容纳100%油量的储油设施。排油管的内径不应小于150mm，管口应加装铁栅滤网
7	5.5.3　屋外充油电气设备单台油量在1000kg以上时，应设置储油或挡油设施。当设置有容纳20%油量的储油或挡油设施时，应有将油排到安全处所的设施，且不应引起污染危害。当不能满足上述要求时，应设置能容纳100%油量的储油或挡油设施。储油和挡油设施应大于设备外廓每边各1000mm。储油设施内应铺设卵石层，其厚度不应小于250mm卵石直径宜为50mm～80mm当设置有总事故储油池时，其容量宜按最大一个油箱容量的100%确定
8	5.5.5　厂区内升压站单台容量为90000kVA及以上的油浸变压器、220kV及以上独立变电站单台容量为125000kVA及以上的油浸变压器应设置水喷雾灭火系统、合成泡沫喷淋系统、排油充氮系统或其他灭火装置。水喷雾、泡沫喷淋系统应具备定期试喷的条件。对缺水或严寒地区，当采用水喷雾、泡沫喷淋系统有困难时，也可采用其他固定灭火设施
9	5.5.6　油量为2500kg及以上的屋外油浸变压器之间的最小间距应符合表8.5.5（见表A.16）的规定
10	5.5.7　当油量为2500kg及以上的屋外油浸变压器之间的防火间距不满足表8.5.5的要求时，应设置防火墙。防火墙的耐火极限不宜小于4h。防火墙的高度应高于变压器油枕，其长度应大于变压器储油池两侧各1000mm
11	5.5.8　油量在2500kg及以上的屋外油浸变压器或电抗器与本回路油量为600kg以上且2500kg以下的带油电气设备之间的防火间距不应小于5000mm

（六）通用设备

（1）新建站变压器阻抗、绕组TA等电气参数执行通用设备要求；扩建站根据前期主变压器确定联结组别及阻抗；外形尺寸及基础可根据厂家资料，满足电气距离基本要求的基础上，执行通用设备要求。220kV户外三绕组变压器，应注意低压侧套管B相距离主变压器器身中心线1000mm，外形尺寸如图1-1-2所示。

（2）110kV户内双绕组变压器，高压侧套管与低压侧套答可以根据主变压器进线接线要求镜像布置，外形尺寸如图1-1-3所示。

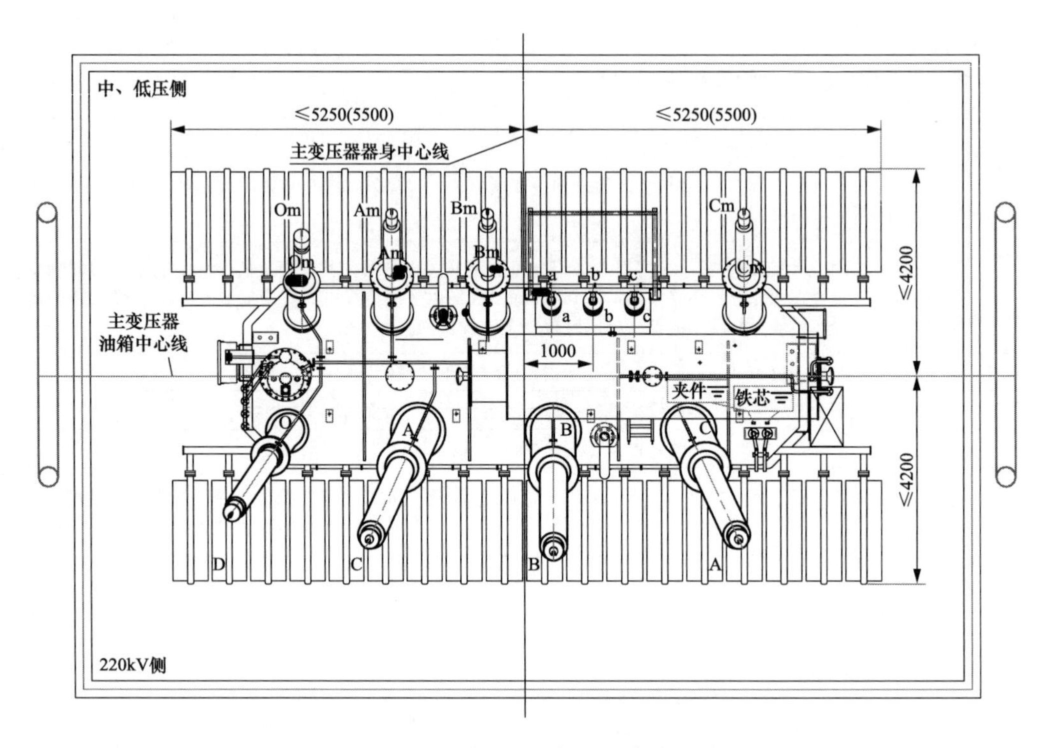

图 1-1-2　220kV 户外布置三绕组主变压器外形尺寸

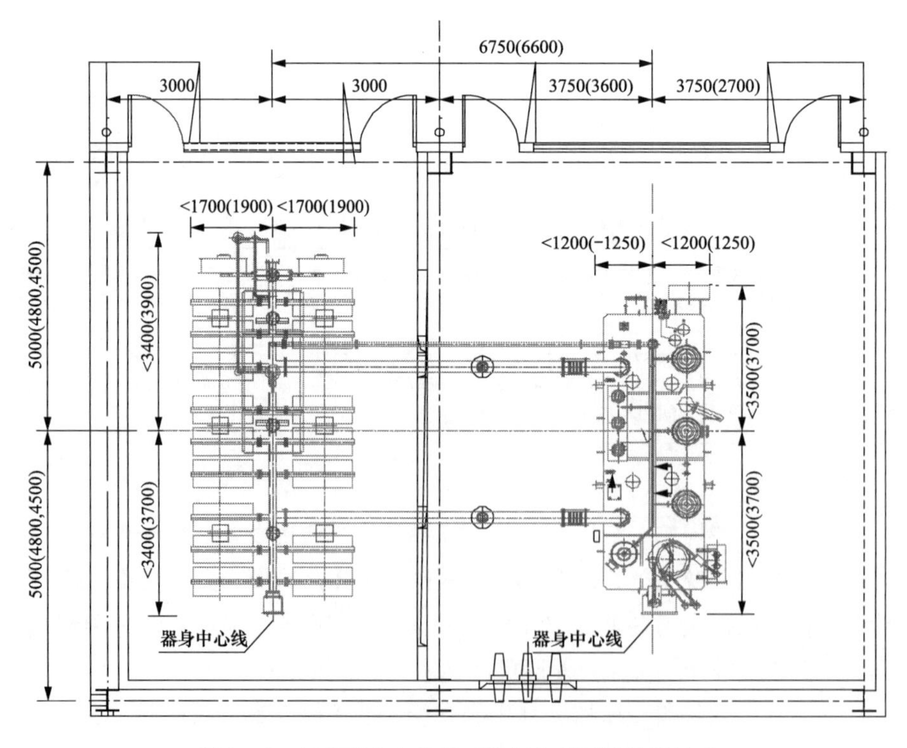

图 1-1-3　110kV 户内布置三绕组主变压器外形尺寸

四、设计接口要点

（一）专业间收资要点

1. 户外变电站

（1）电气一次专业：220kV、110kV 场区主变压器间隔及构架定位；穿墙套管定位标高，配电装置室入主变压器场区电缆沟定位。

（2）电气二次专业：汇控柜、油色谱柜外形尺寸及定位。油色谱柜距主变压器取油口实际距离需与二次专业确认。

（3）土建专业：主变压器构架根开大小，消防管道布置。

2. 户内变电站

（1）电气一次专业：穿墙套管定位标高，入主变压器场区电缆沟尺寸及定位。

（2）电气二次专业：汇控柜、油色谱柜外形尺寸及定位，二次支沟或者槽盒布置方式。油色谱柜距主变压器取油口实际距离需与二次专业确认。

（3）土建专业：墙体横梁等尺寸，消防管道布置。

（二）专业间提资要点

1. 主变压器构架及各侧引线架构资料

主变压器构架及各侧引线架构资料包括其高度、宽度、挂点位置、挂环直径、荷载情况，主变压器构架爬梯位置。其中，导体力学计算的提资模板如图 1-1-4 所示。

一、220kV×××变电站工程构架荷载资料

构架名称：220/kV110kV配电装置区跨线　　　　气象条件：4级气象区

编　号	工作情况	气象条件及附加荷重				备注
		温度℃	风速m/s	覆冰厚度mm	导线工作状态	
1	最高最低气温	40/-20	0	0	正常工作，无附加荷重	
2	最大风速	-5	30	0	正常工作，无附加荷重	
3	最大覆冰	-10	10	10	正常工作，无附加荷重	
4	安装检修	-10	10	0	三相100kg、单相150kg	

单位：kgf

	构架名称	220kV主变压器跨线			110kV主变压器跨线					
	导线牌号	LGJ-630/45			2×LGJ-500/45					
	档　距	L=35m			L=32m					
	引下线	3根			1根					
	荷载种类	拉力	垂直重	侧风力	拉力	垂直重	侧风力			
	荷载代号	H	R	Φ	H	R	Φ			
荷载条件	大风情况	800	300	80	1200	240	90			
	最大覆冰情况	900	330		1300	280				
	安装检修情况	700	260		800	220				
	单相上人(150kg)	1200	330		1700	300				
	三相上人(100kg)	1100	310		1500	260				

注　1.有悬垂绝缘子的架构每相增加荷重110kg;悬挂点见断面图。
2.线路间隔出线拉力见线路提资。
3.导线上人检修，构架横梁中间考虑200kg集中荷重。

图 1-1-4　跨线力学计算提资模板

2. 提资图纸

（1）提资图纸包括主变压器安装平断面图、主变压器基础图、低压侧及中性点设备安装平断面图、设备安装图。

（2）提资深度在主变压器施工图基础上，需明确主变压器油重、总重及运输重。

（3）提资图纸应包括母线桥及配电装置静、动荷载等。在变电站采用桩基时，还应考虑远期设备安装基础位置。

（三）厂家资料确认要点

厂家资料应确认主变压器外形图及基础图、铭牌图，配电装置外形图，支柱绝缘子数量，绕组容量等参数，且需与二次专业共同确认，要点如下：

（1）主变压器外形尺寸、埋件基础执行通用设备要求，需标注铁芯、夹件位置。

（2）三侧套管相间距执行规程及设计联络会纪要要求；220kV户外主变压器注意核实中压套管至低压母排之间的带电距离。

（3）低压侧母排支柱绝缘子不得直接固定在散热器上，需采用固定支架。

（4）变压器套管接线端子（抱箍线夹）应采用T2纯铜材质热挤压成型，接线板压接面积满足规范要求。

（5）变压器本体端子箱具体位置应结合电缆沟位置合理布置，油色谱取油接口需结合现场油色谱柜具体位置合理布置。

（6）主变压器排油充氮装置（如有）预留接口尽量放置在主变压器中低压侧，便于引接；明确主变压器厂家需与排油充氮厂家进行配合，断流阀接口需在主变压器设备出厂前预留。

五、图纸设计要点

（一）电气距离

1. 户外变电站

（1）母线桥支撑槽钢两端与母线带电距离。

（2）构架爬梯应设置在远离中性点侧，中性点成套装置若布置在构架侧，需考虑导线风偏摇摆与构架电气距离，如图1-1-5所示。

（3）通用设备要求低压侧B相套管距器身中心线距离不小于1000mm要求，且质量通病要求设置固定支架，220kV主变压器35kV侧A相距离中压侧B相电气距离较为紧张，需特别注意。中压侧B相套筛与低压侧母排电气距离如图1-1-6所示。

（4）避雷器放电计数器需执行DL/T 5352规程要求，在不采用固定遮栏的情况下，户外计数器距地面高度不应小于2500mm，并应考虑电缆沟盖板与地面高度差。

2. 户内变电站

（1）GIS主变压器侧套管支撑及检修平台与主变压器套管电气距离常不满足B_1值（栅状遮栏至带电部分之间），故遮栏需做成网状，且网孔不大于20mm×20mm，满足B_2值（网状遮栏至带电部分之间），如图1-1-7所示。

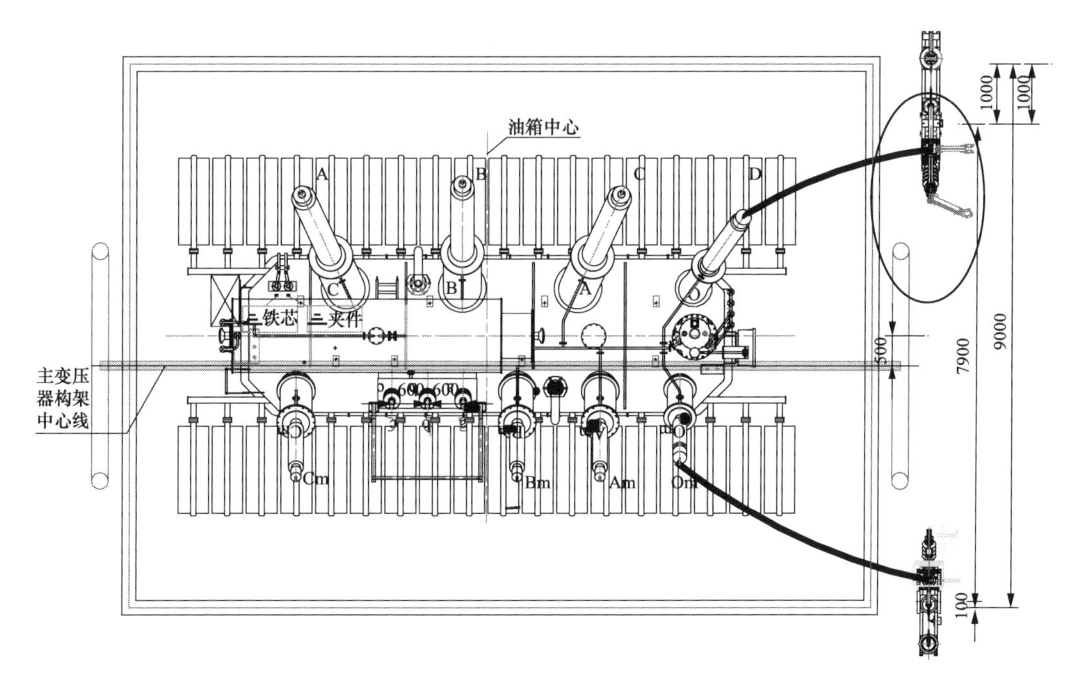

图 1-1-5　中性点电气距离校核

图 1-1-6　中压侧 B 相套管与低压侧母排电气距离

(2) 主变压器侧电缆终端与工字钢的距离较为紧张，需加强土建专业配合，满足 A_1 值（带电部分至接地部分之间），如图 1-1-8 所示。

(二) 防火距离

(1) 220kV 户外变电站考虑蓄电池排风口，若将蓄电池室放置在远期 3＃主变压器一侧，可能不满足防火距离要求，可将蓄电池与走廊对侧资料室进行镜像布置。

（2）防火墙每侧至少距油池边大于 1m，防火墙距离道路边距离应与土建专业核实，满足同时铺设排油管、水管、雨水管的要求。

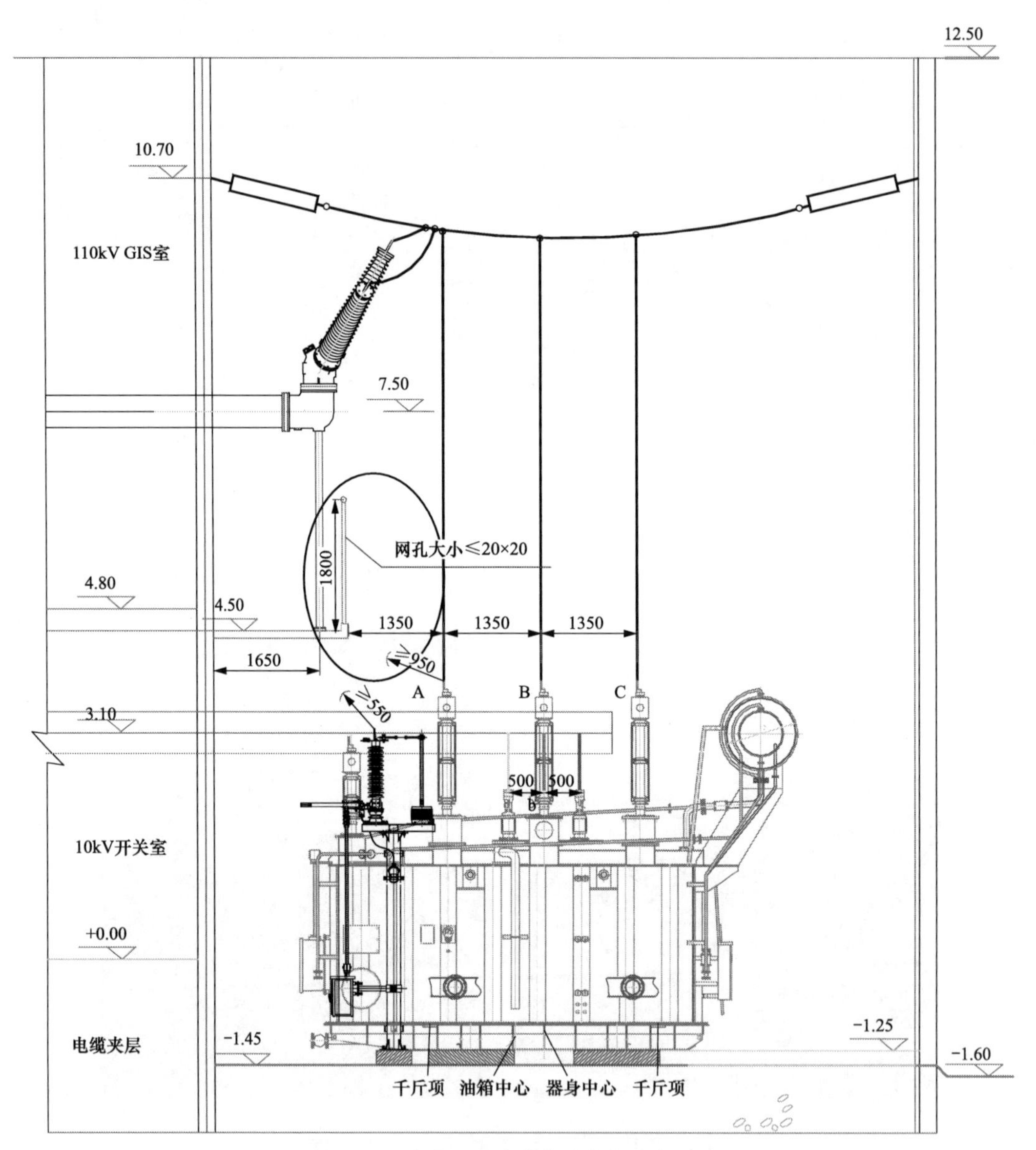

图 1-1-7　主变压器套管与遮拦间电气距离

（三）电气接口

（1）低压侧接线板压接面积与母排或伸缩节匹配，铜铝过渡采用钎焊铜铝过渡线夹或者爆炸焊铜铝复合片。

（2）母排弯曲处工艺可参考《电气装置安装工程　母线装置施工及验收规范》（GB 50149—2010）及标准工艺，支持绝缘子不能固定在弯曲处，固定点夹板变卷与弯曲处距离不应大于 0.25L，但不应小于 500mm（L 为两支持点距离）。

(3) 母线桥高度与穿墙套管高度与屋内配电装置卷册保持一致。

(4) 母排支柱绝缘子不得固定在散热器上，该接口需根据厂家主变压器布置型式，协商确定，不作统一。

(5) 短距离的母线桥，中间的一根母线桥支架的位置尽量与穿墙套管 B 相在一个轴线上。

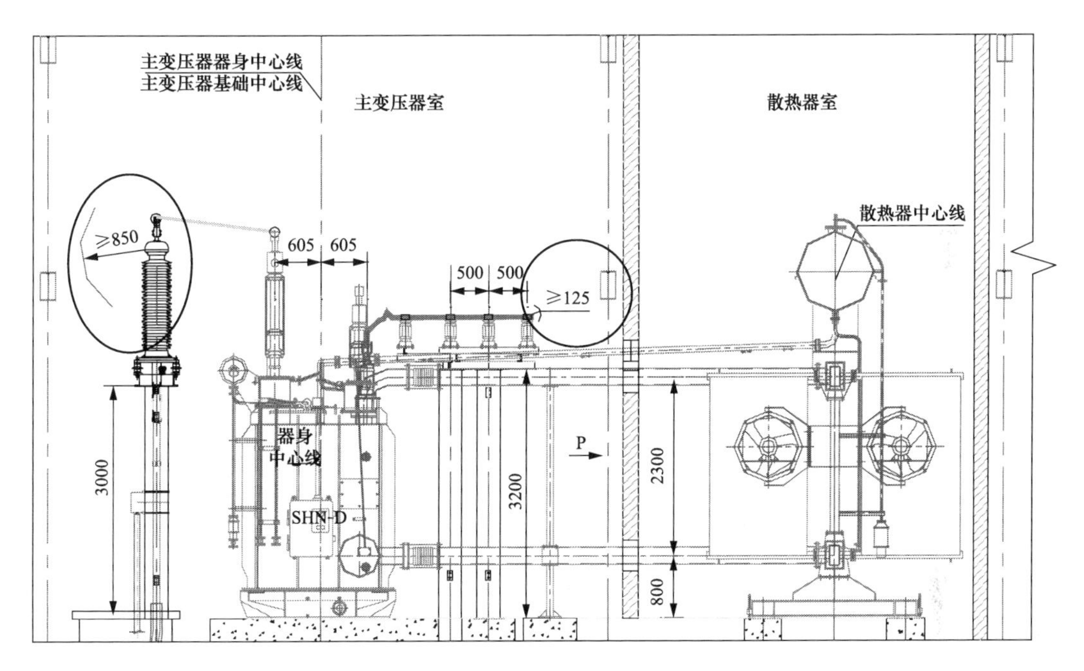

图 1-1-8　套管及终端与建筑物间电气距离

(四) 专业配合

(1) 套管 TA 参数与需二次专业一同确认，注意 TA 极性、隔离开关及接地开关与二次端子图一致，并在相应安装图说明。

(2) 油色谱接口要求、柜体尺寸等向二次专业收资，需在图纸中进行说明及定位。

(3) 明确母线桥安装图纸中土建及电气分界点。

(4) 主变压器进线侧套管位置与主变压器室屋顶设计的吊环位置需对应，并充分考虑安全距离。

(5) 对于环境噪声，在设计联络会中需明确相关要求，对于环境敏感地区，配合做好降噪处理措施。

(五) 会签

主变压器安装卷册需与土建专业会签，主要内容如下：

(1) 与提资图纸进行复核。

（2）户外变电站应注意爬梯位置在 C 相一侧，条形基础、构架横梁挂点位置与电气图是否一致。

（3）户内变电站应核实钢梁、孔洞位置。

（4）校验泡沫喷淋或水喷雾支架及喷头电气距离的校验。

六、施工过程注意要点

（1）主变压器设有铁芯接地电流监测装置，安装时需在主变压器铁芯接地铜排设置断开点。

（2）变压器套管与硬母线连接时应采取伸缩节等防止套管端子受力的措施。

（3）户外软导线压接线夹口向上安装时，应在线夹底部打直径不超过 8mm 的泄水孔，以防冬季寒冷地区积水结冰冻裂线夹。

（4）避雷器、避雷针、避雷线的接地端子应采用专门敷设的接地线接地；避雷器、放电间隙应用最短的接地线与接地网连接。铁芯、夹件引出线宜采用黑色标识，避雷器与放电计数器间连接线采用黑色标识。

（5）变压器本体应两点接地。中性点接地引出后，应有两根接地引线与主接地网的不同干线连接，其规格需满足设计要求。

第二节　110kV 与 220kV 户外配电装置（GIS）

一、设计依据

（一）设计输入

（1）司令图。

（2）初步设计评审意见。

（3）设计联络会纪要。

（4）厂家图纸：GIS 接线图、气室分隔图、基础图、布置图、间隔断面图。

（5）现场收资（涉及改造/扩建）：对于已投运变电站，应利用各方资源收资现场资料。一是利用国家电网有限公司各类应用系统，查考电网实时、设备台账等资料。二是联系运维单位求证、补充，咨询相关意见。三是部分工程已收集资料不满足设计要求的，应至现场复核，记录变电站现状。涉及变电站停电过渡方案要与调控部门沟通，沟通内容如下：

1）核实间隔排列情况，应按间隔逐个核实其名称及编号。

2）核实线路间隔相序，出线方式。

3）核实间隔内设备参数：额定工作电流，额定开断电流，TA、TV 绕组数量及变比。

4）核实线路侧接地开关 A 类、B 类或超 B 类。

5）扩间隔，涉及单一来源的，需询价，并了解厂家是否被纳入国家电网有限公司

“黑名单”。

（二）规程、规范、技术文件

DL/T 5222—2005《导体和电器选择设计技术规定》

DL/T 5352—2018《高压配电装置设计规范》

DL/T 5458—2012《变电工程施工图设计内容深度规定》

Q/GDW 10248.2—2016《输变电工程建设标准强制性条文实施管理规程 第2部分：变电（换流）站建筑工程设计》

Q/GDW 10381.1—2017《国家电网有限公司输变电工程施工图设计内容深度规定 第1部分：110kV智能变电站》

Q/GDW 10381.5—2017《国家电网有限公司输变电工程施工图设计内容深度规定 第5部分：220kV智能变电站》

《国家电网有限公司关于印发〈十八项电网重大反事故措施（修订版）〉的通知》（国家电网设备〔2018〕979号）

《国网基建部关于发布〈35～750kV输变电工程设计质量控制“一单一册”（2019年版）〉的通知》（基建技术〔2019〕20号）

《国家电网有限公司输变电工程通用设备（2018年版）》

《国家电网公司输变电工程标准工艺（2016年版）》

《电力工程电气设计手册电气一次部分》

二、设计边界和内容

（一）设计边界

本节设计范围为新建的220kV、110kV配电装置。220kV、110kV主变压器跨线及两侧绝缘子串属于主变压器安装卷册设计范围；线路侧导线及绝缘子串为线路设计范围。

（二）设计内容

220kV、110kV户外配电装置（GIS）施工图包含卷册说明，220kV、110kV配电装置接线图，220kV、110kV配电装置气室分隔图，220kV、110kV配电装置平面布置图，220kV、110kV配电装置间隔断面图（主变压器、出线、母联、母设、分段），220kV、110kV GIS辅助地网布置图，设备安装图（避雷器、悬垂绝缘子串、耐张绝缘子串），设备材料汇总表。

（三）设计流程

本节设计流程图如图1-2-1所示。

图1-2-1 设计流程图

三、深度要求

（一）施工图深度

1. 卷册说明

（1）应说明该电压等级建设规模、配电装置布置特点、主要设备型式、本节包含内容及与其他卷册的分界点。

（2）应说明设备安装要求、导线挂线施工要求、分裂导线次档距要求、硬导体挠度及安装要求。

（3）应说明金具安装要求、设备接地要求、安装构件防腐要求等。

2. 220kV、110kV 配电装置接线图

220kV、110kV 配电装置接线图应与电气主接线图中设备、导体型号、参数一致，详细标注各间隔名称、相序、母线编号等。

3. 220kV、110kV 配电装置气室分隔图

220kV、110kV 配电装置气室分隔图应与电气主接线图中设备、导体型号、参数一致，详细标注各间隔名称、相序、母线编号等。该图纸由 GIS 厂家提供，其要点包括：

（1）GIS 最大气室的气体处理时间不超过 8h。252kV 及以下设备单个气室长度不超过 15m，且单个主母线气室对应间隔不超过 3 个。

（2）双母线结构的 GIS，同一间隔的不同母线隔离开关应各自设置独立隔室。252kV 及以上 GIS 母线隔离开关禁止采用与母线共隔室的设计结构。

（3）三相分箱的 GIS 母线及断路器气室，禁止采用管路连接。独立气室应安装单独的密度继电器，密度继电器表计应朝向巡视通道。

4. 220kV、110kV 配电装置平面布置图

（1）应与电气总平面布置图中进、出线方向一致，按规定标注指北针。

（2）应标注设备、构架、道路、墙体等中心线之间的距离，标注纵向、横向总尺寸。

（3）应标注各间隔名称、相序、母线编号、母线相序、相间距。

（4）应示明电缆沟、端子箱、动力、检修箱等位置。

5. 220kV、110kV 配电装置间隔断面图

（1）应表示该间隔接线示意图，可不标注设备型号、参数。

（2）应标注设备、构架、道路、墙体等中心线之间的距离尺寸，并应标注总尺寸。

（3）应标注进、出线构架（包括构架避雷针），母线的标高，设备安装支架高度。

（4）应标注各种必要的安全净距。

（5）应包含软导线跨线温度-弧垂-张力关系的放线表或数据表，标注跨线最大弧垂、高跨引下线的控制矢高。

（6）应标注设备、导体、绝缘子、金具等的编号，并应与设备材料表对应。

（7）设备材料表中的设备材料应注明编号、名称、型号及规格、单位、数量及备注。

6. 220kV、110kV GIS 辅助地网布置图

（1）应绘出主接地网及集中接地装置的水平接地体和垂直接地体的布置、主接地网网格尺寸。

（2）应列出本布置图中所需的材料一览表。

（3）应说明 GIS 设备的接地布置及安装要求。

1）接地方案可采用设备直接引下接地或预埋接地件。接地件由土建施工单位预埋，接地件以上的接地过渡块、接地排及安装辅材均为厂家提供。

2）每个气体隔室的壳体应互连并可靠接地，接地回路应满足短路电流的动、热稳定要求。外壳应接地。凡不属主回路或辅助回路的预定要接地的所有金属部分都应接地。外壳框架等的相互电气连接宜用紧固连接，以保证电气上连通，接地点应标以接地符号。

3）接地点的接触面和接地连线的截面积应能安全地通过故障接地电流。

4）紧固接地螺栓不少于 4 个 M12 螺栓或 2 个 M16 螺栓。接地点应标有接地符号。

5）GIS/HGIS 接地应防止外壳产生危险感应电压，应防止外壳环流造成局部过热。

7. 设备安装图

（1）应表示设备外形及尺寸。

（2）应详细标注设备基础、设备支架高度。

（3）应标注设备底部安装孔孔径及孔间距。

（4）应表示一次接线板材质、外形尺寸、孔径及孔间距。

（5）应说明安装件的加工要求和接地引线安装要求。

（6）当有特殊安装要求时，应在图中特别说明。

（7）安装材料表应注明编号、名称、型号及规格、单位、数量及备注，有特殊要求的，可在备注栏加以说明。

8. 设备材料汇总表

设备材料汇总表应按间隔开列设备及材料并汇总，设备应注明生产厂商；设备安装所需材料按设备数量成套统计。

（二）计算深度

（1）导体力学计算：软导线应计算在最高温度、最大荷载、最大风速、最低温度、三相上人检修或单相上人检修等相对应的环境温度下的水平拉力、导线弧垂、支座反力；还应计算各环境温度下的水平拉力、导线弧垂、导线长度（运用博超软件计算）。

（2）导体、电器参数选择计算：对初步设计计算未能覆盖或因特殊原因增加的部分，应根据需要进行必要的补充计算。

（3）力学计算和设备选择计算，具体工程可视需要增减，计算结果主要用于专业提

资配合。计算书底稿不列入设计文件，一般只引述计算条件和计算结果，但必须存档妥善保存，以备查用。

（三）反措要求

根据《国家电网有限公司关于印发〈十八项电网重大反事故措施（修订版）〉的通知》（国家电网设备〔2018〕979 号），本节涉及的十八项电网重大反事故措施如表 1-2-1 所示。

表 1-2-1　十八项反措要求

序号	条文内容
1	12.2.1.1　用于低温（年最低温度为－30℃及以下）、日温差超过 25K、重污秽 e 级或沿海 d 级地区、城市中心区、周边有重污染源（如钢厂、化工厂、水泥厂等）的 363kV 及以下 GIS，应采用户内安装方式，550kV 及以上 GIS 经充分论证后确定布置方式
2	12.2.1.2　GIS 气室应划分合理，并满足以下要求： （1）GIS 最大气室的气体处理时间不超过 8h。252kV 及以下设备单个气室长度不超过 15m，且单个主母线气室对应间隔不超过 3 个。 （2）双母线结构的 GIS，同一间隔的不同母线隔离开关应各自设置独立隔室。252kV 及以上 GIS 母线隔离开关禁止采用与母线共隔室的设计结构。 （3）三相分箱的 GIS 母线及断路器气室，禁止采用管路连接。独立气室应安装单独的密度继电器，密度继电器表计应朝向巡视通道
3	12.2.1.3　生产厂家应在设备投标、资料确认等阶段提供工程伸缩节配置方案，并经业主单位组织审核。方案内容包括伸缩节类型、数量、位置及“伸缩节（状态）伸缩量-环境温度”对应明细表等调整参数。伸缩节配置应满足跨不均匀沉降部位（室外不同基础、室内伸缩缝等）的要求。用于轴向补偿的伸缩节应配备伸缩量计量尺
4	12.2.1.4　双母线、单母线或桥形接线中，GIS 母线避雷器和电压互感器应设置独立的隔离开关。3/2 断路器接线中，GIS 母线避雷器和电压互感器不应装设隔离开关，宜设置可拆卸导体作为隔离装置。可拆卸导体应设置于独立的气室内。架空进线的 GIS 线路间隔的避雷器和线路电压互感器宜采用外置结构
5	12.2.1.5　新投运 GIS 采用带金属法兰的盆式绝缘子时，应预留窗口用于特高频局部放电检测。采用此结构的盆式绝缘子可取消罐体对接处的跨接片，但生产厂家应提供型式试验依据。如需采用跨接片，户外 GIS 罐体上应有专用跨接部位，禁止通过法兰螺栓直连
6	12.2.1.7　同一分段的同侧 GIS 母线原则上一次建成。如计划扩建母线，宜在扩建接口处预装可拆卸导体的独立隔室；如计划扩建出线间隔，应将母线隔离开关、接地开关与就地工作电源一次上全。预留间隔气室应加装密度继电器并接入监控系统
7	12.2.1.9　盆式绝缘子应尽量避免水平布置
8	12.2.1.16　装配前应检查并确认防爆膜是否受外力损伤，装配时应保证防爆膜泄压方向正确、定位准确，防爆膜泄压挡板的结构和方向应避免在运行中积水、结冰、误碰。防爆膜喷口不应朝向巡视通道
9	12.2.2.5　垂直安装的二次电缆槽盒应从底部单独支撑固定，且通风良好，水平安装的二次电缆槽盒应有低位排水措施
10	5.1.1.3　新建 220kV 及以上电压等级双母分段接线方式的气体绝缘金属封闭开关设备（GIS），当本期进出线元件数达到 4 回及以上时，投产时应将母联及分段间隔相关一、二次设备全部投运。根据电网结构的变化，应满足变电站设备的短路容量约束

（四）“一单一册”

根据《国网基建部关于发布〈35～750kV 输变电工程设计质量控制“一单一册”（2019 年版）〉的通知》（基建技术〔2019〕20 号），本节涉及的“一单一册”相关内容如表 1-2-2 所示。

表 1-2-2　　“一单一册”问题

序号	专业子项	问题名称	问题描述	原因及解决措施	问题类别
1	设备及导体（含选型及安装）	220kV 及以上 GIS 分相结构断路器密度继电器应合理设置	按新版反措要求，220kV 及以上 GIS 分相结构的断路器每相应安装独立的密度继电器	应明确要求厂家按每相断路器安装独立的密度继电器	规范规定使用不合理
2	设备及导体（含选型及安装）	GIS 设备未预留扩建用过渡气室	对于需要预留远景扩建母线或间隔的 GIS 设备，设计未预留扩建用过渡气室，使得 GIS 扩建停电时间延长，造成不必要的停电损失	设计联络会应明确在 GIS 设备设计时对母线扩建端和预留备用间隔隔离开关设置相应的过渡气室	技术方案不合理
3	设备及导体（含选型及安装）	GIS 内置电压互感器、避雷器、快速接地开关未采用专用接地线接地	GIS 内置电压互感器、避雷器、快速接地开关未采用专用接地线直接连接到地网，而是通过外壳和支架接地	认真厂家资料确认，施工图设计提请 GIS 厂家，电压互感器、避雷器、快速接地开关应采用专用接地线接地。各接地点接地排的截面需满足要求	技术方案不合理
4	设备及导体（含选型及安装）	GIS 母线较长，未设置巡检平台	对于出线回路数较多、通体较长的 GIS 母线，未设置巡检平台，运行检修极为不便，需要绕道进行检修	GIS 母线较长，若 GIS 设备上未设置巡检平台，运行检修极为不便，需要绕道进行检修。建议在设备招标文件中明确，并在设计联络会中落实	其他

（五）强条

根据国家电网公司企业标准《输变电工程建设标准强制性条文实施管理规程　第 2 部分：变电（换流）站建筑工程设计》（Q/GDW 10248.2—2016），本节涉及的工程建设标准强制性条文执行情况如表 1-2-3 所示。

表 1-2-3　　强 制 性 条 文

序号	强制性条文内容
	《高压配电装置设计技术规程》（DL/T 5352—2018）
1	2.2.3　GIS 配电装置应在与架空线路连接处装设敞开式避雷器，其接地端应与 GIS 管道金属外壳连接。500kV 及以上电压等级 GIS 母线避雷器的装设宜经雷电侵入波过电压计算确定
2	2.2.4　GIS 配电装置感应电压不应危及人身和设备的安全。外壳和支架上的感应电压，正常运行条件下不应大于 24V，故障条件下不应大于 100V
3	2.2.5　在 GIS 配电装置间隔内，应设置一条贯穿所有 GIS 间隔的接地母线或环形接地母线。将 GIS 配电装置的接地线引至接地母线，由接地母线再与接地网连接
4	2.2.6　GIS 配电装置宜采用多点接地方式，当选用分相设备时，应设置外壳三相短接线，并在短接线上引出接地线通过接地母线接地。外壳的三相短接线的截面应能承受长期通过的最大感应电流，并应按短路电流校验。当设备为铝外壳时，其短接线宜采用铝排；当设备为钢外壳时，其短接线宜采用铜排
5	3.0.7　配电装置的抗震设计应符合 GB 50260 的规定
6	3.0.10　配电装置设计应重视对噪声的控制，降低有关运行场所的连续噪声级。配电装置紧邻居民区时，其围墙外侧的噪声标准应符合 GB 3096、GB 12348 等要求
7	3.0.13　110kV 及以上电压等级的电气设备及金具在 1.1 倍最高相电压下，晴天夜晚不应出现可见电晕，110kV 及以上电压等级导体的电晕临界电压应大于导体安装处的最高工作电压
8	5.1.1　屋外配电装置的最小安全净距宜以金属氧化物避雷器的保护水平为基础确定。其屋外配电装置的最小安全净距不应小于表 5.1.2-1 所列数值。电气设备外绝缘体最低部位距地小于 2500mm 时，应装设固定遮栏

续表

序号	强制性条文内容
9	5.1.3　屋外配电装置使用软导线时，在不同条件下，带电部分至接地部分和不同相带电部分之间的最小安全净距，应根据表 5.1.3-1 进行校验，并采用其中最大数值
10	5.1.4　屋内配电装置的安全净距不应小于表 5.1.4 所列数值
11	5.1.6　配电装置中，相邻带电部分的额定电压不同时，应按较高的额定电压确定其最小安全净距
12	5.1.7　屋外配电装置带电部分的上面或下面，不应有照明、通信和信号线路架空跨越或穿过；屋内配电装置的带电部分上面不应有明敷的照明、动力线路或管线跨越
13	6.3.1　GIS 配电装置布置的设计，应考虑其安装、检修、起吊、运行、巡视以及气体回收装置所需的空间和通道
14	6.3.2　同一间隔 GIS 配电装置的布置应避免跨土建结构缝
《导体和电器选择设计技术规定》(DL/T 5222—2005)	
15	5.0.15　在正常运行和短路时，电器引线的最大作用力不应大于电器端子允许的荷载。 屋外配电装置的导体、套管、绝缘子和金具，应根据当地气象条件和不同受力状态进行力学计算，其安全系数不应小于表 5.0.15 所列数值
16	7.7.15　接地导线应有足够的截面，具有通过短路电流的能力
17	12.0.14　气体绝缘金属封闭开关设备的外壳应接地。 凡不属于主回路或辅助回路的且需要接地的所有金属部分都应接地。外壳、构架等的相互电气连接宜采用紧固连接（如螺栓连接或焊接），以保证电气上连通。 接地回路导体应有足够的截面，具有通过接地短路电流的能力。 在短路情况下，外壳的感应电压不应超过 24V

（六）通用设备

新建站 GIS 电气参数执行国家电网有限公司最新通用设备要求；扩建站根据前期接线方式保持一致，设备选型应满足相应设计要求；外形尺寸及基础可根据厂家资料，满足电气距离基本要求的基础上，执行通用设备要求。

（1）通用设计及通用设备中 220kV GIS 型号为 2GIS-4000/50，额定短路开断电流为 50kA，额定电流为 4000A；110kV GIS 型号为 1GIS-3150/40，额定短路开断电流为 40kA，额定电流为 3150A。

（2）220kV 屋外 GIS 配电装置进（出）线套管相间距离为 3000mm，设备间隔底座宽度为 2000mm，设备底座长度不得大于 8000mm（含汇控柜）。

（3）110kV 屋外 GIS 配电装置进（出）线套管相间距离为 1500mm，设备间隔底座宽度为 1200mm，设备底座长度不得大于 6800mm（含汇控柜），主变压器进线套管与线路出线套管距离不得大于 9000mm。

（4）接地要求：

1）接地方案可采用设备直接引下接地或预埋接地件。接地件由土建施工单位预埋，接地件以上的接地过渡块、接地排及安装辅材均为厂家提供。

2）每个气体隔室的壳体应互连并可靠接地，接地回路应满足短路电流的动、热稳定要求。外壳应接地。凡不属主回路或辅助回路的预定要接地的所有金属部分都应接地。外壳框架等的相互电气连接宜用紧固连接，以保证电气上连通，接地点应标以接地符号。

3）接地点的接触面和接地连线的截面积应能安全地通过故障接地电流。

4）紧固接地螺栓不少于 4 个 M12 螺栓或 2 个 M16 螺栓。接地点应标有接地符号。

5）GIS 接地应防止外壳产生危险感应电压，应防止外壳环流造成局部过热。

四、设计接口要点

（一）专业间收资要点

（1）线路专业：屋外配电装置出线名称、排列、相序、导地线型号。

（2）变电电气一次专业：屋外配电装置位置及进出线位置；电缆沟平断面及检修箱位置、尺寸。

（3）变电电气二次专业：二次端子箱安装尺寸、型号规格。

（二）专业间提资要点

本节专业间提资要点如表 1-2-4 所示。

表 1-2-4　　专业间提资内容梳理表

序号	资料名称	提资要点	接收专业
1	220kV、110kV 配电装置接线图	接线图及设备参数应准确无误	系统继保、远动、通信、电气二次
2	220kV、110kV 配电装置平面布置图 220kV、110kV 配电装置基础图	设备基础尺寸、电缆沟布置位置、端子箱位置、构架定位、埋管数量及位置应准确无误；平面布置图设备相对位置应与基础图保持一致	总图、线路电气、水工、暖通、变电结构
3	220kV、110kV 配电装置间隔断面图	构架定位应准确无误，构架基础应与 GIS 基础相配合；断面图中设备相对位置应与平面布置图、基础图保持一致	变电结构
4	220kV、110kV GIS 辅助地网布置图	接地网布置应与土建专业配合，与设备基础布置配合	变电结构
5	设备安装图（避雷器）	设备安装三视图应准确无误，应在图中标注出需土建专业配合的详细做法	变电结构
6	导线拉力、构架土建资料	提供导线拉力计算书	变电结构

（三）厂家资料确认要点

（1）厂家资料中主接线图应与施工图卷册中电气主接线图中设备、导体型号、参数一致，并详细标注各间隔名称、相序、母线编号等。其中 TA 和 TV 的绕组数、准确级及容量与二次专业会签核实。

（2）厂家资料中平面布置图应与施工图卷册中电气总平面布置图进、出线方向一致，应标注各间隔名称、相序、母线编号、母线相序、相间距，应标注套管、主母线、断路器、隔离开关等中心线之间的距离。相关尺寸应满足通用设备要求。

（3）厂家资料中间隔断面图应标注套管、主母线、断路器、隔离开关等中心线之间的距离且与平面布置图保持一致，应标注 GIS 设备、套管高度。应标注套管至 GIS 本体的安全净距。

（4）厂家资料基础图中接地点、预埋件位置、参数及数量正确。明确厂家需负责内容。

（5）厂家资料中应有套管接线端子详图，接线端子尺寸应满足国家电网有限公司通用设备要求。

五、图纸设计要点

（一）电气距离

（1）220kV、110kV 屋外配电装置的电气设备外绝缘体最低部位距离地面不宜小于 2500mm。

（2）220kV 屋外配电装置的带电部分至构架之间安全净距不应小于 A_1 值（带点部分至接地部分之间，1800mm）；110kV 屋外配电装置的带电部分至构架之间安全净距不应小于 A_1 值（带点部分至接地部分之间，900mm）。

（3）220kV 屋外配电装置的不同相的带电部分之间安全净距不应小于 A_2 值（不同相的带电部分之间，2000mm）；110kV 屋外配电装置的不同相的带电部分之间安全净距不应小于 A_2 值（不同相的带电部分之间，1000mm）。

（4）220kV 屋外配电装置的平行的不同时停电检修的无遮栏带电部分之间安全净距不应小于 D 值（平行的不同时停电检修的无遮栏带电部分之间）3800mm；110kV 屋外配电装置的平行的不同时停电检修的无遮栏带电部分之间安全净距不应小于 D 值（平行的不同时停电检修的无遮栏带电部分之间）2900mm。

（二）防火距离

220kV、110kV 屋外 GIS 配电装置为不含油设备，仅考虑与周边电容器组的防火距离，不应小于 10m，若不满足 10m，电容器组应加装防火墙。

（三）电气接口

（1）220kV 屋外 GIS 配电装置进（出）线套管相间距离为 3000mm，设备间隔底座宽度为 2000mm，设备底座长度不得大于 8000mm（含汇控柜）。

（2）110kV 屋外 GIS 配电装置进（出）线套管相间距离为 1500mm，设备间隔底座宽度为 1200mm，设备底座长度不得大于 6800mm（含汇控柜），主变压器进线套管与线路出线套管距离不得大于 9000mm。

（四）专业配合

（1）电流互感器参数需与变电二次专业一同确认，注意电流互感器极性与二次端子图一致。

（2）汇控柜、直流分电屏等柜体尺寸应向变电二次专业收资，需在图纸中进行说明及定位。

（3）电气平面图布置时，应注意电缆沟位置尺寸与设备基础，设备本体电缆槽盒与电缆沟是否存在碰撞，平面图中各类预埋件、埋管留孔数量及尺寸应与变电土建专业核实确定。

（4）与线路专业核实相位及间隔顺序是否一致，距离门型构架距离、偏角、挂线点高度是否满足要求。

（5）220kV、110kV 屋外 GIS 配电装置底座建议采用焊接固定在水平预埋钢板的基础上，也可采用地脚螺栓或化学锚栓方式固定。GIS 伸缩节要能够适应装配调整、吸收基础间的相对位移和热胀冷缩的伸缩量，GIS 底座必须能够适应以下土建施工误差：

1）每间隔基础预埋件水平最高和最低差不超过 2mm。

2）间隔之间所有尺寸允许误差不超过 3mm。

3）全部间隔所在区域尺寸允许偏差不超过 3mm。

4）对于 GIS 出线套管支架，其高度应能保证外绝缘体最低部位距地面不小于 2500mm。

（五）会签

110kV 与 220kV 户外配电装置卷册需与土建专业会签，主要内容如下：

（1）与提资图纸进行复核。

（2）户外变电站应注意构架横梁挂点位置与电气图是否一致。

（3）设备基础尺寸、电缆沟布置位置、端子箱位置、构架定位、埋管数量及位置应准确无误；平面布置图设备相对位置应与基础图保持一致。

（六）其他应注意的问题

（1）应注意主变压器进线跨线偏角应满足规范要求，不宜超过规定值。

（2）应注意设备线夹材质及长、宽尺寸需满足压接面积要求并标明，并与设备端子板相匹配，满足工艺外观要求。

（3）应注意扩建及改造工程，需征求调度、运行部门的意见，掌握电网运行方式，重点论述停电期间的负荷转供情况，明确过渡阶段施工实施方案。

（4）220kV 同杆架设或平行回路的线路侧接地开关应具有开合电磁感应和静电感应的能力，需要对接地开关额定感应电流和电压进行计算，选择 A 类、B 类及以上。

六、施工过程注意要点

（1）户外软导线压接线夹口向上安装时，应在线夹底部打直径不超过 8mm 的泄水孔，以防冬季寒冷地区积水结冰冻裂线夹。

（2）避雷器接地端子应采用专门敷设的接地线接地；避雷器应用最短的接地线与接地网连接。避雷器与放电计数器间连接线参照采用黑色标识。

第三节　110kV 与 220kV 户外配电装置（AIS）

一、设计依据

（一）设计输入

（1）司令图。

（2）初步设计评审意见。

（3）设计联络会纪要。

（4）厂家图纸：断路器、隔离开关、接地开关、电流互感器、电压互感器、避雷器、支柱绝缘子外形图。

（5）现场收资（涉及改造/扩建）：对于已投运变电站，应利用各方资源收资现场资料。一是利用国家电网有限公司各类应用系统，查考电网实时、设备台账等资料。二是联系运维单位求证、补充，咨询相关意见。三是部分工程已收集资料不满足设计要求的，应至现场复核，记录变电站现状。涉及变电站停电过渡方案要与调控部门沟通。现场收资内容如下：

1）核实间隔排列情况及线路间隔相序。

2）核实间隔内设备参数：额定工作电流，额定开断电流，TA、TV 绕组数量及排序，线路间隔是否装设避雷器及位置。核实线路侧接地开关为 A 类、B 类或超 B 类。

3）核实母线型式，核实管母接地器支柱型式（2 柱、3 柱），核实间隔内设备间连线型式。

4）核实现场电缆沟位置及规格，并核实本期扩建设备基础是否碰电缆沟。

5）间隔内设备基础型式若为预埋地脚螺栓型式，核实基础高度。

6）核实隔离开关型式：（2 柱、3 柱）水平旋转、水平伸缩，垂直伸缩；

7）操作机构型式：电动、手动，机构高度；0°布置垂直伸缩隔离开关还应核实倒装绝缘子是否安装及安装高度。

8）核实线路间隔高频通信设备。

9）核实上层跨线是否上齐。

10）核实内桥间隔内设备是否上齐、内桥间隔端子箱是否配置、过渡支柱绝缘子本期是否拆除。

（二）规程、规范、技术文件

DL/T 5222—2005《导体和电器选择设计技术规定》

DL/T 5352—2018《高压配电装置设计规范》

DL/T 5458—2012《变电工程施工图设计内容深度规定》

Q/GDW 10248.2—2016《输变电工程建设标准强制性条文实施管理规程　第 2 部分：变电（换流）站建筑工程设计》

Q/GDW 10381.1—2017《国家电网有限公司输变电工程施工图设计内容深度规定　第 1 部分：110kV 智能变电站》

Q/GDW 10381.5—2017《国家电网有限公司输变电工程施工图设计内容深度规定　第 5 部分：220kV 智能变电站》

《国家电网有限公司关于印发〈十八项电网重大反事故措施（修订版）〉的通知》（国家电网设备〔2018〕979 号）

《国网基建部关于发布〈35～750kV 输变电工程设计质量控制“一单一册”（2019

版)〉的通知》(基建技术〔2019〕20 号)

《国家电网有限公司输变电工程通用设备(2018 版)》

《国家电网公司输变电工程标准工艺(2016 年版)》

《电力工程电气设计手册电气一次部分》

二、设计边界和内容

(一)设计边界

本节设计范围为本期工程新建的 220kV、110kV 配电装置。220kV、110kV 主变压器跨线及两侧绝缘子串属于主变压器卷册设计范围;线路侧导线及绝缘子串为线路设计范围。

(二)设计内容

220kV、110kV 户外配电装置(AIS)施工图包含卷册说明、配电装置接线图、配电装置平面布置图,配电装置间隔断面图(主变压器、出线、母联、母设、分段)、设备安装图(断路器、电流互感器、电压互感器、隔离开关、避雷器、支柱绝缘子、悬垂绝缘子串、耐张绝缘子串)、设备材料汇总表。

(三)设计流程

本节设计流程图如图 1-3-1 所示。

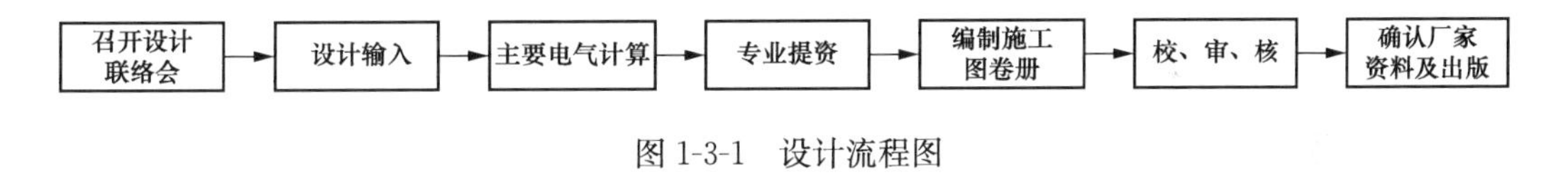

图 1-3-1　设计流程图

三、深度要求

(一)施工图深度

1. 卷册说明

(1)应说明该电压等级建设规模、配电装置布置特点、主要设备型式、本节包含内容及其他卷册的分界点。

(2)应说明设备安装要求、导线挂线施工要求、分裂导线次档距要求、硬导体挠度及安装要求。

(3)应说明金具选择、设备接地要求、安装构建防腐蚀要求。

2. 配电装置接线图

配电装置接线图应与电气主接线图中设备、导体型号、参数一致,详细标注各间隔名称、相序、母线编号等。

3. 配电装置平面布置图

(1)应与电气总平面布置图中进、出线方向一致,按规定标注指北针。

(2)应标注设备、构架、道路、墙体等中心线之间的距离,标注纵向、横向总尺寸。

（3）应标注各间隔名称、相序、母线编号、母线相序、相间距。

（4）应示明电缆沟、端子箱、动力、检修箱等位置。

4. 配电装置间隔断面图

（1）应表示该间隔接线示意图，可不标注设备型号、参数。

（2）应标注设备、构架、道路、墙体等中心线之间的距离尺寸，并应标注总尺寸。

（3）应标注进、出线构架（包括构架避雷针），母线的标高，设备安装支架高度。

（4）应标注各种必要的安全净距。

（5）应包含软导线跨线温度-弧垂-张力关系的放线表或数据表，标注跨线最大弧垂、高跨引下线的控制矢高。

（6）应标注设备、导体、绝缘子、金具等的编号，并应与设备材料表对应。

（7）当采用支持式管母线时，应标注母线架构高度、母线高度、母线固定支持金具、母线滑动支持金具、母线伸缩线夹、母线接地器、隔离开关静触头安装位置。

（8）设备材料表中的设备材料应注明编号、名称、型号及规格、单位、数量及备注。

5. 设备安装图

（1）应表示设备外形及尺寸。

（2）应详细标注设备基础、设备支架高度。

（3）应标注设备底部安装孔孔径及孔间距。

（4）应表示一次接线板材质、外形尺寸、孔径及孔间距。

（5）应说明安装件的加工要求和接地引线安装要求。

（6）当有特殊安装要求时，应在图中特别说明。

（7）安装材料表应注明编号、名称、型号及规格、单位、数量及备注，有特殊要求的，可在备注栏加以说明。

6. 设备材料汇总表

（1）应按间隔开列设备及材料并汇总，设备应注明生产厂商。

（2）设备安装所需材料按设备数量成套统计。

（二）计算深度

（1）导体力学计算：软导线应计算在最高温度、最大荷载、最大风速、最低温度、三相上人检修或单相上人检修等相对应的环境温度下的水平拉力、导线弧垂、支座反力；还应计算各环境温度下的水平拉力、导线弧垂、导线长度。（运用博超软件计算）

（2）导体、电器参数选择计算：对初步设计计算未能覆盖或因特殊原因增加的部分，应根据需要进行必要的补充计算。

（3）力学计算和设备选择计算，具体工程可视需要增减，计算结果主要用于专业提资配合。计算书底稿不列入设计文件，一般只引述计算条件和计算结果，但必须存档妥善保存，以备查用。

（三）反措要求

根据《国家电网有限公司关于印发〈十八项电网重大反事故措施（修订版）〉的通知》（国家电网设备〔2018〕979号），本节涉及的十八项电网重大反事故措施如表1-3-1所示。

表1-3-1 十八项反措要求

序号	条文内容
1	12.1.1.7 新投的252kV母联（分段）、主变压器压器、高压电抗器断路器应选用三相机械联动设备
2	11.1.1.12 电流互感器末屏接地引出线应在二次接线盒内就地接地或引至在线监测装置箱内接地。末屏接地线不应采用编织软铜线，末屏接地线的截面积、强度均应符合相关标准
3	12.3.1.11 隔离开关与其所配装的接地开关之间应有可靠的机械联锁，机械联锁应有足够的强度。发生电动或手动误操作时，设备应可靠联锁

（四）“一单一册”

根据《国网基建部关于发布〈35～750kV输变电工程设计质量控制“一单一册”（2019版）〉的通知》（基建技术〔2019〕20号），本节涉及的“一单一册”相关内容如表1-3-2所示。

表1-3-2 “一单一册”问题

序号	专业子项	问题名称	问题描述	原因及解决措施	问题类别
1	配电装置	道路校验框尺寸错误	设备运输道路校验框宽度未按照道路宽加500mm考虑，仅按道路宽度考虑，导致后期设计时设备与道路安全净距不足	设备运输道路校验框宽度需按照道路宽加500mm考虑	技术方案不合理
2	配电装置	隔离开关电气距离校验未考虑打开状态	未考虑设备各种工况下运行需求，如隔离开关分位时对架构爬梯的安全距离	设计校核不仔细。GW13或GW4等向外打开的隔离开关设计时需校核打开状态的电气安全距离	技术方案不合理
3	设备及导体（含选型及安装）	线夹接线板与设备端子板压接面积不满足要求	线夹接线板与设备端子板长宽尺寸不匹配，导致压接面积不满足电流密度要求，且不满足工艺外观要求。线夹选择时未明确接线板尺寸，施工单位也往往忽视相关工艺要求，同一型号不同金具厂家的线夹接线板尺寸也不尽相同，往往造成与设备端子板不匹配或不能满足压接面积要求的现象	设计未标明设备线夹接线板外形尺寸。施工图阶段设计需标明设备线夹材质及长、宽尺寸，需满足压接面积要求，并与设备端子板相匹配，满足工艺外观要求	设计深度不足

（五）强条

根据国家电网公司企业标准《输变电工程建设标准强制性条文实施管理规程 第2部分：变电（换流）站建筑工程设计》（Q/GDW 10248.2—2016），本节涉及的工程设计标准强制性条文执行情况如表1-3-3所示。

表 1-3-3　　　　强 制 性 条 文

序号	强制性条文内容
《高压配电装置设计技术规程》（DL/T 5352—2018）	
1	3.0.7　配电装置的抗震设计应符合现行国家标准《电力设施抗震设计规范》GB 50260 的规定。对于重要电力设施中的电气设施，当抗震设防烈度为 7 度及以上时，应进行抗震设计。对于一般电力设施中的电气设施，当抗震设防烈度为 8 度及以上时，应进行抗震设计
2	3.0.10　配电装置设计应重视对噪声的控制，降低有关运行场所的连续噪声级。配电装置紧邻居民区时，其围墙外侧的噪声标准应符合现行国家标准《声环境质量标准》GB 3096、《工业企业厂界环境噪声排放标准》GB 12348 的要求
3	3.0.13　110kV 及以上电压等级的电气设备及金具在 1.1 倍最高相电压下，晴天夜晚不应出现可见电晕，110kV 及以上电压等级导体的电晕临界电压应大于导体安装处的最高工作电压
4	5.1.1　配电装置的最小安全净距宜以金属氧化物避雷器的保护水平为基础确定
5	5.1.2　屋外配电装置的最小安全净距不应小于表 5.1.2.1、表 5.1.2.2 的规定
6	5.1.3　屋外配电装置使用软导线时，在不同条件下，带电部分至接地部分和不同相带电部分之间的最小空气间隙，应根据表 5.1.3-1、表 5.1.3-2 的规定进行校验，并采用其中最大数值
7	5.1.5　当屋外配电装置的电气设备外绝缘体最低部位距地小于 2500mm 时，应装设固定遮栏；屋内配电装置的电气设备外绝缘体最低部位距地小于 2300mm 时，应装设固定遮栏
8	5.1.6　配电装置中相邻带电部分的额定电压不同时，应按较高的额定电压确定其最小安全净距
9	5.1.7　屋外配电装置带电部分的上面或下面，不应有照明、通信和信号线路架空跨越或穿过；屋内配电装置的带电部分上面不应有明敷的照明、动力线路或管线跨越
《导体和电器选择设计技术规定》（DL/T 5222—2005）	
10	5.0.15　在正常运行和短路时，电器引线的最大作用力不应大于电器端子允许的荷载。 屋外配电装置的导体、套管、绝缘子和金具，应根据当地气象条件和不同受力状态进行力学计算，其安全系数不应小于表 5.0.15 所列数值
11	5.0.7　计算分裂导线次档距长度和软导线短路摇摆时，应选取计算导线通过最大短路电流的短路点
12	7.7.15　接地导线应有足够的截面，具有通过短路电流的能力
13	11.0.7　单柱垂直开启式隔离开关在分闸状态下，动静触头间的最小电气距离不应小于配电装置的最小安全净距 B 值
14	11.0.10　屋外隔离开关接线端的机械荷载不应大于表 11.0.10（见表 A.11）所列数值。机械荷载应考虑母线（或引下线）的自重、张力、风力和冰雪等施加于接线端的最大水平静拉力。当引下线采用软导线时，接线端机械荷载中不需再计入短路电流产生的电动力。但对采用硬导体或扩径空心导线的设备间连线，则应考虑短路电动力
《220kV～750kV 变电站设计技术规程》（DL/T 5218—2012）	
15	7.2.3　设备支架及其基础应以下列三种荷载情况作为承载能力极限状态的基本组合，其中最大风工况条件下的准永久值（标准值乘 0.5 准永久值系数）宜作为正常使用极限状态变形验算的荷载条件。 1　最大风情况：取 50 年一遇的设计最大风荷载及相应的引线张力、自重等。 2　操作荷载情况：取最大操作荷载及相应的风荷载条件下相应的引线张力及自重等。 地震情况：水平地震作用及相应的风荷载、引线张力、自重等。地震情况下的结构抗力（抗拔、抗倾覆等）或承载力调整系数采用现行国家标准《构筑物抗震设计规范》GB 50191 的规定值
《3～110kV 高压配电装置设计规范》（GB 50060—2008）	
16	2.0.10　屋内、屋外配电装置的隔离开关与相应的断路器和接地刀闸之间应装设闭锁装置。屋内配电装置设备低式布置时，还应设置防止误入带电间隔的闭锁装置
17	4.1.9　正常运行和短路时，电气设备引线的最大作用力不应大于电气设备端子允许的荷载。屋外配电装置的导体、套管、绝缘子和金具，应根据当地气象条件和不同受力状态进行力学计算。导体、套管、绝缘子和金具的安全系数不应小于表 4.1.9（见表 A.2）的规定

续表

序号	强制性条文内容
18	5.1.1　屋外配电装置的安全净距不应小于表5.1.1（见表A.3）所列数值。电气设备外绝缘体最低部位距地小于2500mm时，应装设固定遮栏
19	5.1.3　屋外配电装置使用软导线时，在不同条件下，带电部分至接地部分和不同相带电部分之间的最小安全净距，应根据表5.1.3（见表A.4）进行校验，并应采用最大值
20	5.1.4　屋内配电装置的安全净距不应小于表5.1.4（见表A.5）所列数值。电气设备外绝缘体最低部位距地小于2300mm时，应装设固定遮栏
21	5.1.7　屋外配电装置裸露的带电部分的上面和下面，不应有照明、通信和信号线路架空跨越或穿过；屋内配电装置裸露的带电部分上面不应有明敷的照明、动力线路或管线跨越
22	7.1.3　充油电气设备间的门开向不属配电装置范围的建筑物内时，应采用非燃烧体或难燃烧体的实体门
23	7.1.4　配电装置室的门应设置向外开启的防火门，并应装弹簧锁，严禁采用门闩；相邻配电装置室之间有门时，应能双向开启
《爆炸危险环境电力装置设计规范》（GB 50058—2014）	
24	5.2.2（1）危险区域划分与电气设备保护级别的关系应符合下列规定： 1　爆炸性环境内电气设备保护级别的选择应符合表5.2.2—1（见表A.1）的规定

（六）通用设备

新建站断路器、隔离开关、接地开关、电流互感器、电压互感器、避雷器、电气参数执行国家电网有限公司最新通用设备要求；扩建站根据前期接线方式保持一致，设备选型应满足相应设计要求；外形尺寸及基础可根据厂家资料，在满足电气距离基本要求的基础上，执行通用设备要求。

1. 断路器

（1）安全净距。

220kV断路器相间距离3500mm，外套瓷裙底部距地面不小于2500mm，引线端子板距地面高度不小于4700mm。断路器本体上的机构或中控箱高度需满足的要求：运行人员站在地面或操作平台上进行操作时能保证运行人员的安全净距要求。

110kV断路器相间距离1700～1800mm，外套瓷裙底部距地面不小于2500mm，断口下引线端子板距地面高度不小于3800mm，断口上引线端子板距地面高度不小于5700mm。此值为考虑断路器相间道路运输设备时电气安全距离的要求。

（2）接地要求。

设备接地采用双引下线接地。每个支架在上部（罐式断路器无）、下部各设置两个接地槽钢，若设备支架为厂家提供，上部接地连接由设备制造商负责。设备下部接地槽钢至主地网连接由用户负责。

2. 隔离开关

（1）安全净距。

隔离开关外套瓷裙底部距地面不小于2500mm，引线端子板距地面高度不小于4700mm，此值为考虑隔离开关相间道路运输设备时电气安全距离及满足无遮拦裸导体至地面最小安全净距要求。

（2）接地要求

设备接地采用双引下线接地。设备支架需在上、下部各设置两个接地端子，若设备支架为厂家提供，上部接地连接由设备制造商负责。设备下部接地端子至主地网连接由用户负责。

3. 接地开关

（1）安全净距。

220kV 接地开关外套瓷裙底部距地面不小于 2500mm，带电体最低处距地面不小于 4700mm。110kV 接地开关外套瓷裙底部距地面不小于 2500mm，带电体最低处距地面不小于 3800mm。

此值为考虑接地开关相间道路运输设备时电气安全距离的要求及满足无遮拦裸导体至地面最小安全净距的要求。

（2）接地要求。

设备接地采用双引下线接地。设备支架需在上、下部各设置两个接地端子，若设备支架为厂家提供，上部接地连接由设备制造商负责。设备下部接地端子至主地网连接由用户负责。

4. 电流互感器

（1）采用高位布置，安装在支架上，用螺栓与支架固定。

（2）设备设置两个接地端子。

5. 电压互感器

（1）采用高位布置，安装在支架上，用螺栓与支架固定。

（2）设备设置两个接地端子。

6. 避雷器

（1）采用高位布置，安装在支架上，用螺栓与支架固定。

（2）放电计数器安装高度距地 1800mm（可根据运行要求，安装高度距地 2500mm），传感器安装于放电计数器背面，安装高度根据工程实际情况确定。

四、设计接口要点

（一）专业间收资要点

（1）线路专业：屋外配电装置出线名称、排列、相序、导地线型号。

（2）变电电气一次专业：屋外配电装置位置及进出线位置；电缆沟平断面及检修箱位置、尺寸。

（3）变电电气二次专业：二次端子箱安装尺寸、型号规格。

（二）专业间提资要点

本节专业间提资要点如表 1-3-4 所示。

表 1-3-4　　专业间提资要点

序号	资料名称	提资要点	接收专业
1	屋外配电装置电气接线图	接线图及设备参数应准确无误	系统、继保、远动、通信、变电电气二次
2	屋外配电装置平断面布置图	间隔名称、排序； 电气设备型号、数量； 构架、设备支架及设备基础尺寸； 电气设备距地高度及相互距离； 电缆沟布置位置、端子箱位置、构架定位应准确无误； 平面布置图设备相对位置应与基础图保持一致	变电土建
3	屋外配电装置设备支架及设备基础	设备支架种类及数量；设备支架的高度及相间距离；操作机构对支架设计预埋的要求	变电土建
4	设备安装图（断路器、隔离开关、互感器、避雷器）	设备安装三视图应准确无误，应在图中标注出需土建专业配合的详细做法；详细标注外形尺寸及荷载数据；自振频率、状态；上下接地端子；预埋电缆保护管	变电土建
5	导线拉力、构架土建资料	构架种类及构架高度，跨度及相间距离； 母线档距、各类工况下导线荷载、弧垂	变电土建

（三）厂家资料确认要点

（1）厂家资料中设备参数应与施工图卷册中电气主接线图中设备、导体型号、参数一致，接线端子尺寸应满足国家电网有限公司通用设备要求，厂家资料应确定接地点、预埋件位置、参数及数量正确，明确厂家需负责内容。

（2）断路器厂家资料应确认相间距离，设备支架高度、地脚螺栓尺寸安装中心距离、地脚螺栓伸出基础尺寸、上接地尺寸、接线端子尺寸及开孔、操作机构箱距离地面尺寸是否满足四统一要求。

（3）隔离开关厂家资料应确认相间距离，设备支架高度、地脚螺栓尺寸安装中心距离、地脚螺栓伸出基础尺寸、上接地尺寸、接线端子尺寸及开孔、操作机构箱距离地面尺寸是否满足四统一要求，确认污秽等级、爬电比距，垂直伸缩式隔离开关应注意布置形式（45°、135°布置）、隔离开关静触头高度应与母线高度一致。

（4）接地开关厂家资料应确认相间距离，设备支架高度、地脚螺栓尺寸安装中心距离、地脚螺栓伸出基础尺寸、上接地尺寸操作机构箱距离地面尺寸是否满足四统一要求，确认污秽等级、爬电比距，接地开关与托架及管母固定金具配合后高度应与母线高度一致。

（5）电压、电流互感器厂家资料应确认安装底座螺孔中心距离及螺孔大小、接线端子尺寸及开孔，绕组数、准确级及容量、电流变比、电压变比。电压、电流互感器的绕组数、准确级及容量与二次专业会签核实。

（6）避雷器厂家资料应确认安装底座螺孔中心距离及螺孔大小、放电计数器安装高度距地高度是否满足四统一要求，确认污秽等级、爬电比距。避雷器排气通道口不得朝向巡检通道。

五、图纸设计要点

（一）电气距离

（1）屋外配电装置的电气设备外绝缘体最低部位距离地面不宜小于 2500mm。

（2）220kV 屋外配电装置的带电部分至构架之间安全净距不应小于 A_1 值（1800mm）；110kV 屋外配电装置的带电部分至构架之间安全净距不应小于 A_1 值（900mm）。

（3）220kV 屋外配电装置的不同相的带电部分之间安全净距不应小于 A_2 值（2000mm）；110kV 屋外配电装置的不同相的带电部分之间安全净距不应小于 A_2 值（1000mm）。

（4）220kV 屋外配电装置的 1M、2M 带电部分之间安全净距、带电部分与围墙的安全净距不应小于 D 值（3800mm）；110kV 屋外配电装置的 1M、2M 带电部分之间安全净距、带电部分与围墙的安全净距不应小于 D 值（2900mm）。

（5）220kV 屋外配电装置的运输道路外廓至无遮拦带电部分之间、母线带电部分与水平旋转式隔离开关之间安全净距不应小于 B_1 值（2550mm）；110kV 屋外配电装置的运输道路外廓至无遮拦带电部分之间、母线带电部分与水平旋转式隔离开关之间安全净距不应小于 B_1 值（1750mm）。

（二）防火距离

220kV、110kV 屋外配电装置为不含油设备，仅考虑与周边电容器组的防火距离，不应小于 10m，若不满足 10m，电容器组应加装防火墙。

（三）电气接口

1. 断路器

（1）安装基础。

柱式断路器每相支架的 4 个地脚螺栓安装中心距离为 400mm×400mm。断路器的汇控箱应随本体放置。三相机械联动的断路器机构箱可布置于中相和边相，电缆孔位置应避开设备基础。

（2）地脚螺栓规格及埋设方式。

设备支架为钢结构，由设备制造商提供。设备支架采用地脚螺栓固定，地脚螺栓规格统一为 M36、长 1100mm，由设备制造商随设备提供，按照《国家电网公司输变电工程标准工艺（三）工艺标准库（2016 年版）》的要求地脚螺栓应与支架基础一次性浇筑，浇筑完成后的地脚螺栓伸出基础 200mm（螺纹长 200mm）。

2. 隔离开关

（1）安装基础。

单柱垂直伸缩式隔离开关每相采用单柱支架，每根支架的 4 个地脚螺栓安装中心距离为 300mm×300mm。双柱水平伸缩式、三柱水平旋转式隔离开关每相采用双柱支架，支架柱间距为3125mm，每根支架的4个地脚螺栓安装中心距离为300mm×300mm操作机构手柄的插孔中心线距地面1000mm，土建基础高出周围场地150mm。

（2）地脚螺栓规格及埋设方式。

隔离开关支架为钢结构，由设备制造商提供。隔离开关相间距离3500mm。设备支架采用地脚螺栓固定，地脚螺栓规格统一为M30、长900mm，由设备制造商随设备提供，按照《国家电网公司输变电工程标准工艺（三）工艺标准库（2016年版）》的要求地脚螺栓应与支架基础一次性浇筑，浇筑完成后的地脚螺栓伸出基础200mm（螺纹长200mm）。

3. 接地开关

（1）安装基础。

220kV接地开关相间距离3000～3500mm，110kV接地开关相间距离1500～1600mm。当用于悬吊管母及软母线时，联合采用2个支架，支架中心距离5000mm，支架的4个地脚螺栓安装中心距离为300mm×300mm。

土建基础高出周围场地150mm。

（2）安装基础。

接地开关支架为钢结构，由设备制造商提供，设备支架采用地脚螺栓固定，地脚螺栓规格统一为M30、长900mm，由设备制造商随设备提供，按照《国家电网公司输变电工程标准工艺（三）工艺标准库（2016年版）》的要求地脚螺栓应与支架基础一次性浇筑，浇筑完成后的地脚螺栓伸出基础200mm（螺纹长200mm）。

4. 电流互感器

220kV电流互感器安装底座螺孔中心距离及螺孔大小采用550mm×550mm，4×ϕ24mm，110kV电流互感器采用475mm×475mm，4×ϕ24mm。

5. 电压互感器

220kV、110kV电流互感器安装底座螺孔中心距离及螺孔大小采用530mm×530mm，4×ϕ24mm。

6. 避雷器

安装底座螺孔中心距离及螺孔大小采用270mm×270mm，4×ϕ8mm。

（四）专业配合

（1）电流互感器参数与需二次专业一同确认，注意电流互感器极性、隔离开关和接地开关与二次端子图一致，并在相应安装图说明。

（2）汇控柜、直流分电屏等柜体尺寸等向二次专业收资，需在图纸中进行说明及定位。

（3）电气平面图布置时，应注意电缆沟位置尺寸与设备基础，设备本体电缆槽盒与电缆沟是否存在碰撞，平面图中各类预埋件、埋管留孔数量及尺寸应与对应专业核实确定。

（4）与线路专业核实相位及间隔顺序是否一致，距离门型构架距离、偏角、挂线点高度是否满足要求。

（五）会签

110kV 与 220kV 户外配电装置（AIS）卷册需与土建专业会签，要点如下：

（1）与提资图纸进行复核。

（2）确定电缆沟位置尺寸与设备基础，设备本体电缆槽盒与电缆沟是否存在碰撞。

（3）断面图中设备基础及接地端子是否按电气专业要求设计。

（4）条形基础、构架横梁挂点位置与电气专业图纸是否一致。

（六）其他应注意的问题

（1）应注意主变压器进线跨线偏角应满足规范要求，不宜超过规定值。

（2）应注意设备线夹材质及长、宽尺寸需满足压接面积要求并标明，并与设备端子板相匹配，满足工艺外观要求。

（3）应注意隔离开关校验打开状态时电气距离是否满足要求。扩建工程中应注意垂直隔离开关设计高度与原有悬吊或支持管母线高度匹配。

（4）应注意避雷器排气通道口不得朝向巡检通道，无法避免的，可将其中两相避雷器排气通道相对布置。

（5）应注意高海拔地区设备选型需格外注意与通用设备的匹配。

（6）应注意扩建及改造工程需征求调度、运行部门的意见，掌握电网运行方式，重点论述停电期间的负荷转供情况，明确过渡阶段施工实施方案。

（7）220kV 同杆架设或平行回路的线路侧接地开关应具有开合电磁感应和静电感应的能力，需要对接地开关额定感应电流和电压进行计算，选择 A 类、B 类及以上。

六、施工过程注意要点

（1）户外软导线压接线夹口向上安装时，应在线夹底部打直径不超过 8mm 的泄水孔，以防冬季寒冷地区积水结冰冻裂线夹。

（2）避雷器接地端子应采用专门敷设的接地线接地；避雷器应用最短的接地线与接地网连接。避雷器与放电计数器间连接线参照采用黑色标识。

第四节　110kV 户内配电装置（GIS）

一、设计依据

（一）设计输入

（1）司令图。

（2）初步设计评审意见。

（3）设计联络会纪要。

（4）厂家图纸：GIS 接线图、气室分隔图、基础图、布置图、间隔断面图。

（5）现场收资（涉及改造/扩建）：对于已投运变电站，应利用各方资源收资现场资料。一是利用国家电网有限公司各类应用系统，查考电网实时、设备台账等资料。二是联系运维单位求证、补充，咨询相关意见。三是部分工程已收集资料不满足设计要求的，应至现场复核，记录变电站现状。涉及变电站停电过渡方案要与调控部门沟通，沟通内容如下：

1）间隔排列情况，应逐个间隔核实其名称及编号。

2）核实间隔内设备参数：额定工作电流，额定开断电流，TA、TV绕组数量及变比。

3）核实线路侧接地开关A类、B类或超B类。

4）扩间隔，涉及单一来源，需询价，并了解前期厂家是否被纳入国家电网有限公司“黑名单”。

（二）规程、规范、技术文件

DL/T 5222—2005《导体和电器选择设计技术规定》

DL/T 5352—2018《高压配电装置设计规范》

DL/T 5458—2012《变电工程施工图设计内容深度规定》

Q/GDW 10248.2—2016《输变电工程建设标准强制性条文实施管理规程　第2部分：变电（换流）站建筑工程设计》

Q/GDW 10381.1—2017《国家电网有限公司输变电工程施工图设计内容深度规定　第1部分：110kV智能变电站》

Q/GDW 10381.5—2017《国家电网有限公司输变电工程施工图设计内容深度规定　第5部分：220kV智能变电站》

《国家电网有限公司关于印发〈十八项电网重大反事故措施（修订版）〉的通知》（国家电网设备〔2018〕979号）

《国网基建部关于发布〈35～750kV输变电工程设计质量控制“一单一册”（2019年版）〉的通知》（基建技术〔2019〕20号）

《国家电网公司输变电工程标准工艺（2016年版）》

《国家电网有限公司输变电工程通用设备（2018年版）》

《电力工程电气设计手册电气一次部分》

二、设计边界和内容

（一）设计边界

本节设计范围为新建的110kV配电装置。110kV主变压器进线属于主变压器安装卷册设计范围；线路侧电缆为线路设计范围。

（二）设计内容

110kV户内配电装置（GIS）施工图包含卷册说明，110kV配电装置接线图，110kV配电装置气室分隔图，110kV配电装置平面布置图，110kV配电装置间隔断面图（主变压器、出线、母联、母设、分段），110kV GIS辅助地网布置图、设备材料汇总表。

（三）设计流程

本节设计流程图如图 1-4-1 所示。

图 1-4-1　设计流程图

三、深度要求

（一）施工图深度

1. 卷册说明

（1）应说明该电压等级建设规模、配电装置布置特点、主要设备型式、本节包含内容及其他卷册的分界点。

（2）应说明设备安装要求、导线挂线施工要求、分裂导线次档距要求、硬导体挠度及安装要求。

（3）应说明金具安装、设备接地要求、安装构件防腐要求等。

2. 110kV 配电装置接线图

110kV 配电装置接线图应与电气主接线图中设备、导体型号、参数一致，详细标注各间隔名称、相序、母线编号等。

3. 110kV 配电装置气室分隔图

110kV 配电装置气室分隔图应与电气主接线图中设备、导体型号、参数一致，详细标注各间隔名称、相序、母线编号等。该图纸由 GIS 厂家提供，要点包括：

（1）GIS 最大气室的气体处理时间不超过 8h。252kV 及以下设备单个气室长度不超过 15m，且单个主母线气室对应间隔不超过 3 个。

（2）双母线结构的 GIS，同一间隔的不同母线隔离开关应各自设置独立隔室。

（3）三相分箱的 GIS 母线及断路器气室，禁止采用管路连接。独立气室应安装单独的密度继电器，密度继电器表计应朝向巡视通道。

4. 110kV 配电装置平面布置图

（1）应与电气总平面布置图中进、出线方向一致，按规定标注指北针。

（2）应标注设备、构架、道路、墙体等中心线之间的距离，标注纵向、横向总尺寸。

（3）应标注各间隔名称、相序、母线编号、母线相序、相间距。

（4）应示明电缆沟、端子箱、动力、检修箱等位置。

5. 110kV 配电装置间隔断面图

（1）应表示该间隔接线示意图，可不标注设备型号、参数。

（2）应标注设备、构架、道路、墙体等中心线之间的距离尺寸，并应标注总尺寸。

（3）应标注各种必要的安全净距。

（4）应标注设备、导体、金具等的编号，并应与设备材料表对应。

（5）设备材料表中的设备材料应注明编号、名称、型号及规格、单位、数量及备注。

6．110kV GIS 辅助地网布置图

（1）应绘出主接地网及集中接地装置的水平接地体和垂直接地体的布置，主接地网网格尺寸。

（2）应列出本图所需的材料一览表。

（3）应说明 GIS 设备的接地布置及安装要求。

1）接地方案可采用设备直接引下接地或预埋接地件。接地件由土建施工单位预埋，接地件以上的接地过渡块、接地排及安装辅材均为厂家提供。

2）每个气体隔室的壳体应互连并可靠接地，接地回路应满足短路电流的动、热稳定要求。外壳应接地。凡不属主回路或辅助回路的预定要接地的所有金属部分都应接地。外壳框架等的相互电气连接宜用紧固连接，以保证电气上连通，接地点应标以接地符号。

3）接地点的接触面和接地连线的截面积应能安全地通过故障接地电流。

4）紧固接地螺栓不少于 4 个 M12 螺栓或 2 个 M16 螺栓。接地点应标有接地符号。

5）GIS/HGIS 接地应防止外壳产生危险感应电压，应防止外壳环流造成局部过热。

7．设备材料汇总表

设备材料汇总表应按间隔开列设备及材料并汇总，设备应注明生产厂商；设备安装所需材料按设备数量成套统计。

（二）计算深度

（1）导体力学计算：软导线应计算在最高温度、最大荷载、最大风速、最低温度、三相上人检修或单相上人检修等相对应的环境温度下的水平拉力、导线弧垂、支座反力；还应计算各环境温度下的水平拉力、导线弧垂、导线长度。（运用博超软件计算）

（2）导体、电器参数选择计算：对初步设计计算未能覆盖或因特殊原因增加的部分，应根据需要进行必要的补充计算。

（3）力学计算和设备选择计算，具体工程可视需要增减，计算结果主要用于专业提资配合。计算书底稿不列入设计文件，一般只引述计算条件和计算结果，但必须存档妥善保存，以备查用。

（三）反措要求

根据《国家电网有限公司关于印发〈十八项电网重大反事故措施（修订版）〉的通知》（国家电网设备〔2018〕979 号），本节涉及的十八项电网重大反事故措施如表 1-4-1 所示。

表 1-4-1　　十八项反措要求

序号	条文内容
1	12.2.1.1　用于低温（年最低温度为－30℃及以下）、日温差超过25K、重污秽e级或沿海d级地区、城市中心区、周边有重污染源（如钢厂、化工厂、水泥厂等）的363kV及以下GIS，应采用户内安装方式，550kV及以上GIS经充分论证后确定布置方式
2	12.2.1.2　GIS气室应划分合理，并满足以下要求： （1）GIS最大气室的气体处理时间不超过8h。252kV及以下设备单个气室长度不超过15m，且单个主母线气室对应间隔不超过3个。 （2）双母线结构的GIS，同一间隔的不同母线隔离开关应各自设置独立隔室。252kV及以上GIS母线隔离开关禁止采用与母线共隔室的设计结构。 （3）三相分箱的GIS母线及断路器气室，禁止采用管路连接。独立气室应安装单独的密度继电器，密度继电器表计应朝向巡视通道
3	12.2.1.3　生产厂家应在设备投标、资料确认等阶段提供工程伸缩节配置方案，并经业主单位组织审核。方案内容包括伸缩节类型、数量、位置及“伸缩节（状态）伸缩量-环境温度”对应明细表等调整参数。伸缩节配置应满足跨不均匀沉降部位（室外不同基础、室内伸缩缝等）的要求。用于轴向补偿的伸缩节应配备伸缩量计量尺
4	12.2.1.4　双母线、单母线或桥形接线中，GIS母线避雷器和电压互感器应设置独立的隔离开关。3/2断路器接线中，GIS母线避雷器和电压互感器不应装设隔离开关，宜设置可拆卸导体作为隔离装置。可拆卸导体应设置于独立的气室内。架空进线的GIS线路间隔的避雷器和线路电压互感器宜采用外置结构
5	12.2.1.5　新投运GIS采用带金属法兰的盆式绝缘子时，应预留窗口用于特高频局部放电检测。采用此结构的盆式绝缘子可取消罐体对接处的跨接片，但生产厂家应提供型式试验依据。如需采用跨接片，户外GIS罐体上应有专用跨接部位，禁止通过法兰螺栓直连
6	12.2.1.7　同一分段的同侧GIS母线原则上一次建成。如计划扩建母线，宜在扩建接口处预装可拆卸导体的独立隔室；如计划扩建出线间隔，应将母线隔离开关、接地开关与就地工作电源一次上全。预留间隔气室应加装密度继电器并接入监控系统
7	12.2.1.9　盆式绝缘子应尽量避免水平布置
8	12.2.1.16　装配前应检查并确认防爆膜是否受外力损伤，装配时应保证防爆膜泄压方向正确、定位准确，防爆膜泄压挡板的结构和方向应避免在运行中积水、结冰、误碰。防爆膜喷口不应朝向巡视通道
9	12.2.2.5　垂直安装的二次电缆槽盒应从底部单独支撑固定，且通风良好，水平安装的二次电缆槽盒应有低位排水措施

（四）“一单一册”

根据《国网基建部关于发布〈35～750kV输变电工程设计质量控制“一单一册”（2019版）〉的通知》（基建技术〔2019〕20号），本节涉及的“一单一册”相关内容如表1-4-2所示。

表 1-4-2　　“一单一册”问题

序号	专业子项	问题名称	问题描述	原因及解决措施	问题类别
1	配电装置	户内电气布置平、断面图未采用建筑平、剖面图	GIS室内设备布置没有考虑建筑物柱子的尺寸导致运行及检修通道尺寸不满足规范要求，或在设备布置紧凑的屋内配电装置中，未校核户内柱子等突出物的安全净距。如未考虑GIS设备局部突出部位与建筑物柱子的尺寸等问题	户内电气布置平、断面图需采用符合实际的建筑平、剖面图。建筑物外形尺寸应与土建图纸一致，断面应完整包含各个方向视图	专业配合不足

续表

序号	专业子项	问题名称	问题描述	原因及解决措施	问题类别
2	设备及导体（含选型及安装）	3/2断路器接线，GIS母线避雷器和电压互感器不应设置隔离开关	为便于试验和检修，对3/2断路器接线，2012年版反措要求GIS母线避雷器和电压互感器应设置独立的隔离开关或隔离断口；2018年版反措进行修订，GIS母线避雷器和电压互感器不应装设隔离开关，宜设置可拆卸导体作为隔离装置	设计习惯延续2012年版反措。应加强新版反措学习，按照最新版反措要求严格执行	规范规定使用不合理
3	设备及导体（含选型及安装）	GIS设备未预留扩建用过渡气室	对于需要预留远景扩建母线或间隔的GIS设备，设计未预留扩建用过渡气室，使得GIS扩建停电时间延长，造成不必要的停电损失	设计联络会应明确在GIS设备设计时对母线扩建端和预留备用间隔隔离开关设置相应的过渡气室	技术方案不合理
4	设备及导体（含选型及安装）	GIS内置电压互感器、避雷器、快速接地开关未采用专用接地线接地	GIS内置电压互感器、避雷器、快速接地开关未采用专用接地线直接连接到地网，而是通过外壳和支架接地	认真确认厂家资料，施工图设计提请GIS厂家，电压互感器、避雷器、快速接地开关应采用专用接地线接地。各接地点接地排的截面需满足要求	技术方案不合理
5	设备及导体（含选型及安装）	GIS母线或硬导体跨建筑伸缩缝处未设置伸缩节	GIS母线或硬导体跨建筑伸缩缝处未设置伸缩节，容易导致设备运行故障，户内变电站、半户内变电站应考虑伸缩缝与GIS配合问题	GIS布置设计需尽可能避开建筑伸缩缝。施工图设计需采用符合实际的建筑平、剖面图，并在GIS母线或硬导体母线跨建筑伸缩缝处设置伸缩节	技术方案不合理
6	设备及导体（含选型及安装）	GIS母线较长，未设置巡检平台	对于出线回路数较多、通体较长的GIS母线，未设置巡检平台，运行检修极为不便，需要绕道进行检修	GIS母线较长，若GIS设备上未设置巡检平台，运行检修极为不便，需要绕道进行检修。建议在设备招标文件中明确，并在设计联络会中落实	其他

（五）强条

本节涉及的强制性条文编制依据国家电网有限公司企业标准Q/GDW 10248.2—2016《输变电工程建设标准强制性条文实施管理规程　第2部分：变电（换流）站电气工程设计》，本节涉及工程建设标准强制性条文执行情况如表1-4-3所示。

表1-4-3　　强制性条文

序号	强制性条文内容
	《高压配电装置设计技术规程》（DL/T 5352—2018）
1	2.2.3　GIS配电装置应在与架空线路连接处装设敞开式避雷器，其接地端应与GIS管道金属外壳连接。500kV及以上电压等级GIS母线避雷器的装设宜经雷电侵入波过电压计算确定
2	2.2.4　GIS配电装置感应电压不应危及人身和设备的安全。外壳和支架上的感应电压，正常运行条件下不应大于24V，故障条件下不应大于100V
3	2.2.5　在GIS配电装置间隔内，应设置一条贯穿所有GIS间隔的接地母线或环形接地母线。将GIS配电装置的接地线引至接地母线，由接地母线再与接地网连接

续表

序号	强制性条文内容
4	2.2.6 GIS配电装置宜采用多点接地方式，当选用分相设备时，应设置外壳三相短接线，并在短接线上引出接地线通过接地母线接地。 外壳的三相短接线的截面应能承受长期通过的最大感应电流，并应按短路电流校验。当设备为铝外壳时，其短接线宜采用铝排；当设备为钢外壳时，其短接线宜采用铜排
5	3.0.7 配电装置的抗震设计应符合 GB 50260 的规定
6	3.0.10 配电装置设计应重视对噪声的控制，降低有关运行场所的连续噪声级。配电装置紧邻居民区时，其围墙外侧的噪声标准应符合 GB 3096、GB 12348 等要求
7	3.0.13 110kV 及以上电压等级的电气设备及金具在 1.1 倍最高相电压下，晴天夜晚不应出现可见电晕，110kV 及以上电压等级导体的电晕临界电压应大于导体安装处的最高工作电压
8	5.1.1 屋外配电装置的最小安全净距宜以金属氧化物避雷器的保护水平为基础确定。其屋外配电装置的最小安全净距不应小于表 5.1.2-1 所列数值。电气设备外绝缘体最低部位距地小于 2500mm 时，应装设固定遮栏
9	5.1.3 屋外配电装置使用软导线时，在不同条件下，带电部分至接地部分和不同相带电部分之间的最小安全净距，应根据表 5.1.3-1 进行校验，并采用其中最大数值
10	5.1.4 屋内配电装置的安全净距不应小于表 5.1.4 所列数值
11	5.1.6 配电装置中，相邻带电部分的额定电压不同时，应按较高的额定电压确定其最小安全净距
12	5.1.7 屋外配电装置带电部分的上面或下面，不应有照明、通信和信号线路架空跨越或穿过；屋内配电装置的带电部分上面不应有明敷的照明、动力线路或管线跨越
13	6.3.1 GIS配电装置布置的设计，应考虑其安装、检修、起吊、运行、巡视以及气体回收装置所需的空间和通道
14	6.3.2 同一间隔 GIS 配电装置的布置应避免跨土建结构缝
《导体和电器选择设计技术规定》(DL/T 5222—2005)	
15	5.0.15 在正常运行和短路时，电器引线的最大作用力不应大于电器端子允许的荷载。 屋外配电装置的导体、套管、绝缘子和金具，应根据当地气象条件和不同受力状态进行力学计算，其安全系数不应小于表 5.0.15 所列数值
16	7.7.15 接地导线应有足够的截面，具有通过短路电流的能力
17	12.0.14 气体绝缘金属封闭开关设备的外壳应接地。 凡不属于主回路或辅助回路的且需要接地的所有金属部分都应接地。外壳、构架等的相互电气连接宜采用紧固连接（如螺栓连接或焊接），以保证电气上连通。 接地回路导体应有足够的截面，具有通过接地短路电流的能力。 在短路情况下，外壳的感应电压不应超过 24V

（六）通用设备

新建站 GIS 电气参数执行国家电网有限公司最新通用设备要求；扩建站根据前期接线方式保持一致，设备选型应满足相应设计要求；外形尺寸及基础可根据厂家资料，满足电气距离基本要求的基础上，执行通用设备要求。

（1）通用设计及通用设备中 220kV GIS 型号为 2GIS-4000/50，额定短路开断电流为 50kA，额定电流为 4000A；110kV GIS 型号为 1GIS-3150/40，额定短路开断电流为 40kA，额定电流为 3150A。

（2）对于户内 GIS 布置方案，进（出）线套管相间距离为 1500mm，设备间隔底座宽度为 1200mm，设备底座长度不得大于 6800mm（双母线接线）/6000mm（其余接线形式）。室内高压电力电缆洞口按照 800mm（长）×800mm（宽）预留洞口，以适应不同厂家电缆终端，电缆安装后再对孔洞多余部分进行防火封堵。

(3) 126kV户内GIS出线间隔中心距宜选用1000mm，部分间隔可结合工程建筑物梁柱、电缆竖井位置等调整间隔宽度。在电缆出线间隔电缆出线处设置电缆隧道，隧道宽度和深度根据具体工程确定。厂房高度按吊装元件考虑，室内净高不小于6500mm，最大起吊重量不大于3t。配电装置室纵向宽度净宽不小于9000mm。根据126kV GIS室纵向尺寸情况，预留巡视通道不应小于1000mm，主通道宽度宜为2000～3500mm。

(4) 接地要求：

1) 接地方案可采用设备直接引下接地或预埋接地件。接地件由土建施工单位预埋，接地件以上的接地过渡块、接地排及安装辅材均为厂家提供。

2) 每个气体隔室的壳体应互连并可靠接地，接地回路应满足短路电流的动、热稳定要求。外壳应接地。凡不属主回路或辅助回路且预计要接地的所有金属部分都应接地。外壳框架等的相互电气连接宜用紧固连接，以保证电气上连通，接地点应标以接地符号。

3) 接地点的接触面和接地连线的截面积应能安全地通过故障接地电流。

4) 紧固接地螺栓不少于4个M12螺栓或2个M16螺栓。接地点应标有接地符号。

5) GIS接地应防止外壳产生危险感应电压，应防止外壳环流造成局部过热。

四、设计接口要点

(一) 专业间收资要点

(1) 线路专业：屋内配电装置出线名称、排列、相序、电缆型号。

(2) 变电电气一次专业：屋内配电装置位置及进出线位置；电缆沟平断面及检修箱位置、尺寸。

(3) 变电电气二次专业：二次端子箱安装尺寸、型号规格。

(二) 专业间提资要点

本节专业间提资要点如表1-4-4所示。

表1-4-4　　专业间提资要点

序号	资料名称	提资要点	接收专业
1	110kV配电装置接线图	接线图及设备参数应准确无误	系统继保、远动、通信、电气二次
2	110kV配电装置平面布置图 110kV配电装置基础图	设备基础尺寸、电缆沟布置位置、端子箱位置、构架定位、埋管数量及位置应准确无误；平面布置图设备相对位置应与基础图保持一致	总图、线路电气、水工、暖通、变电结构
3	110kV配电装置间隔断面图	断面图中设备相对位置应与平面布置图、基础图保持一致	变电结构
4	110kV GIS辅助地网布置图	接地网布置应与土建专业配合，与设备基础布置配合	变电结构

（三）厂家资料确认要点

（1）厂家资料中主接线图应与施工图卷册中电气主接线图中设备、导体型号、参数一致，并详细标注各间隔名称、相序、母线编号等。其中 TA 和 TV 的绕组数、准确级及容量与二次专业会签核实。

（2）厂家资料中平面布置图应与施工图卷册中电气总平面布置图进、出线方向一致，应标注各间隔名称、相序、母线编号、母线相序、相间距。应标注套管、主母线、断路器、隔离开关等中心线之间的距离。相关尺寸应满足通用设备要求。

（3）厂家资料中间隔断面图应标注套管、主母线、断路器、隔离开关等中心线之间的距离且与平面布置图保持一致。应标注 GIS 设备、套管高度。应标注套管至 GIS 本体的安全净距。

（4）厂家资料基础图中接地点、预埋件位置、参数及数量正确。明确厂家需负责内容。

（5）厂家资料中应有套管接线端子详图，接线端子尺寸应满足国家电网有限公司通用设备要求。

五、图纸设计要点

（一）电气距离

（1）110kV 屋内配电装置的电气设备外绝缘体最低部位距离地面不宜小于 2300mm。

（2）屋内配电装置的带电部分上面不应有明敷的照明、动力线路或管线跨越。

（3）110kV 屋内配电装置的不同相的带电部分之间安全净距不应小于 A_2 值（900mm）。

（二）防火距离

110kV 屋内 GIS 配电装置为不含油设备，仅考虑配电装置室及电缆防火问题。

（三）电气接口

对于户内 GIS 布置方案，进（出）线套管相间距离为 1500mm，设备间隔底座宽度为 1200mm，设备底座长度不得大于 6800mm（双母线接线）/6000mm（其余接线形式）。

（四）专业配合

（1）电流互感器参数需与二次专业一同确认，注意电流互感器极性与二次端子图一致。

（2）汇控柜、直流分电屏等柜体尺寸等向二次专业收资，需在图纸中进行说明及定位。

（3）电气平面图布置时，应注意电缆沟位置尺寸与设备基础，设备本体电缆槽盒与电缆沟是否存在碰撞，平面图中各类预埋件、埋管留孔数量及尺寸应与对应专业核实确定。

（4）110kV 屋内 GIS 配电装置底座建议采用焊接固定在水平预埋钢板的基础上，也可采用地脚螺栓或化学锚栓方式固定。GIS 伸缩节要能够适应装配调整、吸收基础间的相对位移和热胀冷缩的伸缩量，GIS 底座必须能够适应以下土建施工误差：

1）每间隔基础预埋件水平最高和最低差不超过 2mm。

2）间隔之间所有尺寸允许误差不超过 3mm。

3）全部间隔所在区域尺寸允许偏差不超过 3mm。

（五）会签

110kV 户内配电装置卷册与土建专业会签，要点如下：

（1）与提资图纸进行复核。

（2）户内变电站应核实钢梁、孔洞位置。

（3）设备基础尺寸、电缆沟布置位置、端子箱位置、电缆终端开孔定位、埋管数量及位置应准确无误；平面布置图设备相对位置应与基础图保持一致。

（六）其他应注意的问题

（1）GIS 布置应考虑其安装、检修、起吊、运行、试验、巡视以及气体回收装置所需空间和通道。GIS 配电装置室应设置起吊工具挂点，其能力应能满足起吊最大检修单元要求，并满足设备检修要求。吊钩位置一般要求大于等于 6500mm。

（2）当 GIS 配电装置布置在二层及以上的楼层时，应在室内设置吊装口或者在室外设置吊装平台；吊装口上方梁板吊点荷载和室外吊装平台荷载，应按照最大单台吊装设备重量考虑。一般优选室外吊装平台。

（3）分期扩建间隔应在一期工程中提前考虑扩建设备的运输通道和运输方式，优先考虑预留扩建间隔设置在 GIS 室两端或便于运输的位置。如果扩建间隔运输尺寸受限，应在设计文件中对 GIS 设备明确提出运输和安装的特殊要求。GIS 布置时考虑间隔本体应避免跨越建筑伸缩缝处，主母线应在跨越伸缩缝处设置伸缩节。

（4）应注意扩建及改造工程，需征求调度、运行部门的意见，掌握电网运行方式，重点论述停电期间的负荷转供情况，明确过渡阶段施工实施方案。

六、施工过程注意要点

（1）SF_6 探测器布置位置及埋管应在交底会上与施工单位沟通，是否存在碰撞或无法安装等问题。

（2）户内 GIS 设计布置时应留有进行试验的必要空间。GIS 若采用全电缆进、出线，现场试验时一般要加装试验套管，应校核试验套管带电部位与 GIS 室内部隔墙、柱子、梁、通风管道等物体的安全净距满足相关规程要求。

第五节　10/35kV 屋内配电装置

一、设计依据

（一）设计输入

（1）司令图。

（2）初步设计评审意见。

（3）设计联络会纪要。

（4）外卷册资料：配电装置室建筑、结构图。

（5）厂家图纸：开关柜接线图、布置图、外形图、基础图。

（6）现场收资（涉及改造/扩建）：对于已投运变电站，应利用各方资源收资现场资料。一是利用国家电网有限公司各类应用系统，查考电网实时、设备台账等资料。二是联系运维单位求证、补充，咨询相关意见。三是部分工程已收集资料不满足设计要求的，应至现场复核，记录变电站现状。现场收资内容如下：

1）核实开关柜型号及间隔排列；分段隔离、分段开关开关柜前期是否上齐，断路器额定、开断电流，TV、TA 绕组次序及变比。

2）核实开关室内屋顶母线桥预留吊点位置是否与本期扩建位置吻合，开关室长度是否满足本期扩建需求。

3）核实开关室地面前期开孔、预埋件是否满足本期需要。

4）核实原开关柜主母线布置位置。

（二）规程、规范、技术文件

DL/T 5222—2005《导体和电器选择设计技术规定》

DL/T 5352—2018《高压配电装置设计规范》

DL/T 5458—2012《变电工程施工图设计内容深度规定》

Q/GDW 10248.2—2016《输变电工程建设标准强制性条文实施管理规程　第 2 部分：变电（换流）站建筑工程设计》

Q/GDW 10381.1—2017《国家电网有限公司输变电工程施工图设计内容深度规定　第 1 部分：110kV 智能变电站》

Q/GDW 10381.5—2017《国家电网有限公司输变电工程施工图设计内容深度规定　第 5 部分：220kV 智能变电站》

《国家电网有限公司关于印发〈十八项电网重大反事故措施（修订版）〉的通知》（国家电网设备〔2018〕979 号）

《国网基建部关于发布〈35～750kV 输变电工程设计质量控制“一单一册”（2019 年版）〉的通知》（基建技术〔2019〕20 号）

《国家电网公司输变电工程标准工艺（2016 年版）》

《电力工程电气设计手册电气一次部分》

二、设计边界和内容

（一）设计边界

10/35kV 屋内配电装置，与主变压器安装卷册的分界点为主变压器进线穿墙套管，主变压器进线穿墙套管之外为主变压器安装卷册内容。

(二) 设计内容

设计内容包括卷册说明、10/35kV 屋内配电装置配置接线图、10/35kV 屋内配电装置平面布置图、10/35kV 屋内配电装置间隔断面图、穿墙套管安装图、设备材料汇总表。

(三) 设计流程

本节设计流程图如图 1-5-1 所示。

图 1-5-1　设计流程图

三、深度要求

(一) 施工图深度

1. 卷册说明

卷册说明应说明设计依据，设计说明（建设规模及设备选型、电压等级、爬电比距、卷册分界点)、设备型号、施工说明（施工注意事项、导线安装方式、接地及防腐要求)、设备型号等厂家信息、规程文件、标准工艺清单等。

2. 10/35kV 屋内配电装置配置接线图

10/35kV 屋内配电装置配置接线图需与电气主接线图中设备、导体型号和参数一致，并详细标注各开关柜名称、相序、母线编号等。

3. 10/35kV 屋内配电装置平面布置图

(1) 应与电气总平面布置图布置图中进、出线方向一致，按规定标注指北针。

(2) 应标注设备、电缆沟、墙体等中心线之间的距离，标注纵向、横向总尺寸。

(3) 应标注各间隔名称、相序、相间距。

4. 10/35kV 屋内配电装置间隔断面图

(1) 应表示该间隔接线示意图，可不标注设备型号、参数。

(2) 应标注设备、电缆沟、墙体等中心线之间的距离尺寸，并应标注总尺寸。

(3) 应标注穿墙套管中心线高度、封闭母线挂点位置信息。

(4) 应标注设备、导体、穿墙套管、金具、钢构件等编号，并与材料表对应。

(5) 设备材料表中的设备材料应注明编号、名称、型号及规格、单位、数量及备注。

5. 穿墙套管安装图

(1) 应表示穿墙套管外形及尺寸。

(2) 当有特殊安装要求时，应在图中特别说明。

(3) 安装材料应标注明编号、名称、型号及规格、单位、数量及备注，又特殊要求的，可在备注栏加以说明。

6. 设备材料汇总表

设备材料汇总表应按间隔开列设备及材料并进行汇总，对已按程序招标采购的设备应注明生产厂商；设备安装所需材料按设备数量成套统计。

（二）计算深度

导体、电器参数选择计算。

（三）反措要求

根据《国家电网有限公司关于印发〈十八项电网重大反事故措施（修订版）〉的通知》（国家电网设备〔2018〕979 号），本节涉及的十八项电网重大反事故措施如表 1-5-1 所示。

表 1-5-1　　十八项反措要求

<table>
<tr><th>序号</th><th>条文内容</th></tr>
<tr><td>1</td><td>12.4.1.6　开关柜内避雷器、电压互感器等设备应经隔离开关（或隔离手车）与母线相连，严禁与母线直接连接。开关柜门模拟显示图必须与其内部接线一致，开关柜可触及隔室、不可触及隔室、活门和机构等关键部位在出厂时应设置明显的安全警示标识，并加以文字说明。柜内隔离活门、静触头盒固定板应采用金属材质并可靠接地，与带电部位满足空气绝缘净距离要求</td></tr>
<tr><td>2</td><td>4.2.10　空气绝缘开关柜应选用硅橡胶外套氧化锌避雷器。主变压器中、低压侧进线避雷器不宜布置在进线开关柜内</td></tr>
<tr><td>3</td><td>12.4.1.1　开关柜应选用 LSC2 类（具备运行连续性功能）、“五防”功能完备的产品。新投开关柜应装设具有自检功能的带电显示装置，并与接地开关（柜门）实现强制闭锁，带电显示装置应装设在仪表室</td></tr>
<tr><td>4</td><td>12.4.1.2　空气绝缘开关柜的外绝缘应满足以下条件：
12.4.1.2.1　空气绝缘净距离应满足下表的要求：
表 1.5-2　开关柜空气绝缘净距离要求
<table>
<tr><th>空气绝缘净距离（mm）
额定电压（KV）</th><th>7.2</th><th>12</th><th>24</th><th>40.5</th></tr>
<tr><td>相间和相对地</td><td>≥100</td><td>≥125</td><td>≥180</td><td>≥300</td></tr>
<tr><td>带电体至门</td><td>≥130</td><td>≥155</td><td>≥210</td><td>≥330</td></tr>
</table>
12.4.1.2.2　最小标称统一爬电比距：≥$\sqrt{3}$×18mm/kV（对瓷质绝缘），≥$\sqrt{3}$×20mm/kV（对有机绝缘）。
12.4.1.2.3　新安装开关柜禁止使用绝缘隔板。即使母线加装绝缘护套和热缩绝缘材料，也应满足空气绝缘净距离要求</td></tr>
</table>

（四）“一单一册”

根据《国网基建部关于发布〈35～750kV 输变电工程设计质量控制“一单一册”（2019 版）〉的通知》（基建技术〔2019〕20 号），本节涉及的“一单一册”相关内容如表 1-5-2 所示。

表 1-5-2　　“一单一册”问题

序号	专业子项	问题名称	问题描述	原因及解决措施	问题类别
1	设备及导体（含选型及安装）	电容器出线、断路器选型不满足要求	10kV 电容器容量 8Mvar，选用真空断路器	根据《国网基建部关于进一步明确变电站通用设计开关柜选型技术原则的通知》对于电容器组电流大于 400A 的电容器回路时，建议配置 SF_6 断路器	技术方案不合理

续表

序号	专业子项	问题名称	问题描述	原因及解决措施	问题类别
2	设备及导体（含选型及安装）	开关柜主母线布置形式掌握不全面	工程扩建，对原开关柜主母线布置收资深度不足，导致施工阶段扩建柜体与前期母线无法对接	初设阶段应做好前期设备收资，鉴于开关柜均为密封设备，主母线位置不好现场判断，建议在一期工程施工图中，增加开关柜内部结构断面图，便于后期扩建收资	设计深度不足
3	设备及导体（含选型及安装）	10/35kV开关柜跨建筑伸缩缝布置	10/35kV开关柜跨建筑伸缩缝布置，易导致设备运行故障	加强土建、电气一次专业配合，10/35kV开关柜应尽可能避开建筑伸缩缝布置，电气施工图设计应采用工程实际的建筑平、剖面图	专业配合不足

（五）强条

根据国家电网公司企业标准《输变电工程建设标准强制性条文实施管理规程　第2部分：变电（换流）站建筑工程设计》（Q/GDW 10248.2—2016），本节涉及的工程建设标准强制性条文执行情况如表1-5-3所示。

表1-5-3　　强制性条文

序号	强制性条文内容
1	5.1.11　220kV及以下屋内配电装置设备低式布置时，间隔应设置防止误入带电间隔的闭锁装置
2	6.0.6　配电装置的抗震设计应符合GB 50260的规定
3	6.0.8　配电装置设计应重视对噪声的控制，降低有关运行场所的连续噪声级。配电装置紧邻居民区时，其围墙外侧的噪声标准应符合GB 3096、GB 12348等要求
4	8.1.3　屋内配电装置的安全净距不应小于表8.1.3（见表A.15）所列数值，并按图8.1.3-1和图8.1.3-2校验。 电气设备外绝缘体最低部位距地小于2300mm时，应装设固定遮栏
5	9.1.1　长度大于7000mm的配电装置室，应有2个出口。长度大于60000mm时，宜增添1个出口；当配电装置室有楼层时，1个出口可设在通往屋外楼梯的平台处
6	9.1.5　配电装置室的门应为向外开的防火门，应装弹簧锁，严禁用门闩，相邻配电装置室之间如有门时，应能向两个方向开启
7	9.1.7　配电装置室的顶棚和内墙应作耐火处理，耐火等级不应低于二级。地（楼）面应采用耐磨、防滑、高硬度地面
8	9.1.8　配电装置室有楼层时，其楼面应有防渗水措施
9	9.1.9　配电装置室应按事故排烟要求，装设足够的事故通风装置
10	9.1.10　配电装置室内通道应保证畅通无阻，不得设立门槛，并不应有与配电装置无关的管道通过
11	7.5.12　共箱封闭母线的外壳各段间必须有可靠的电气连接，其中至少有一段外壳应可靠接地。共箱母线箱体宜采用多点接地
12	13.0.8　高压开关柜中各组件及其支持绝缘件的外绝缘爬电比距（高压电器组件外绝缘的爬电距离与最高电压之比）应符合如下规定： 1　凝露型的爬电比距。瓷质绝缘不小于14/18mm/kV（Ⅰ/Ⅱ级污秽等级），有机绝缘不小于16/20mm/kV（Ⅰ/Ⅱ级污秽等级）。 2　不凝露型的爬电比距。瓷质绝缘不小于12mm/kV，有机绝缘不小于14mm/kV
13	13.0.9　单纯以空气作为绝缘介质时，开关内各相导体的相间与对地净距必须符合表13.0.9（见表A.12）的要求

续表

序号	强制性条文内容
14	13.0.10 高压开关柜应具备防止误拉、合断路器，防止带负荷分、合隔离开关（或隔离插头），防止带接地开关（或接地线）送电，防止带电合接地开关（或挂接地线），防止误入带电间隔等五项措施
15	2.0.10 屋内、屋外配电装置的隔离开关与相应的断路器和接地刀闸之间应装设闭锁装置。屋内配电装置设备低式布置时，还应设置防止误入带电间隔的闭锁装置
16	5.1.4 屋内配电装置的安全净距不应小于表5.1.4（见表A.5）所列数值。电气设备外绝缘体最低部位距地小于2300mm时，应装设固定遮栏
17	7.1.4 配电装置室的门应设置向外开启的防火门，并应装弹簧锁，严禁采用门闩；相邻配电装置室之间有门时，应能双向开启

（六）通用设备

对于10～35kV电压等级，从绝缘介质、额定短路开断电流和额定电流归并为13种通用设备，如表1-5-4所示。开关柜通用设备编号说明如图1-5-2所示。

表1-5-4　　开关柜通用设备

序号	电压等级（kV)	通用设备编号	灭弧介质	绝缘介质	适用海拔高度（m)	柜宽(mm)	柜高(mm)	柜深(mm)
1	35	BKG-A-1250/25	真空/SF_6	空气	≤1000	1400	2600	2750*
2		BKG-G-1250/25	真空	气体①	≤5000	800	2400	1800
3		BKG-A-2500/25	真空/SF_6	空气	≤1000	400	2600	2750*
4		BKG-G-2500/25	真空	气体①	≤5000	1800	2400	1800
5		BKG-A-1250/31.5	真空/SF_6	空气	≤1000	400	2600	2750*
6		BKG-G-1250/31.5	真空	气体①	≤5000	1800	2400	1800
7		BKG-A-2500/31.5	真空/SF_6	空气	≤1000	400	2600	2750*
8		BKG-G-2500/31.5	真空	气体①	≤5000	1800	2400	1800
9	10	AKG-A-1250/31.5	真空/SF_6	空气	≤2000	800**	2240***	1450****
10		AKG-G-1250/31.5		气体①	≤5000	600	2400	1300
11		AKG-A-3150/40		空气	≤2000	1000	2240***	1450****
12		AKG-G-3150/40		气体①	≤5000	800	2400	1600
13		AKG-A-4000/40		空气	≤2000	1000	2240***	1450****

注 ① 气体绝缘可采用SF_6气体、N_2气体、混合气体或干燥压缩空气。
*开关柜带后背包柜深为3050mm。
**开关柜带跨接母线桥时，柜宽为1000mm，母线设备柜柜宽为1000mm。
***当采用单层或双层小母线结构时，柜前高度（含小母线室）为2360mm，其中小母线室高度为120mm。
****开关柜为架空进线方案时，柜深度统一为1750mm；开关柜分支母线额定电流不超过1250A，柜深度统一为1450mm。

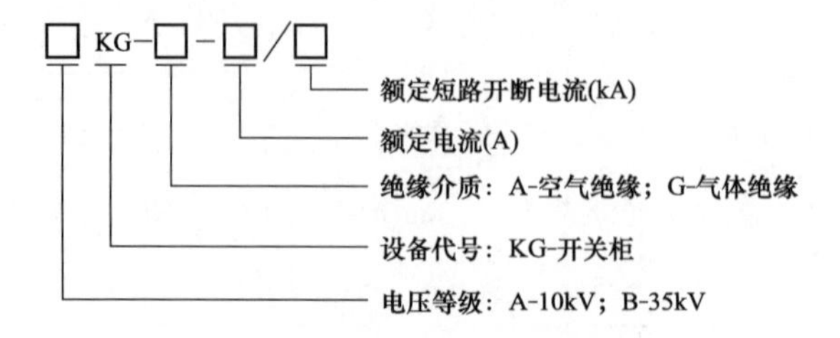

图1-5-2　开关柜通用设备编号说明

35kV、10kV 主变压器开关柜和电容器开关柜基础尺寸如图 1-5-3 和图 1-5-4 所示。

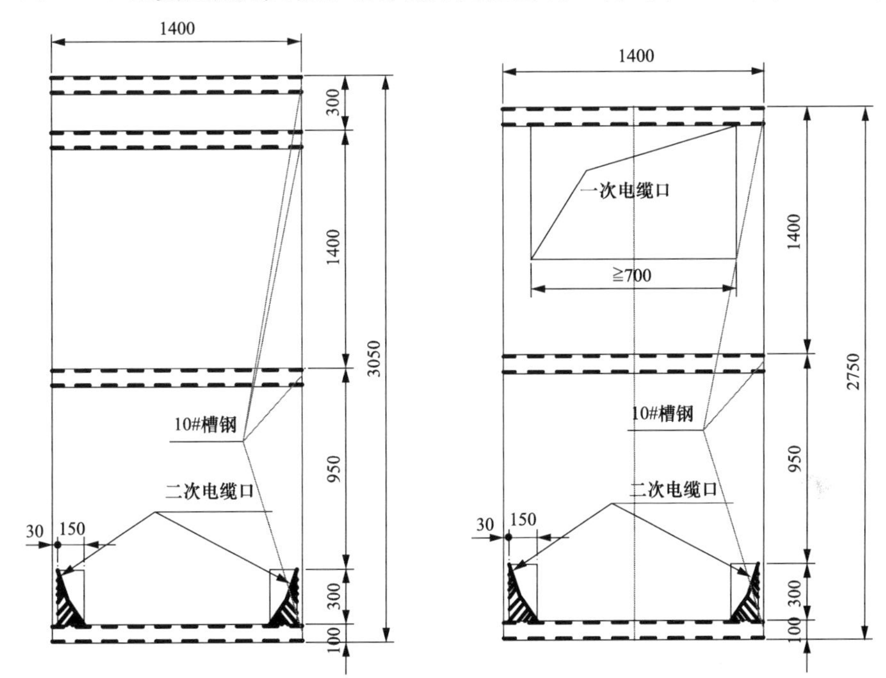

图 1-5-3　35kV 主变压器开关柜（带后背包）（左）、电容器（右）开关柜基础尺寸

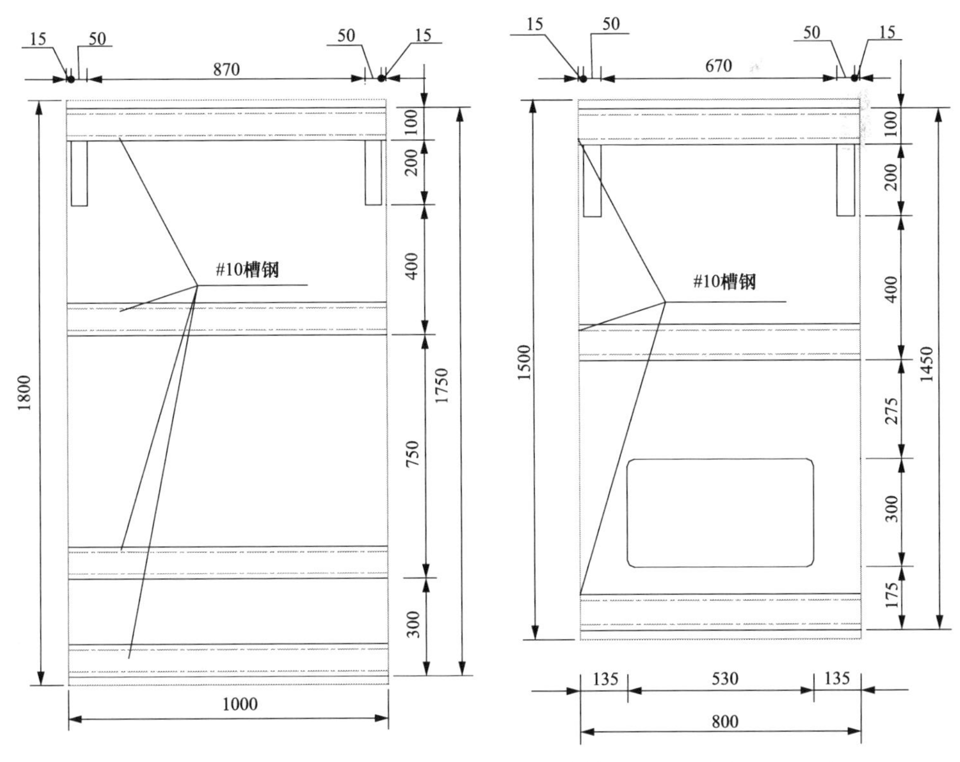

图 1-5-4　10kV 主变压器开关柜（左）、电容器（右）开关柜基础尺寸

四、设计接口要点

（一）专业间收资要点

（1）电气一次专业：主变压器 35/10kV 母线桥至配电装置室的定位，变电站接地变消弧线圈、电容器场区位置。

（2）土建专业：配电装置室建筑、结构图、轴流风机布置图。

（二）专业间提资要点

（1）土建专业：包括开关柜布置平面图、基础图（含封闭母线桥挂点图）。重点确认母线桥挂点位置是否合适；主变压器进线位置是否合适。

（2）电气二次专业：包括开关柜布置平面图、主接线图。重点确认有无 SF_6 开关柜。

（三）厂家资料确认要点

厂家资料应确认开关柜接线图、外形图及基础图，电压互感器、电流互感器绕组容量等参数需与二次专业共同确认，要点如下：

（1）开关柜额定电流、短路电流是否符合设计及通用设备要求。

（2）开关柜外形尺寸、埋件基础执行通用设备要求。

（3）厂家提供的开关柜间隔布置顺序是否与设计一致。

五、图纸设计要点

（一）电气接口

（1）开关柜正面的检修维护通道在单列布置时，宽度不小于单手车长加 1200mm。双列布置时不小于双手车长加 900mm。

（2）空气绝缘开关柜应选用硅橡胶外套氧化锌避雷器。主变压器中、低压侧进线避雷器不宜布置在进线开关柜。

（3）电缆端子距离开关柜底部应不小于 700mm。

（4）额定电流 1600A 及以上的开关柜应在主导电回路周边采取有效隔磁措施。

（5）站用变压器、接地变压器不应布置在开关柜内。

（6）开关柜空气绝缘净距离应满足相间及相对地不小于 300mm（10kV：不小于 125mm）、带电体至门不小于 330mm（10kV：不小于 155mm）。禁止使用绝缘隔板，即使母线加装绝缘护套和热缩绝缘材料，也应满足空气绝缘净距离要求；如采用固体绝缘封装或硫化涂覆等技术，可适当降低其绝缘距离要求，绝缘净距离不得小于 240mm。

（7）柜内母线、电缆端子等不应使用单螺栓连接。导体安装时螺栓可靠紧固，力矩符合要求。

（二）专业配合

1. 电气二次专业

（1）配合确认开关柜 TA 参数，包括绕组数、准确级、绕组容量、极性。

（2）配合确认开关柜 TV 参数，包括绕组数、准确级、绕组容量。

（3）确认是否有 SF_6 开关柜，若有，则二次专业需要相应布置 SF_6 感应设备。

2. 土建专业

配合确定主变压器进线柜位置，确保穿墙套管处与配电装置室构建筑物无碰撞现象；封闭母线桥挂点。

（三）会签

10/35kV 屋内配电装置卷册与土建专业会签，主要内容如下：

（1）与提资图纸进行复核，开关柜、电缆沟尺寸、位置是否与电气提资图一致。

（2）穿墙套管及封闭母线桥位置是否与工字钢、轴流风机位置冲突。

（3）开关柜下一次电缆沟开口是否与电气提资图一致。

六、施工过程注意要点

（1）屏顶小母线应设置防护措施。

（2）开关柜及电缆安装好后，一、二次电缆孔应做好防火封堵。

（3）远景开关柜预留孔洞应采用压花钢板在地面处封堵。

（4）所有安装材料均需热镀锌处理，施工时应尽量避免破坏镀锌层，安装施工完毕后镀锌层小面积被破坏处，应涂环氧富锌漆防锈。

（5）开关柜基础型钢应与室内环形接地母线可靠连接，穿墙套管的钢板需通过热镀锌扁钢接到主接地网。

（6）现场安装时须核对到货设备尺寸，确认无误后方可进行安装，如现场设备与设计图纸不符，请立即与设计代表联系。

（7）屏柜应从专用吊点起吊，当无专用吊点时，在起吊前应确认绑扎牢靠，防止在空中失衡滑落。

（8）开关柜、屏找正时，作业人员不可将手、脚伸入柜底，避免挤压手脚。屏、柜顶部作业人员应有防护措施，防止从屏、柜上坠落。

（9）组立屏、柜或端子箱时，设专人指挥，作业人员必须服从指挥。防止屏、柜倾倒伤人，钻孔时使用的电钻应检查是否漏电，电钻的电源线应采用便携式电源盘，并加装漏电保护器。

第六节　电容器安装

一、设计依据

（一）设计输入

（1）司令图。

（2）初步设计评审意见。

（3）设计联络会纪要。

（4）厂家图纸：电容器平、断面图，电容器基础图。

（5）现场收资（涉及改造/扩建）：对于已投运变电站，应利用各方资源收资现场资料。一是利用国家电网有限公司各类应用系统，查考电网实时、设备台账等资料。二是联系运维单位求证、补充，咨询相关意见。三是部分工程已收集资料不满足设计要求的，应至现场复核，记录变电站现状。现场收资内容如下：

1）核实预留电容器场区是否有障碍。

2）核实前期电容器的型号是否与图纸匹配。

3）核实预留电容器场区是否有电缆沟，且场区尺寸是否满足扩建需求。

（二）规程、规范、技术文件

GB 50227—2017《并联电容器装置设计规范》

DL/T 5222—2005《导体和电器选择设计技术规定》

DL/T 5352—2018《高压配电装置设计规范》

DL/T 5458—2012《变电工程施工图设计内容深度规定》

Q/GDW 10248.2—2016《输变电工程建设标准强制性条文实施管理规程　第 2 部分：变电（换流）站建筑工程设计》

Q/GDW 10381.1—2017《国家电网有限公司输变电工程施工图设计内容深度规定　第 1 部分：110kV 智能变电站》

Q/GDW 10381.5—2017《国家电网有限公司输变电工程施工图设计内容深度规定　第 5 部分：220kV 智能变电站》

《国家电网有限公司关于印发〈十八项电网重大反事故措施（修订版）〉的通知》（国家电网设备〔2018〕979 号）

《国网基建部关于发布〈35～750kV 输变电工程设计质量控制“一单一册”（2019 年版）〉的通知》（基建技术〔2019〕20 号）

《国家电网有限公司输变电工程通用设备（2018 版）》

《国家电网公司输变电工程标准工艺（2016 年版）》

《电力工程电气设计手册电气一次部分》

二、设计边界和内容

（一）设计边界

与 10/35kV 屋内配电装置卷册的分界点为电容器柜底部电缆终端。

（二）设计内容

图纸包括卷册说明、电容器装置配置接线图、电容器平面布置图及电缆走向图、电容器平面布置图、电容器断面布置图、电容器组隔离开关安装图、设备材料汇总表。

（三）设计流程

本节设计流程图如图 1-6-1 所示。

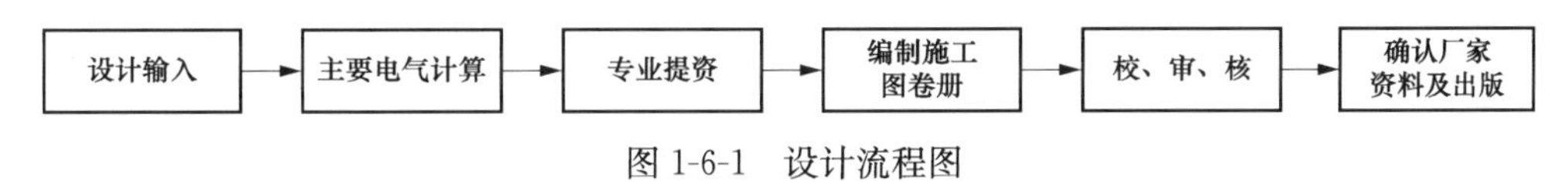

图 1-6-1　设计流程图

三、深度要求

（一）施工图深度要求

1. 卷册说明

卷册说明应说明该卷册建设规模、本节包含内容及与其他卷册的分界点、金具选择、设备接地要求、安装构件防腐要求等。

2. 电容器装置配置接线图

电容器装置配置接线图应与电气主接线图中设备、导体的型号、参数一致。详细标注各间隔名称、设备编号。

3. 电容器平面布置图及电缆走向图

电容器平面布置图及电缆走向图应与电气总平面布置图中并联补偿装置平面布置图一致，按规定标注指北针；详细标注设备、支架、围栏、电容器、油坑等中心线之间的距离，应标注纵向、横向总尺寸；详细标注设备名称、相间距、相序。

4. 电容器平、断面布置图

（1）应详细标注设备、支架、围栏、电容器等中心线质检的距离，标注断面总尺寸，标注安全净距；应表示接线示意；对于干式空芯电抗器应标注防磁范围。

（2）安装材料应标注编号、名称、型号及规格、单位、数量及备注，有特殊要求的，可在备注栏加以说明。

5. 电容器组隔离开关安装图

（1）应表示设备外形及尺寸；详细标注设备基础，设备支架高度；标注设备底部安装孔孔径及孔间距。

（2）应表示一次接线板材质、外形尺寸、孔径和孔间距；应说明安装件的加工要求和接地引下线安装要求；当有特殊要求时，应在图中特殊说明。

（3）安装材料应注明编号、名称、型号及规格，单位数量及备注有特殊要求的，可在备注栏加以说明。

6. 设备材料汇总表

设备材料汇总表应按间隔开列设备及材料并进行汇总，对已按照物资采购程序招标采购的设备应注明生产厂商；设备安装所需材料按设备数量成套统计。

（二）计算深度

导体、电器参数选择计算。

（三）反措要求

根据《国家电网有限公司关于印发〈十八项电网重大反事故措施（修订版）〉的通知》（国家电网设备〔2018〕979 号），本节涉及的十八项电网重大反事故措施如表 1-6-1 所示。

表 1-6-1　　十八项反措要求

序号	条文内容
1	10.2.1.1　电容器单元选型时应采用内熔丝结构，单台电容器保护应避免同时采用外熔断器和内熔丝保护
2	10.2.1.5　电容器端子间或端子与汇流母线间的连接应采用带绝缘护套的软铜线
3	10.2.1.9　电容器组过电压保护用金属氧化物避雷器应安装在紧靠电容器高压侧入口处的位置
4	10.2.1.8　电容器组过电压保护用金属氧化物避雷器接线方式应采用星形接线、中性点直接接地方式
5	10.3.1.2　户内串联电抗器应选用干式铁芯或油浸式电抗器。户外串联电抗器应优先选用干式空心电抗器，当户外现场安装环境受限而无法采用干式空心电抗器时，应选用油浸式电抗器
6	10.3.1.3　新安装的干式空心并联电抗器、35kV 及以上干式空心串联电抗器不应采用叠装结构，10kV 干式空心串联电抗器应采取有效措施防止电抗器单相事故发展为相间事故
7	10.3.1.4　干式空心串联电抗器应安装在电容器组首端，在系统短路电流大的安装点，设计时应校核其动、热稳定性
8	10.3.2.1　干式空心电抗器下方接地线不应构成闭合回路，围栏采用金属材料时，金属围栏禁止连接成闭合回路，应有明显的隔离断开段，并不应通过接地线构成闭合回路

（四）“一单一册”

根据《国网基建部关于发布〈35～750kV 输变电工程设计质量控制“一单一册”（2019 版）〉的通知》（基建技术〔2019〕20 号），本节涉及的“一单一册”相关内容如表 1-6-2 所示。

表 1-6-2　　“一单一册”问题

序号	专业子项	问题名称	问题描述	原因及解决措施	问题类型
1	继电保护	电容器保护选型与一次接线不匹配	电容器保护装置与电容器一次接线不匹配，造成二次保护配置接线错误	二次专业与一次专业相互配合不足。加强专业间设计配合	专业配合不足

（五）强条

根据国家电网公司企业标准《输变电工程建设标准强制性条文实施管理规程　第 2 部分：变电（换流）站建筑工程设计》（Q/GDW 10248.2—2016），本节涉及的工程建设标准强制性条文执行情况如表 1-6-3 所示。

表 1-6-3　　强制性条文

序号	强制性条文内容
1	4.1.2（3）　并联电容器组的接线方式应符合下列规定： 3　每个串联段的电容器并联总容量不应超过 3900kvar
2	4.2.6（2）　并联电容器装置的放电线圈接线应符回合下列规定： 2　严禁放电线圈一次绕组中性点接地
3	6.2.4　并联电容器的投切装置严禁设置自动重合闸

续表

序号	强制性条文内容
4	8.2.5（2） 并联电容器组的绝缘水平应与电网绝缘水平相配合。电容器的绝缘水平和接地方式应符合下列规定： 2 集合式电容器在地面安装时外壳应可靠接地
5	8.2.6（3） 并联电容器安装连接线应符合下列规定： 3 并联电容器安装连接线严禁直接利用电容器套管连接或支承硬母线
6	8.3.1（2） 油浸式铁芯串联电抗器的安装布置，应符合下列要求： 2 屋内安装的油浸式铁芯串联电抗器，其油量超过 100kg 时，应单独设置防爆间隔和储油设施
7	8.3.2（2） 干式空心串联电抗器的安装布置，应符合下列要求： 2 当采用屋内布置时，应加大对周围的空间距离，并应避开继电保护和微机监控等电气二次弱电设备
8	9.1.2（3） 并联电容器装置的消防设施，应符合下列要求： 3 并联电容器装置必须设置消防设施

（六）通用设备

覆盖 10～35kV 共 2 个电压等级，从容量、额定电抗率和结构型式归并为 15 种通用设备，如表 1-6-4 所示。并联电容器通用设备编号说明如图 1-6-2 所示。

表 1-6-4　　并联电容器通用设备

序号	电压等级（kV）	通用设备编号	单组容量（Mvar）	单台容量（kvar）	额定电抗率（%）	结构型式	适用海拔高度（m）
1	35	BC-K-10	10	417	5/12	框架式	≤5000
2		BC-K-15	15	417			
3		BC-K-20	20	417			≤3000
4		BC-K-30	30	500			
5		BC-K-40	40	417			≤4000
6		BC-K-60	60	500			
7		BC-H-60	60	20000		集合式	≤4000
8	10	AC-K-1	1	334	5/12	框架式	≤5000
9		AC-K-2	2	334			
10		AC-K-3	3	200/334			
11		AC-K-4	3.6/4*	200/334*			
12		AC-K-5	4.8/5**	200/41**			
13		AC-K-6	6	334			
14		AC-K-8	8	334	5/12		
15		AC-K-10	10	417			

注　*　单台电容器容量 200kvar 时单组容量 3.6Mvar，单台电容器容量 334kvar 时单组容量 4Mvar。
　　** 单台电容器容量 200kvar 时单组容量 4.8Mvar，单台电容器容量 417kvar 时单组容量 5Mvar。

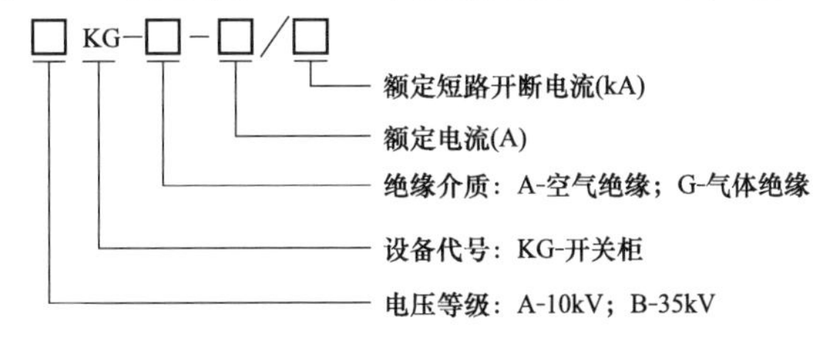

图 1-6-2　并联电容器通用设备编号说明

10kV 4.8Mvar 户内电容器组、10kV 4.8Mvar 户外电容器组安装示意图如图 1-6-3

和图 1-6-4 所示。

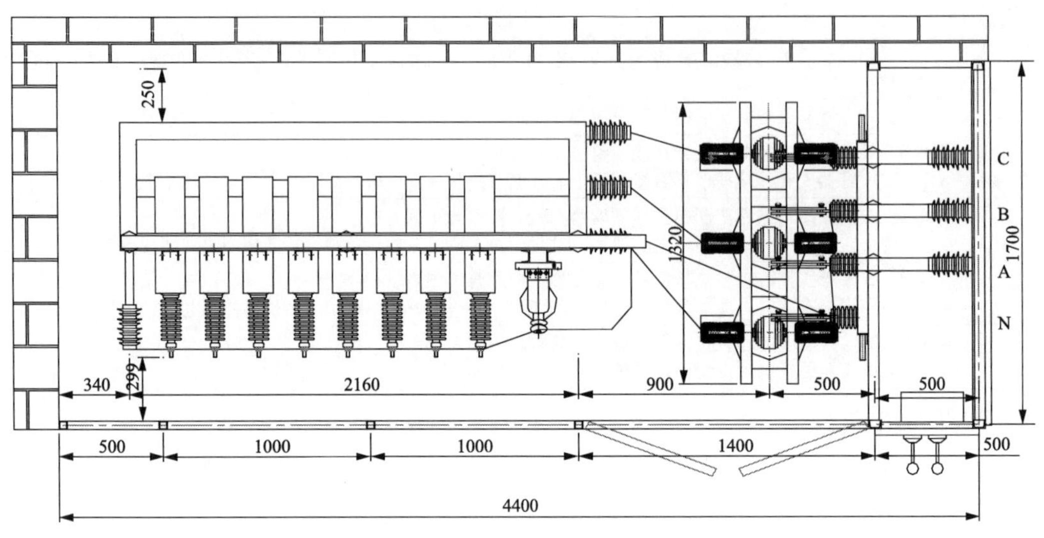

图 1-6-3 10kV 4.8Mvar 户内电容器组安装示意图

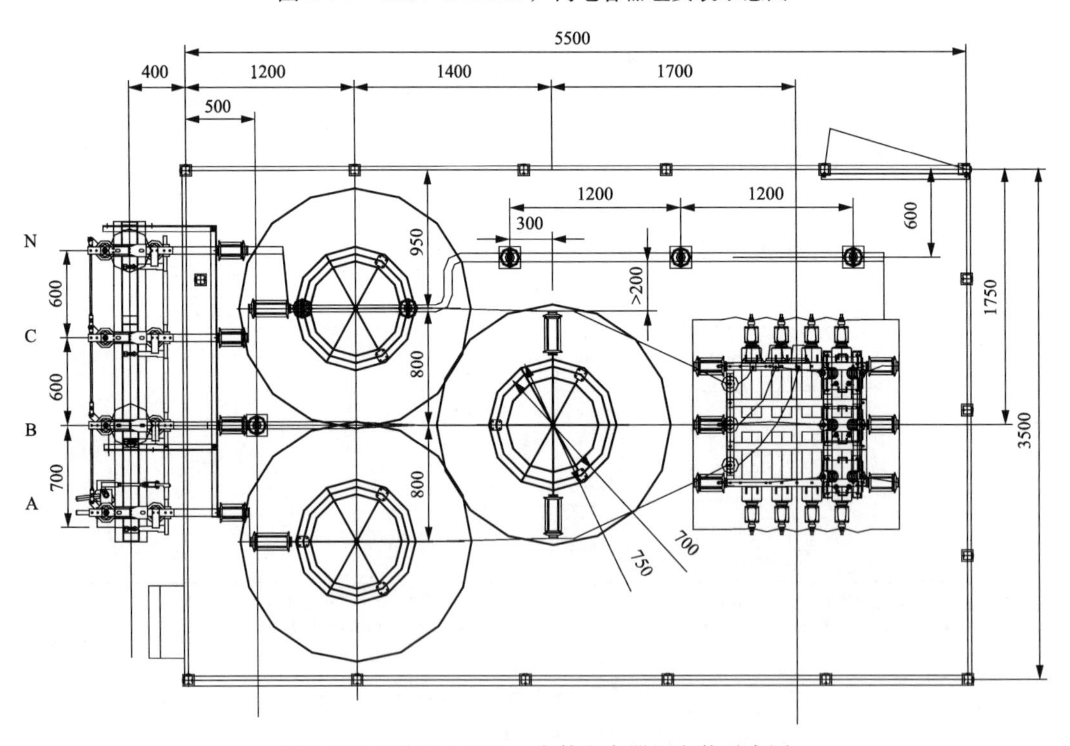

图 1-6-4 10kV 4.8Mvar 户外电容器组安装示意图

四、设计接口要点

(一) 专业间收资要点

(1) 电气一次专业：电气总平面布置，确定电容器组的位置。

(2) 电气二次专业：确定电容器二次预埋管根数。

(二) 专业间提资要点

专业间提资要点包括电容器安装平、断面图，基础图，隔离开关（户外）设备安装平断面图；隔离开关支架是否由厂家提供。10kV 4.8Mvar 户内、外电容器组基础图如图 1-6-5 和图 1-6-6 所示。

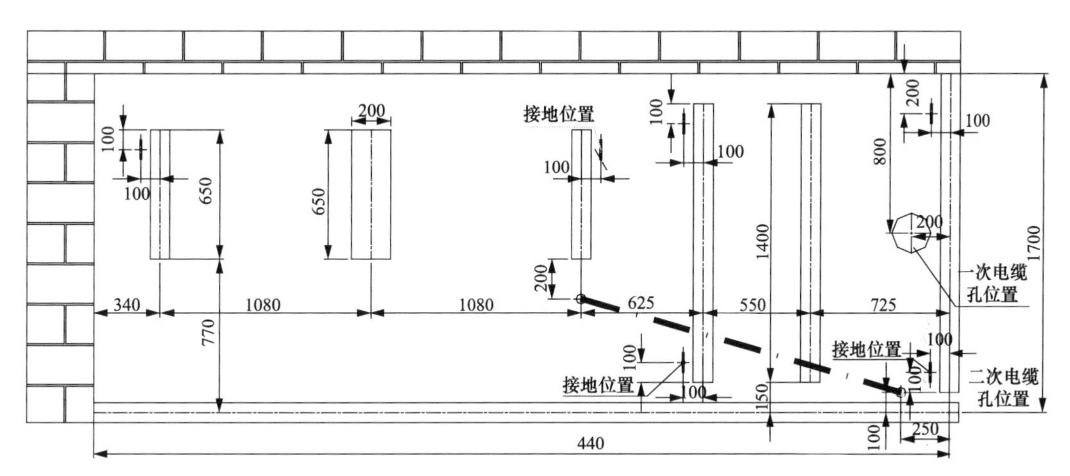

图 1-6-5　10kV 4.8Mvar 户内电容器组基础图

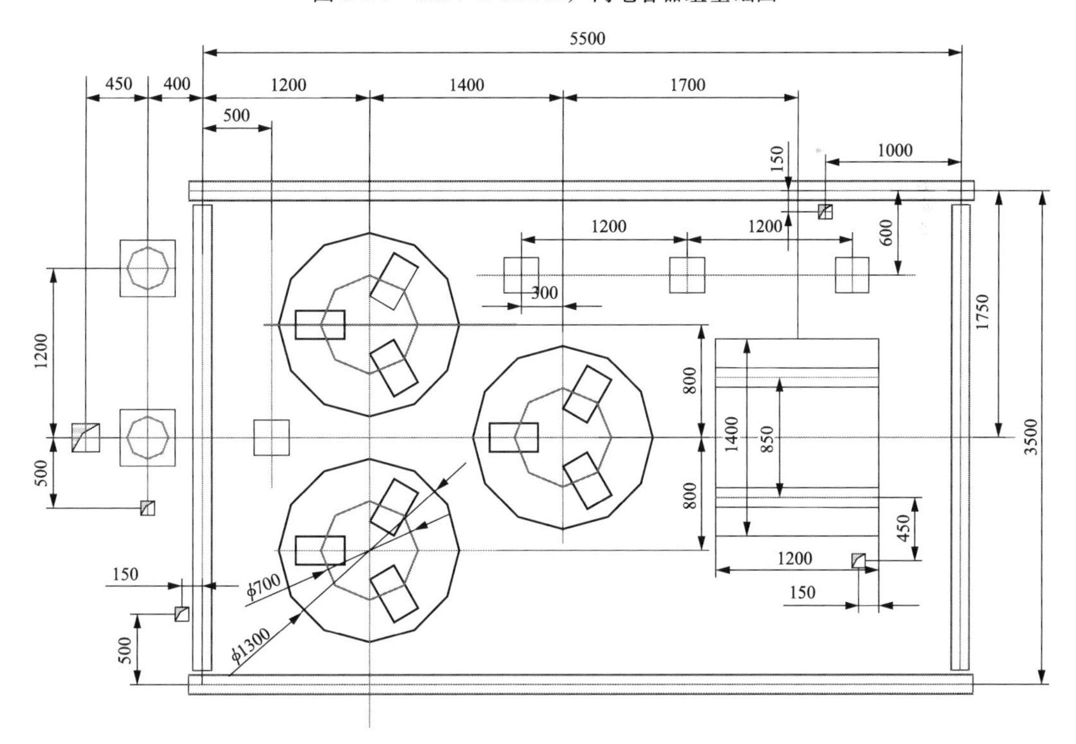

图 1-6-6　10kV 4.8Mvar 户外电容器组基础图

(三) 厂家资料确认要点

厂家资料确认要点应包括电容器组外形图及基础图、隔离开关（户外）外形图，包括：

（1）电容器外形尺寸、埋件基础执行通用设备要求。

（2）隔离开关相序。

（3）对于围栏户外电容器组，相邻电容器组间电气距离是否满足规范要求。

（4）连接铜排是否附黄、绿、红、淡蓝热缩护套。

（5）避雷器在线监测仪安装是否便于观测。

五、图纸设计要点

（一）防火距离

电容器为带油设备，与其他设备间的距离应该满足《火力发电厂与变电站设计防火标准》。若防火距离不满足要求时，应增加防火措施，如防火墙等。

（二）电气接口

10/35kV 户内、外框架式电容器组围栏尺寸如表 1-6-5～表 1-6-8 所示。

表 1-6-5　35kV 户外框架式电容器组围栏尺寸（适用 1000m 以下）

电容器组类别	成套设备围栏中心线尺寸（间隔横向×纵向，mm×mm）	备注
35kV，10Mvar	8000×6600	包括串联电抗器
35kV，15Mvar	8600×6800	包括串联电抗器
35kV，20Mvar	8600×6800	包括串联电抗器
35kV，30Mvar	9800×7200	包括串联电抗器
35kV，40Mvar	8500×5500	不包括串联电抗器
35kV，60Mvar	8500×5500 或 6000×9000	不包括串联电抗器

表 1-6-6　35kV 户内框架式电容器组围栏尺寸（适用 1000m 以下）

电容器组类别	成套设备围栏中心线尺寸（间隔横向×纵向，mm×mm）	备注
35kV，10Mvar	7000×6000	不包括隔离开关
35kV，15Mvar	7500×6000	不包括隔离开关
35kV，20Mvar	7500×6000	不包括隔离开关
35kV，30Mvar	10000×7200	不包括隔离开关
35kV，40Mvar	10000×7200	不包括隔离开关

表 1-6-7　10kV 户外框架式电容器组围栏尺寸（适用 1000m 以下）

电容器组类别	成套设备围栏中心线尺寸（间隔横向×纵向，mm×mm）	备注
10kV，1Mvar	3700×3000	不含隔离开关
10kV，2Mvar	4000×3000	不含隔离开关
10kV，3Mvar	5000×3000	不含隔离开关
10kV，4Mvar	5500×3500	不含隔离开关

续表

电容器组类别	成套设备围栏中心线尺寸（间隔横向×纵向，mm×mm）	备注
10kV，3.6Mvar	5500×3500	不含隔离开关
10kV，4.8Mvar	5500×3500	不含隔离开关
10kV，5Mvar	5500×3500	不含隔离开关
10kV，6Mvar	5500×3500	不含隔离开关
10kV，8Mvar	6500×4000	不含隔离开关
10kV，10Mvar	6500×4000	不含隔离开关

表 1-6-8　　35kV 户内框架式电容器组围栏尺寸（适用 1000m 以下）

电容器组类别	成套设备围栏中心线尺寸（间隔横向×纵向，mm×mm）	备注
10kV，1Mvar	3400×1700	包括隔离开关
10kV，2Mvar	3600×1700	包括隔离开关
10kV，3Mvar	4000×1700	包括隔离开关
10kV，4Mvar	4000×1700	包括隔离开关
10kV，3.6Mvar	4400×1700	包括隔离开关
10kV，4.8Mvar	4400×1700	包括隔离开关
10kV，5Mvar	4400×1700	包括隔离开关
10kV，6Mvar	4700×1700	包括隔离开关
10kV，8Mvar	5000×2000	包括隔离开关
10kV，10Mvar	5200×2000	包括隔离开关

（三）专业配合

（1）电气二次专业：配合确认电容器预埋管直径、根数。

（2）土建专业：配合确定电容器组位置，确保一次电缆沟与隔离开关基础及一次电缆出线位置无碰撞现象。

（四）会签

电容器安装卷册与土建专业会签，要点如下：

（1）与提资图纸进行复核。

（2）电容器基础及预埋件、隔离开关基础、高度及安装位置是否与电气提资图一致。

（3）核实隔离开关支架是否由厂家提供。

六、施工过程注意要点

（1）电容器电缆型号。

（2）为防止运行时，围栏磁路闭合形成环流，电容器网栏应设置明显断开点，围栏网四角均应加装绝缘垫。

（3）所有安装材料均需热镀锌处理，施工时应尽量避免破坏镀锌层，安装施工完毕后镀锌层小面积被破坏处应涂环氧富锌漆防锈。

（4）隔离开关必须按说明书要求搬运。解除捆绑螺栓时，作业人员应站在主隔离开关的侧面，手不得扶持导电杆，避免主隔离开关突然弹起伤及人身。

（5）现场安装时须核对到货设备尺寸及相序，确认无误后方可进行安装，如现场设备与设计图纸不符，请立即与设计代表联系。

（6）应按互感器、耦合电容器、避雷器的说明书要求，从专用吊点处进行吊装，非吊点部位不可吊装，防止破坏设备密封性能，以及在吊装过程脱落伤及人身与设备。

（7）电抗器各个支撑绝缘子应均匀受力，防止单个绝缘子超过其允许受力。调整紧固并采取必要的安全保护措施后，作业人员方可进入电抗器下方作业。

第七节　站用接地变压器及消弧线圈安装

一、设计依据

（一）设计输入

（1）司令图。

（2）初步设计评审意见。

（3）设计联络会纪要。

（4）外卷册资料：开关柜平面布置图，过道路埋管图等。

（5）厂家图纸：站用接地变压器及消弧线圈一次接线图、箱体平面布置图、箱体断面图、箱体外形大样图、箱体基础参考图。

（6）现场收资（涉及改造/扩建）：对于已投运变电站，应利用各方资源收资现场资料。一是利用国家电网有限公司各类应用系统，查考电网实时、设备台账等资料。二是联系运维单位求证、补充，咨询相关意见。三是部分工程已收集资料不满足设计要求的，应至现场复核，记录变电站现状。现场收资内容如下：

1）核实本期站用接地变压器扩建区域有无障碍物。

2）核实站用电屏预留回路有无被占用。

（二）规程、规范、技术文件

DL/T 5222—2005《导体和电器选择设计技术规定》

DL/T 5352—2018《高压配电装置设计规范》

DL/T 5458—2012《变电工程施工图设计内容深度规定》

Q/GDW 10381.1—2017《国家电网有限公司输变电工程施工图设计内容深度规定 第1部分：110kV智能变电站》

Q/GDW 10381.5—2017《国家电网有限公司输变电工程施工图设计内容深度规定 第5部分：220kV智能变电站》

《国家电网有限公司关于印发〈十八项电网重大反事故措施（修订版）〉的通知》（国家电网设备〔2018〕979号）

《国网基建部关于发布〈35～750kV输变电工程设计质量控制“一单一册”（2019年版）〉的通知》（基建技术〔2019〕20号）

《国家电网有限公司输变电工程通用设备（2018版）》

《电力工程电气设计手册电气一次部分》

二、设计边界和内容

（一）设计边界

本节与35/10kV配电装置的分界点为接地变压器开关柜电缆终端，与站用电系统的分界点为站用电屏进线柜。

（二）设计内容

图纸包括卷册说明，35kV/10kV站用变压器及消弧线圈配置接线图，35kV/10kV站用变压器及消弧线圈平面布置图，35kV/10kV站用变压器及消弧线圈成套装置平、断面图，设备材料汇总表。

（三）设计流程

本节设计流程图如图1-7-1所示。

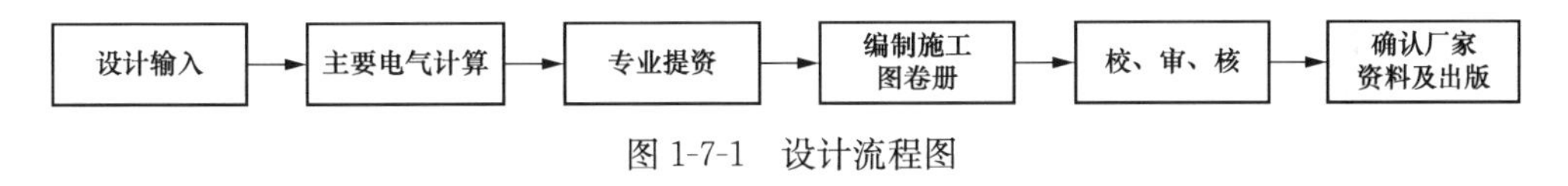

图1-7-1　设计流程图

三、深度要求

（一）施工图深度

1. 卷册说明

卷册说明应说明本节建设规模、本节包含内容及与其他卷册的分界点等。

2. 电气接线图

电气接线图应绘出接地变压器母线引接，标明接地变压器的名称、容量、规格等。

3. 设备安装平、断面布置图

（1）应标注接地变压器、控制箱、端子箱的相互位置尺寸，标出接各侧进线相序，标出定位尺寸。

（2）应绘出接地变压器基础图并标注基准高度。

（3）应绘出设备外形尺寸、安装高度。

（4）示出带电体之间及带电体对检修、搬运通道之间的安全净距。

4. 设备材料汇总表

设备材料汇总表应按站用变压器及消弧线圈开列设备及材料并汇总，对按照物资采购程序采购的设备应注明生产厂商；设备安装所需材料按设备数量成套统计。

（二）反措要求

根据《国家电网有限公司关于印发〈十八项电网重大反事故措施（修订版）〉的通知》（国家电网设备〔2018〕979 号），本节涉及的十八项电网重大反事故措施如表 1-7-1 所示。

表 1-7-1　十八项反措要求

序号	条文内容
1	5.2.1.6 新投运变电站不同站用变压器低压侧至站用电屏的电缆不应同沟敷设。对已投运的变电站，如同沟敷设，则应采取防火隔离措施
2	12.4.1.17 新建变电站的站用变压器、接地变压器不应布置在开关柜内或紧靠开关柜布置，避免其故障时影响开关柜运行
3	14.5.1 对于中性点不接地或谐振接地的 6～66kV 系统，应根据电网发展每 1～3 年进行一次电容电流测试。当单相接地电容电流超过相关规定时，应及时装设消弧线圈；单相接地电容电流虽未达到规定值，也可根据运行经验装设消弧线圈，消弧线圈的容量应能满足过补偿的运行要求。在消弧线圈布置上，应避免由于运行方式改变而出现部分系统无消弧线圈补偿的情况。对于已经安装消弧线圈，单相接地电容电流依然超标的，应当采取消弧线圈增容或者采取分散补偿方式。如果系统电容电流大于 150A 及以上，也可以根据系统实际情况改变中性点接地方式或者采用分散补偿
4	14.5.2 对于装设手动消弧线圈的 6～66kV 非有效接地系统，应根据电网发展每 3～5 年进行一次调谐试验，使手动消弧线圈运行在过补偿状态，合理整定脱谐度，保证电网不对称度不大于相电压的 1.5%，中性点位移电压不大于额定相电压的 15%

（三）“一单一册”

根据《国网基建部关于发布〈35～750kV 输变电工程设计质量控制“一单一册”（2019 版）〉的通知》（基建技术〔2019〕20 号），本节涉及的“一单一册”相关内容如表 1-7-2 所示。

表 1-7-2　“一单一册”问题

序号	专业子项	问题名称	问题描述	原因及解决措施	问题类型
1	站用电（含照明）	一期单台主变压器工程，站外引接电源可靠性未进行充分论证	一期仅建设单台主变压器的工程，变电站 #2 接地变压器引自站外电源，采用线路 T 接方式且无 10kV 系统图、路径图，外引电源可靠性未证实	针对一期只有 1 台主变压器的工程，站外电源推荐采用专线，以避免同回路其他负荷影响可靠性。若不具备专线引接的条件，应提供联络线系统图、路径图，充分论证可靠性	设计缺项漏项
2	站用电（含照明）	站用变压器的高压电缆未进行热稳定校验	设计未按照热稳定要求校验站用变压器的高压电缆电缆截面，仅按载流量选取站用变高压电缆，造成电缆截面偏小，一旦该回路发生短路，可能烧毁站用变电源电缆	站用变压器的高压电缆选择方法错误。应按载流量选取站用变高压电缆截面，并按照热稳定要求校验电缆截面	技术方案不合理

（四）通用设备

接地变压器及消弧线圈的接地变压器容量、站用变压器容量、消弧线圈容量等电气参数执行通用设备要求；外形尺寸及基础应按照不同电压等级、不同容量大小、不同海拔高度执行通用设备相关要求，如图 1-7-2 和图 1-7-3 所示。注意箱体应设置不少于两处接地端子，确保与主接地网可靠连接。

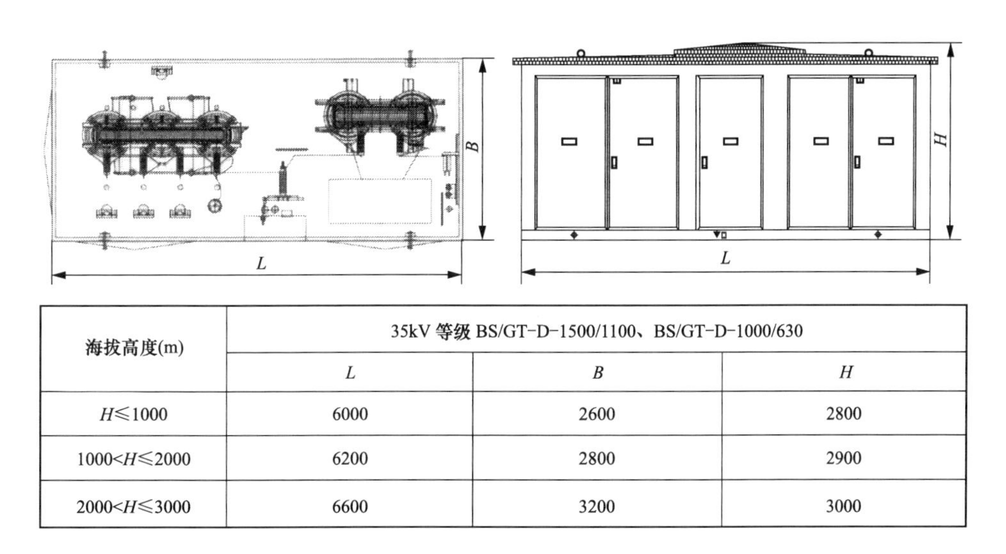

海拔高度(m)	35kV 等级 BS/GT-D-1500/1100、BS/GT-D-1000/630		
	L	*B*	*H*
H≤1000	6000	2600	2800
1000<*H*≤2000	6200	2800	2900
2000<*H*≤3000	6600	3200	3000

图 1-7-2 平、断面尺寸（以 35kV 户外干式接地变压器及消弧线圈为例）

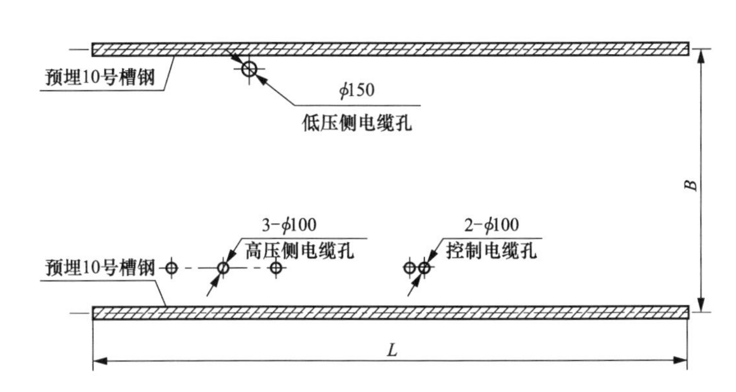

海拔高度(m)	35kV 等级 BS/GT-D-1500/1100、BS/GT-D-1000/630	
	L	*B*
H≤1000	6000	2500
1000<*H*≤2000	6200	3700
2000<*H*≤3000	6600	4100

图 1-7-3 基础尺寸（以 35kV 户外干式接地变及消弧线圈为例）

四、设计接口要点

（一）专业间收资要点

（1）电气一次专业：配电装置室场区周围电缆沟定位，配电装置室开关柜位置布置、站用电负荷统计结果。

（2）电气二次专业：二次设备室站用电屏布置，二次设备室电缆沟定位。

（3）土建专业：过道路埋管定位。

（二）专业间提资要点

1. 站用接地变及消弧线圈位置定位及基础要求

为土建专业提供接地变压器及消弧线圈的具体位置定位，站用接地变压器平、断面图（包括每台站用接地变总重、油重、基础尺寸等）。

2. 提资图纸

提资图纸包括站用接地变压器及消弧线圈平面布置图，站用接地变压器及消弧线圈成套装置平、断面图，箱体基础参考图。

（三）厂家资料确认要点

厂家资料确认要点应包括一次系统图的连接及各元件型号参数，箱体尺寸，电缆孔大小，箱体基础与箱体的匹配，中性点零序 TA 具体参数需与二次专业共同确认，要点如下：

（1）明确站用接地变压器及消弧线圈的型式是否正确，一次系统图各元件参数及型号是否正确。

（2）箱体尺寸需按照站用接地变压器及消弧线圈类型，与通用设备对照，按照通用设备要求尺寸设计。

（3）箱体基础需要与箱体匹配，并按照通用设备土建接口要求执行。

（4）需核实电缆大小后，再明确电缆孔洞的设计，保证电缆能够正常穿过。

（5）与二次专业确认，是否需配置中性点零序 TA，如需配置，具体参数与二次专业共同确认。

五、图纸设计要点

（一）平面布置图设计要点

（1）如附近有电缆沟，应优先将电缆就近埋至电缆沟中，再由电缆沟连接至开关柜或站用电屏。

（2）当室内采用干式变压器时，应注意加强通风措施，以免室内温度过高。

（3）扩建时，确认场地是否有障碍物需拆除。

（二）站用变压器及箱体平、断面图设计要点

（1）注意电缆孔的预留位置，高、低压侧电缆出线方便且尽量避免交叉，如图 1-7-4 所示。

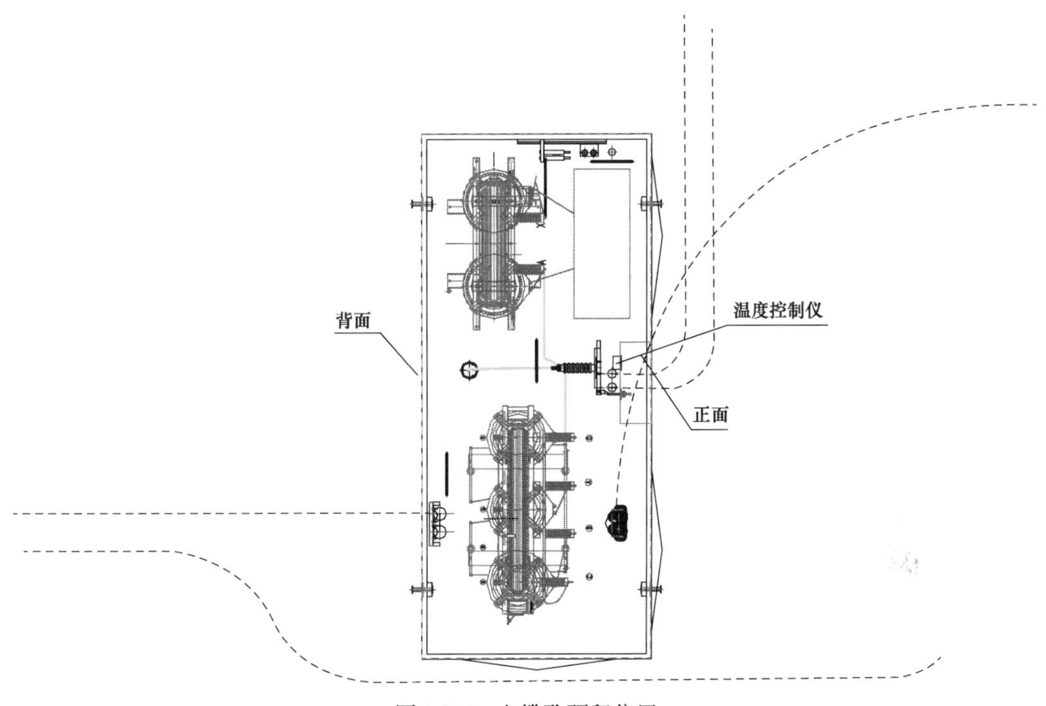

图 1-7-4　电缆孔预留位置

(2) 土建基础及槽钢需匹配箱体尺寸，如图 1-7-5 所示。

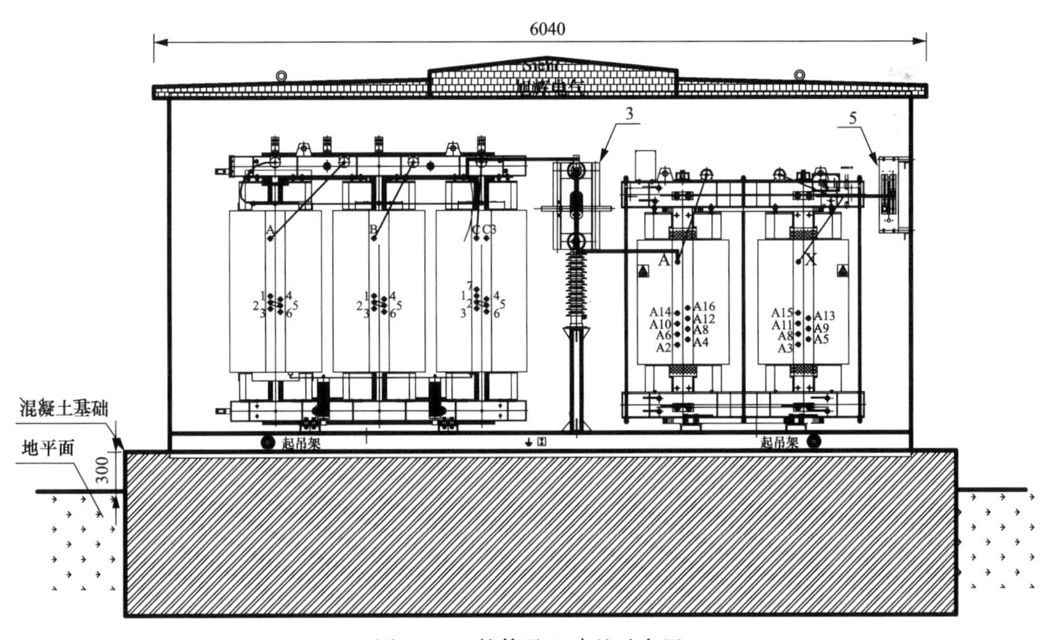

图 1-7-5　箱体及土建基础布置

(三) 电气接口

(1) 成套装置底部框架应放置在基础槽钢上，用电焊与基础槽钢焊牢。

（2）箱体应设置不少于两处接地端子，确保与主接地网可靠连接。

（3）从外形尺寸、布置方案及结构类型等方面进行分类统一，并根据布置方案及结构类型的不同共形成 7 种电气接口。

（四）专业配合

中性点零序 TA 参数需与二次专业一同确认。站用电屏位置及开关柜位置需分别连同二次专业二次屏柜布置卷册和一次专业开关柜布置卷册确认。

（五）会签

站用接地变压器及消弧线圈安装卷册与土建专业会签，主要内容是与提资图纸进行复核，站用接地变压器及消弧线圈位置是否与电气提资图一致等。

六、施工过程注意要点

（1）复测基础预埋件位置偏差、平整度误差。

（2）底座两侧与接地网两处可靠连接，低压中性点接地方式符合设计要求，与主接地网直接相连，本体引出的其他接地端子就近与主网连接。

（3）引出端子与导线连接可靠，并且不受超过允许的承受应力。

（4）设备安装在户外时，吊装过程中设专人指挥，指挥人员应站在能观察到整个作业范围及吊车司机和司索人员位置，任何工作人员发出紧急信号都应及时停止吊装作业。

（5）当设备安装在户内时，搬运过程应确认所搭设的平台是否牢靠，必要时应由监理验收后应用。同时注意保护土建设施。

第八节　交流站用电系统

一、设计依据

（一）设计输入

（1）初步设计评审意见。

（2）设计联络会纪要。

（3）外卷册资料：站内用电负荷提资。

（4）厂家图纸：交、直流一体化电源系统图纸交流一次系统部分。

（5）现场收资（涉及改造/扩建）：对于已投运变电站，应利用各方资源收资现场资料。部分工程已收集资料不满足设计要求的，应至现场复核，记录变电站现状。现场收资内容如下：

核实站用电屏回路与前期图纸是否一致，前期预留回路是否被占用。

（二）规程、规范、技术文件

DL/T 5222—2005《导体和电器选择设计技术规定》

DL/T 5352—2018《高压配电装置设计规范》

DL/T 5458—2012《变电工程施工图设计内容深度规定》

Q/GDW 10248.2—2016《输变电工程建设标准强制性条文实施管理规程　第2部分：变电（换流）站建筑工程设计》

Q/GDW 10381.1—2017《国家电网有限公司输变电工程施工图设计内容深度规定　第1部分：110kV智能变电站》

Q/GDW 10381.5—2017《国家电网有限公司输变电工程施工图设计内容深度规定　第5部分：220kV智能变电站》

《国家电网有限公司关于印发〈十八项电网重大反事故措施（修订版）〉的通知》（国家电网设备〔2018〕979号）

《国网基建部关于发布〈35～750kV输变电工程设计质量控制"一单一册"（2019年版）〉的通知》（基建技术〔2019〕20号）

《国家电网有限公司输变电工程通用设备（2018版）》

《国家电网公司输变电工程标准工艺（2016年版）》

《电力工程电气设计手册电气一次部分》

二、设计边界和内容

（一）设计边界

0.4kV站用电系统。

（二）设计内容

图纸包括卷册说明、站用电系统图、检修箱配置接线图、设备材料汇总表。

（三）设计流程

本节设计流程图如图1-8-1所示。

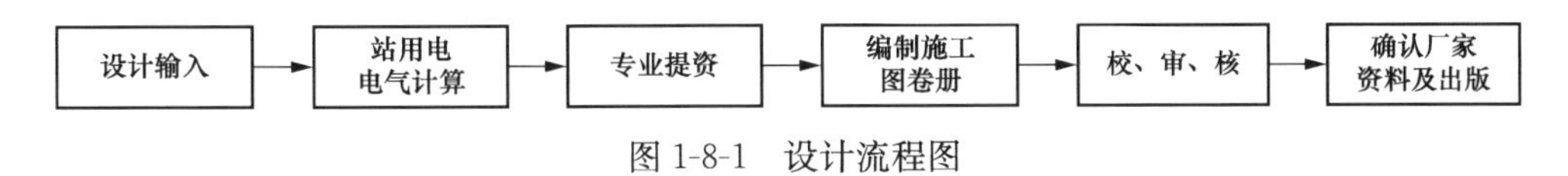

图1-8-1　设计流程图

三、深度要求

（一）施工图深度要求

1. 卷册说明

卷册说明应说明本节建设规模、本节包含内容及与其他卷册的分界点等。

2. 站用电系统图

站用电系统图应绘出各站用变压器引接电源、高压侧设备参数，站用变压器的名称、容量、规格，并表示各动力箱（屏）、照明箱、消防泵等重要负荷的引接方式。

3. 检修箱配置接线图

（1）检修箱配置接线图应标明户内（外）检修箱连接电缆及编号、电缆型号及规格，绘出馈线中的全部串接回路。

（2）检修箱配置接线图应注明户内（外）检修电源箱型号、母线规格，标注回路排列、名称、容量以及回路设备的型号、参数、电缆编号及规格。

4. 设备材料汇总表

设备材料汇总表应按站用电开列设备及材料并汇总，对按照物资采购程序采购的设备应注明生产厂商；设备安装所需材料按设备数量成套统计。

（二）计算深度

（1）计算内容包括：负荷统计、设备选型、导体选择、回路电压降校验、热稳定校验、保护灵敏度校验。

（2）计算深度应负荷下列规定：

1）设备、导体的选择应根据相关专业提供的负荷资料，进行导体、元器件参数的选择计算。

2）站用电回路的保护配置和导体、电缆规格，应按照短路电流进行回路电压降、热稳定、保护灵敏度校验。

（三）反措要求

根据《国家电网有限公司关于印发〈十八项电网重大反事故措施（修订版）〉的通知》（国家电网设备〔2018〕979 号），本节涉及的十八项电网重大反事故措施如表 1-8-1 所示。

表 1-8-1　　十八项反措要求

序号	条文内容
1	5.2.1.2　设计资料中应提供全站交流系统上下级差配置图和各级断路器（熔断器）级差配合参数
2	5.2.1.3　110（66）kV 及以上电压等级变电站应至少配置两路站用电源。装有两台及以上主变压器的 330kV 及以上变电站和地下 220kV 变电站，应配置三路站用电源。站外电源应独立可靠，不应取自本站作为唯一供电电源的变电站
3	5.2.1.4　当任意一台站用变压器退出时，备用站用变压器应能自动切换至失电的工作母线段，继续供电
4	5.2.1.5　站用低压工作母线间装设备自投装置时，应具备低压母线故障闭锁备自投功能
5	5.2.1.6　新投运变电站不同站用变压器低压侧至站用电屏的电缆不应同沟敷设。对已投运的变电站，如同沟敷设，则应采取防火隔离措施
6	5.2.1.7　干式变压器作为站用变压器使用时，不宜采用户外布置
7	5.2.1.8　变电站内如没有对电能质量有特殊要求的设备，应尽快拆除低压脱扣装置。若需装设，低压脱扣装置应具备延时整定和面板显示功能，延时时间应与系统保护和重合闸时间配合，躲过系统瞬时故障
8	5.2.1.9　站用交流母线分段的，每套站用交流不间断电源装置的交流主输入、交流旁路输入电源应取自不同段的站用交流母线。两套配置的站用交流不间断电源装置交流主输入应取自不同段的站用交流母线，直流输入应取自不同段的直流电源母线

（四）“一单一册”

根据《国网基建部关于发布〈35～750kV 输变电工程设计质量控制“一单一册”（2019 版）〉的通知》（基建技术〔2019〕20 号），本节涉及的“一单一册”相关内容如表 1-8-2 所示。

表 1-8-2　“一单一册”问题

序号	专业子项	问题名称	问题描述	原因及解决措施	问题类别
1	电缆敷设及防火	消防、报警、应急照明、直流电源等回路未采用耐火电缆	消防、报警、应急照明、断路器直流电源等回路采用阻燃电缆而未采用耐火电缆	随着消防要求的提高，重要回路电缆应按照规范要求选用耐火电缆，而不是阻燃电缆	技术方案不合理
2	电缆敷设及防火	不同站用变压器低压侧至站用屏电缆同沟敷设，且未采用防火措施	不同站用变压器低压侧至站用电屏电缆同沟敷设，未采用防火隔离措施，发生火灾容易导致全站交流失电	根据十八项反措“5.2.1.6”，新投运变电站不同站用变压器低压侧至站用电屏的电缆应尽量避免同沟敷设，对无法避免的，则应采取防火隔离措施。在电缆沟道设计中应考虑敷设路径，对场地狭小的情况，可在电缆沟中采用防火隔离措施	技术方案不合理
3	站用电（含照明）	低压交流供电回路断路器或脱扣器选择不正确	未校验馈线断路器单相短路灵敏度，将导致故障长时间存在发生火灾引发次生事故；同一回路断路器间的级差配合不合理，将导致越级跳闸扩大停电范围	施工图设计需校验馈线断路器单相短路灵敏度，需保证断路器间的级差配合	技术方案不合理
4	站用电（含照明）	站用变压器的高压电缆未进行热稳定校验	设计未按照热稳定要求校验站用变压器的高压电缆截面，仅按载流量选取站用变高压电缆，造成电缆截面偏小，一旦该回路发生短路，可能烧毁站用变压器电源电缆	站用变压器的高压电缆选择方法错误。应按载流量选取站用变高压电缆截面，并按照热稳定要求校验电缆截面	技术方案不合理

（五）强条

根据国家电网公司企业标准《输变电工程建设标准强制性条文实施管理规程　第 2 部分：变电（换流）站建筑工程设计》（Q/GDW 10248.2—2016），本节涉及的工程建设标准强制性条文执行情况如表 1-8-3 所示。

表 1-8-3　强制性条文

序号	强制性条文内容
《供配电系统设计规范》（GB 50052—2009）	
1	3.0.1　电力负荷应根据对供电可靠性的要求及中断供电在对人身安全、经济损失上所造成的影响程度进行分级，并应符合下列规定： 1　符合下列情况之一时，应视为一级负荷。 1）中断供电将造成人身伤害时。 2）中断供电将在经济上造成重大损失时。 3）中断供电将影响重要用电单位的正常工作。 2　在一级负荷中，当中断供电将造成人员伤亡或重大设备损坏或发生中毒、爆炸和火灾等情况的负荷，以及特别重要场所的不允许中断供电的负荷。应视为一级负荷中特别重要的负荷

续表

序号	强制性条文内容
1	3　符合下列情况之一时，应视为二级负荷。 1）中断供电将在经济上造成较大损失时。 2）中断供电将影响较重要用电单位的正常工作。 4　不属于一级和二级负荷者应为三级负荷
2	3.0.2　一级负荷应由双重电源供电。当一电源发生故障时，另一电源不应同时受到损坏
3	3.0.3　一级负荷中特别重要的负荷供电，应符合下列要求： 1　除应由双重电源供电外，尚应增设应急电源，并严禁将其他负荷接入应急供电系统。 2　设备的供电电源的切换时间。应满足设备允许中断供电的要求
4	3.0.9　备用电源的负荷严禁接入应急供电系统
《低压配电设计规范》（GB 50054—2011）	
5	3.1.4　在 TN—C 系统中不应将保护接地中性导体隔离，严禁将保护接地中性导体接入开关电器
6	3.1.7　半导体开关电器，严禁作为隔离电器
7	3.1.10　隔离器、熔断器和连接片，严禁作为功能性开关电器
8	3.1.12　采用剩余电流动作保护电器作为间接接触防护电器的回路时，必须装设保护导体
9	3.2.13　装置外可导电部分严禁作为保护接地中性导体的一部分
10	4.0.2　应急电源与正常电源之间。应采取防止并列运行的措施。当有特殊要求，应急电源向正常电源转换需短暂并列运行时，应采取安全运行的措施
11	4.2.6 配电室通道上方棵带电体距地面的高度不应低于 2.5m；当低于 2.5m 时，应设置不低于现行国家标准《外壳防护等级（IP 代码）》GB 4208 规定的 IPXXB 级或 IP2X 级的遮栏或外护物，遮栏或外护物底部距地面的高度不应低于 2.2m
12	7.4.1　除配电室外，无遮护的棵导体至地面的距离，不应小于 3.5m；采用防护等级不低于现行国家标准《外壳防护等级（IP 代码）》GB 4208 规定的 IP2X 的网孔遮栏时，不应小于 2.5m。网状遮栏与裸导体的间距，不应小于 100mm；板状遮栏与裸导体的间距，不应小于 50mm

四、设计接口要点

（一）专业间收资要点

（1）电气一次专业：电气主接线，电气总平面布置图，提供照明、插座等负荷名称、容量及回路数、台数、运行方式等。

（2）电气二次专业：二次、保护、远动等交流负荷名称、容量及回路数、台数、运行方式，交流屏柜位置。

（3）土建专业：提供暖通、水工、消防等负荷名称、容量及回路数、台数、运行方式。

（二）专业间提资要点

电气二次：交流站用电部分电缆清册。

（三）厂家资料确认要点

（1）交流站用电屏的颜色、尺寸、玻璃门轴是否满足供电公司要求或通用设备要求。

（2）检修箱的尺寸、回路数、型号是否满足通用设备要求。

（3）站用电系统图交流回路名称是否与设计保持一致，断路器型号、隔离开关型号、厂家是否符合设计联络会要求。

五、图纸设计要点

（1）负荷均匀分布：同一隔离开关下负荷均布，防止一个隔离开关下带过多负荷。

（2）消防、报警、应急照明、断路器直流电源等回路采用耐火电缆。

（3）校验馈线断路器单相短路灵敏度，需保证断路器间的级差配合。

（4）站用变压器的高压电缆应按载流量选取站用变压器高压电缆截面，并按照热稳定要求校验电缆截面。

第九节　全站防雷保护及接地

一、设计依据

（一）设计输入

（1）司令图。

（2）外卷册资料：勘测资料、建筑图等。

（3）现场收资（涉及改造/扩建）：对于已投运变电站，应利用各方资源收资现场资料。部分工程已收集资料不满足设计要求的，应至现场复核，记录变电站现状。现场收资内容如下：

1）前期主接地网布置方式或降阻措施。

2）针对破围墙工程，站内构架避雷针及独立避雷针高度。

（二）规程、规范、技术文件

GB 50057—2010《建筑物防雷设计规范》

GB 50169—2016《电气装置安装工程　接地装置施工及验收规范》

GB/T 50064—2014《交流电气装置的过电压保护和绝缘配合设计规范》

GB/T 50065—2011《交流电气装置的接地设计规范》

DL/T 5222—2005《导体和电器选择设计技术规定》

DL/T 5352—2018《高压配电装置设计技术规程》

DL/T 5458—2012《变电工程施工图设计内容深度规定》

Q/GDW 10248.2—2016《输变电工程建设标准强制性条文实施管理规程　第2部分：变电（换流）站建筑工程设计》

Q/GDW 10381.5—2017《国家电网有限公司输变电工程施工图设计内容深度规定　第5部分：220kV智能变电站》

《国家电网有限公司关于印发〈十八项电网重大反事故措施（修订版）〉的通知》（国家电网设备〔2018〕979号）

《国网基建部关于发布〈35～750kV输变电工程设计质量控制“一单一册”（2019年版）〉的通知》（基建技术〔2019〕20号）

《国家电网有限公司输变电工程通用设备（2018 版）》

《国家电网公司输变电工程标准工艺（2016 年版）》

《电力工程电气设计手册电气一次部分》

二、设计边界和内容

（一）设计边界

全站防雷保护及全站接地布置。保护屏接地铜排、通信高频电缆屏蔽铜导线接地列入保护、通信部分。

（二）设计内容

图纸包括卷册说明、全站防直击雷保护布置图、建筑防雷布置图（如有需要）、全站屋外接地装置布置图、屋内接地装置布置图、等电位接地网布置图、特殊接地装置布置图（如有需要）、接地体连接加工图、设备材料汇总表。

（三）设计流程

本节设计流程图如图 1-9-1 所示。

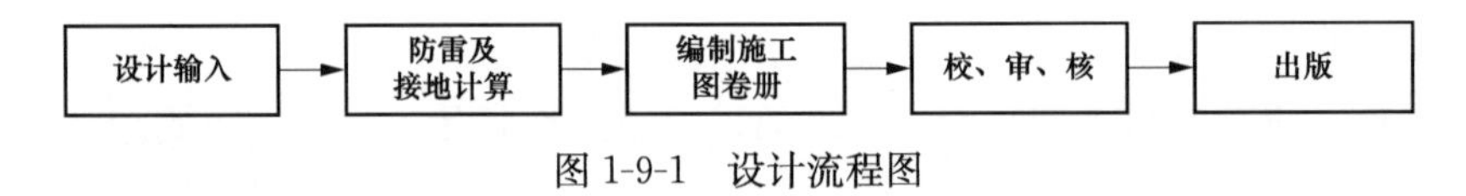

图 1-9-1　设计流程图

三、深度要求

（一）施工图深度

1. 卷册说明

（1）应说明防直击雷设计原则、接地设计原则。

（2）应说明避雷针（线）设置方式、建筑物防雷等级、防雷电感应和防雷电波侵入的措施。

（3）应说明接地网及设备基地引下线截面选择及设置方式。

（4）应说明电缆沟接地布置、户内接地母线布置。

（5）应说明接地网接地电阻及最大接触电势、跨步电压计算值、允许值，当接地电阻及最大接触电势、跨步电压不满足要求时，应说明解决方法及处理措施。

（6）应说明与本节相关的强制性条文要求及验收规范等注意事项。

（7）应说明“标准工艺”应用清单。

2. 全站防直击雷保护布置图

全站防直击雷保护布置图应绘出被保护物及避雷针（线）的相对位置尺寸、避雷针（线）编号、高度，并示出其保护范围，列出保护范围计算结果表。

3. 建筑防雷布置图

建筑防雷布置图应绘出建筑物避雷带网格及引下线位置，说明网格大小，引下线位置加装集中接地装置，建筑物结构钢筋应提出等电位连接接地要求。

4. 全站屋外接地装置布置图

（1）应绘出主接地网及集中接地装置的水平基地体和垂直接地体的布置、主接地网网格尺寸、变电站大门和主控楼入口处地下的均压措施。

（2）应绘出断线卡、紧固件连接示意图和铜排（铜电缆）敷设示意图、设备及接地气的图例说明。

（3）应列出本图所需的材料一览表。

5. 屋内接地装置布置图

（1）应绘出屋内配电装置、建筑物接地干线的走向布置、接地端子的设置位置、与主接地网的连接点及连接方式。

（2）应说明设备接地的安装要求。

（3）应列出本图所需的材料一览表。

6. 等电位接地网布置图

根据相关专业要求绘制等电位接地网布置图，并表示出各个接地点位置及接地材料要求。

7. 特殊接地装置布置图

特殊接地装置布置图应包含 GIS、HGIS 设备，高土壤电阻率地区等特殊接地方式的接地布置及安装要求。

8. 接地体连接加工图

接地体连接加工图应包含站内所有接地体连接、搭接方法详图，包括十字交叉、T 字搭接、棒板连接、爬梯、抱箍、横梁、法兰连接盘、接地端子等位置防雷接地细部做法。

（二）计算深度

（1）直击雷保护范围计算内容：主要包括避雷针（线）防直击雷保护范围计算、避雷线选择及力学计算。计算首先确定各厂区配置装置及建筑物高度保护高度，计算独立避雷针及构架避雷针数量、位置、针高和保护范围，通过一次设计手册 15-1 节折线法得到单支及联合保护范围，或采用相关计算软件，重点需确定双针保护最小宽度，示例如表 1-9-1 所示。

表 1-9-1　避雷针保护范围

保护范围	避雷针编号	避雷针高度（m）	被保护物高度 h_x(m)	保护半径 r_x(m)	针间距离 D/D′(m)	双针保护最小宽度 D_x(m)
220KV 配电装置、主变场地	＃1～＃2	30～30	15.5	14.5～14.5	74.0	7.0
	＃1～＃5	30～30	15.5	14.5～14.5	97.5	1.1
110KV 配电装置场地	＃4～＃8	30～25	10.5	24～16.5	56.6/51.6	11.2
	＃4～＃9	30～25	10.5	24～16.5	80.3/75.3	17.3
35KV 电容器组	＃4～＃9	30～25	5	35～27.5	80.3/75.3	17.3
生产综合室	＃6～＃11	30～25	5	35～27.5	77.3/72.1	17.9

(2) 接地计算内容：接地体截面选择计算、接地网接地电阻计算、避雷线分流计算、允许接触电势计算、允许接触电势计算、允许跨步电压计算、接地网短路电流地电位计算、接触电势及跨步电压计算。

1) 接地计算流程如图 1-9-2 所示，计算过程可参考 DL 621 和 GB/T 50065。

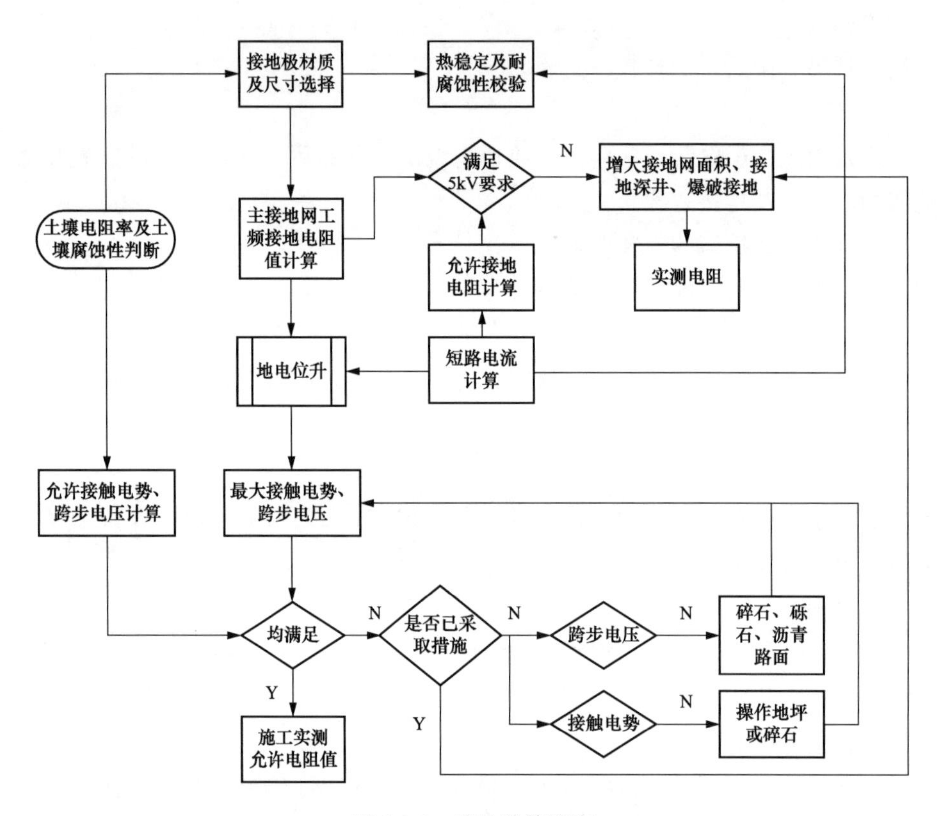

图 1-9-2　接地计算流程

2) 根据工程情况确定接地网材质，进行设备引下线、接地网水平接地体等截面选择计算。

3) 计算入地短路电流时需考虑衰减系数。

4) 提高跨步电压及接地电势措施，其电阻率的选取可参考 GB/T 50065。

5) 接地线设计寿命按 40 年考虑。

6) 当计算不满足要求时，应在考虑采取解决办法及处理措施后，再进行复核计算。

(三) 反措要求

根据《国家电网有限公司关于印发〈十八项电网重大反事故措施（修订版）〉的通知》(国家电网设备〔2018〕979 号)，本节涉及的十八项电网重大反事故措施如表 1-9-2 所示。

表 1-9-2　　十八项反措要求

序号	条文内容
1	14.1.1.1　充分加强勘测深度，掌握工程地点的地形地貌、土壤的种类和分层状况，并提高土壤电阻率的测试深度。当采用四极法时，测试电极极间距离一般不小于拟建接地装置的最大对角线，测试条件不满足时至少应达到最大对角线的 2/3
2	14.1.1.2　掌握站址所在区土壤酸碱性对于接地装置的腐蚀性。对于 110（66）kV 及以上电压等级新建、改建变电站，在中性或酸性土壤地区，接地装置选用热镀锌钢为宜，在强碱性土壤地区或者其站址土壤和地下水条件会引起钢质材料严重腐蚀的中性土壤地区，宜采用铜质、铜覆钢（铜层厚度不小于 0.25mm）或者其他具有防腐性能材质的接地网。对于室内变电站及地下变电站应采用铜质材料的接地网
3	14.1.1.7　变电站内接地装置宜采用同一种材料。当采用不同材料进行混连时，地下部分应采用同一种材料连接

（四）“一单一册”

根据《国网基建部关于发布〈35～750kV 输变电工程设计质量控制“一单一册”（2019 版）〉的通知》（基建技术〔2019〕20 号），本节涉及的“一单一册”相关内容如表 1-9-3 所示。

表 1-9-3　　“一单一册”问题

序号	专业子项	问题名称	问题描述	原因及解决措施	问题类型
1	设备及导体（含选型及安装）	接地铜绞线与铜鼻子匹配问题	TJ-120 硬铜绞线实际无法与 DT-120 铜鼻子匹配，若使用 TJ-120 铜绞线则需使用大一号的铜鼻子	对应铜鼻子应选大一号，或在开列铜鼻子时增加备注，说明对应多大截面的绞线材料，以免施工单位仅看参数采购，发生不匹配的情况	技术方案不合理
2	防雷接地	降阻措施缺乏针对性	随着站址选择难度越来越大，很多站址位于山区、戈壁地区，地质条件、土壤电阻率特性复杂。存在降阻措施缺乏针对性的问题，如深层高土壤电阻率地区依然采取深井降阻措施	对于土壤电阻率特性复杂地区，应详细勘测各层土壤电阻率、地质条件、地下水系分布等内容，针对站址特点，有针对性的选择深井、换填、外引接地网等降阻措施，降阻确有困难或代价过大，优先采取通过地网均压措施，达到人身、设备安全的目的	设计深度不足
3	防雷接地	独立避雷针布置位置应合理	独立避雷针距离道路、电缆沟距离小于 3m，不满足设计规程要求	独立避雷针的设置尽量距离道路大于 3m。在独立避雷针距离道路无法大于 3m 的情况下，根据 GB/T 50064—2014 规定，独立避雷针及其集中接地装置距道路距离小于 3m 时应采取均压措施，或铺设砾石或沥青地面	技术方案不合理

（五）强条

根据国家电网公司企业标准《输变电工程建设标准强制性条文实施管理规程　第 2 部分：变电（换流）站建筑工程设计》（Q/GDW 10248.2—2016），本节涉及的工程建设标准强制性条文执行情况如表 1-9-4 所示。

表 1-9-4　　强制性条文

序号	强制性条文内容
《爆炸危险环境电力装置设计规范》(GB 50058—2014)	
1	5.5.1　当爆炸性环境电力系统接地设计时，1000V 交流/1500V 直流以下的电源系统的接地应符合下列规定： 1　爆炸性环境中的 TN 系统应采用 TN—S 型； 2　危险区中的 TT 型电源系统应采用剩余电流动作的保护电器； 3　爆炸性环境中的 TT 型电源系统应设置绝缘监测装置
《高压配电装置设计技术规程》(DL/T 5352—2018)	
2	5.2.4　在 GIS 配电装置间隔内，应设置一条贯穿所有 GIS 间隔的接地母线或环形接地母线。将 GIS 配电装置的接地线引至接地母线，由接地母线再与接地网连接
3	5.2.5　GIS 配电装置宜采用多点接地方式，当选用分相设备时，应设置外壳三相短接线，并在短接线上引出接地线通过接地母线接地。 外壳的三相短接线的截面应能承受长期通过的最大感应电流，并应按短路电流校验
《导体和电器选择设计技术规定》(DL/T 5222—2005)	
4	7.7.15　接地导线应有足够的截面，具有通过短路电流的能力
5	12.0.14　气体绝缘金属封闭开关设备的外壳应接地。 凡不属于主回路或辅助回路的且需要接地的所有金属部分都应接地。外壳、构架等的相互电气连接宜采用紧固连接（如螺栓连接或焊接），以保证电气上连通。 接地回路导体应有足够的截面，具有通过接地短路电流的能力。在短路情况下，外壳的感应电压不应超过 24V
6	13.0.6　沿开关柜的整个长度延伸方向应设有专用的接地导体，专用接地导体所承受的动、热稳定电流应为额定短路开断电流的 86.6%
《交流电气装置的接地设计规范》(GB/T 50065—2011)	
7	3.2.1　电力系统、装置或设备的下列部分（给定点）应接地： 1　有效接地系统中部分变压器的中性点和有效接地系统中部分变压器、谐振接地、谐振 - 低电阻接地、低电阻接地以及高电阻接地系统的中性点所接设备的接地端子； 2　高压并联电抗器中性点接地电抗器的接地端子； 3　电机、变压器和高压电器等的底座和外壳； 5　气体绝缘金属封闭开关设备的接地端子； 6　配电、控制和保护用的屏（柜、箱）等的金属框架； 7　箱式变电站和环网柜的金属箱体等； 8　发电厂、变电站电缆沟和电缆隧道内，以及地上各种电缆金属支架等； 9　屋内外配电装置的金属架构和钢筋混凝土架构，以及靠近带电部分的金属围栏和金属门； 10　电力电缆接线盒、终端盒的外壳，电力电缆的金属护套或屏蔽层，穿线的钢管和电缆桥架等； 11　装有地线的架空线路杆塔； 12　装在配电线路杆塔上的开关设备、电容器等电气装置； 13　高压电气装置传动装置； 14　附属于高压电气装置的互感器的二次绕组和铠装控制电缆的外皮
8	4.3.7　发电厂和变电站电气装置的接地导体（线），应符合下列要求： 1　发电厂和变电站电气装置中，下列部位应采用专门敷设的接地导体（线）接地： 2）110kV 及以上钢筋混凝土构件支座上电气装置的金属外壳； 3）箱式变电站和环网柜的金属箱体； 4）直接接地的变压器中性点； 5）变压器、发电机和高压并联电抗器中性点所接自动跟踪补偿消弧装置提供感性电流的部分、接地电抗器、电阻器或变压器等的接地端子； 6）气体绝缘金属封闭开关设备的接地母线、接地端子； 7）避雷器，避雷针和地线等的接地端子

续表

<table>
<tr><th>序号</th><th>强制性条文内容</th></tr>
<tr><td>9</td><td>4.5.1　发电厂和变电站雷电保护的接地，应符合下列要求：
1　发电厂和变电站配电装置构架上避雷针（含悬挂避雷线的架构）的接地引下线应与接地网连接，并应在连接处加装集中接地装置。引下线与接地网的连接点至变压器接地导体（线）与接地网连接点之间沿接地极的长度，不应小于15m；
3　发电厂和变电站有爆炸危险且爆炸后可能波及发电厂和变电站内主设备或严重影响发供电的建构筑物，应采用独立避雷针保护，并应采取防止雷电感应的措施</td></tr>
<tr><td colspan="2">《电气装置安装工程　电缆线路施工及验收规范》（GB 50168—2018）</td></tr>
<tr><td>10</td><td>4.2.9　金属电缆支架全长均应有良好的接地</td></tr>
<tr><td colspan="2">《电气装置安装工程　接地装置施工及验收规范》（GB 50169—2016）</td></tr>
<tr><td>11</td><td>3.1.1　电气装置的下列金属部分，均应接地或接零：
1　电机、变压器、电器、携带式或移动式用电器具等的金属底座和外壳；
2　电气设备的传动装置；
3　屋内外配电装置的金属或钢筋混凝土构架以及靠近带电部分的金属遮栏和金属门；
4　配电、控制、保护用的屏（柜、箱）及操作台等的金属框架和底座；
5　交、直流电力电缆的接头盒、终端头和膨胀器的金属外壳和可触及的电缆金属护层和穿线的钢管。穿线的钢管之间或钢管和电器设备之间有金属软管过渡的，应保证金属软管段接地畅通；
6　电缆桥架、支架和井架；
7　装有避雷线的电力线路杆塔；
8　装在配电线路杆上的电力设备；
9　在非沥青地面的居民区内，不接地、消弧线圈接地和高电阻接地系统中无避雷线的架空电力线路的金属杆塔和钢筋混凝土杆塔；
10　承载电气设备的构架和金属外壳；
11　发电机中性点柜外壳、发电机出线柜、封闭母线的外壳及其他裸露的金属部分；
12　气体绝缘全封闭组合电器（GIS）的外壳接地端子和箱式变电站的金属箱体；
13　电热设备的金属外壳；
14　铠装控制电缆的金属护层；
15　互感器的二次绕组</td></tr>
<tr><td>12</td><td>3.1.4　接地线不应作其他用途</td></tr>
<tr><td>13</td><td>3.2.4　人工接地网的敷设应符合以下规定：
1　人工接地网的外缘应闭合。外缘各角应做成圆弧形，团弧的半径不宜小于均压带间距的一半；
2　接地网内应敷设水平均压带，按等间距或不等间距布置；
3　35kV及以上变电站接地网边缘经常有人出入的走道处，应铺设碎石、沥青路面或在地下装设2条与接地网相连的均压带</td></tr>
<tr><td>14</td><td>3.2.5　除临时接地装置外，接地装置应采用热镀锌钢材。水平敷设的可采用圆钢和扁钢。垂直敷设的可采用角钢和钢管。腐蚀比较严重地区的接地装置，应适当加大截面，或采用阴极保护等措施。
不得采用铝导体作为接地体或接地线。当采用扁铜带、铜绞线、铜棒、铜包钢、铜包钢绞线、钢镀铜、铅包铜等材料作接地装置时，其连接应符合本规范的规定</td></tr>
<tr><td>15</td><td>3.2.9　不得利用蛇皮管、管道保温层的金属外皮或金属网、低压照明网络的导线铅皮以及电缆金属护层作接地线。蛇皮管两端应采用自固接头或软管接头，且两端应采用软铜线连接</td></tr>
<tr><td>16</td><td>3.3.1　接地体顶面埋设深度应符合设计规定。当无规定时，不应小于0.6m。角钢、钢管、铜棒、铜管等接地体应垂直配置。除接地体外，接地体引出线的垂直部分和接地装置连接（焊接）部位外侧100mm范围内应做防腐处理；在做防腐处理前，表面必须除锈并去掉焊接处残留的焊药</td></tr>
<tr><td>17</td><td>3.3.3　接地线应采取防止发生机械损伤和化学腐蚀的措施。在与公路、铁路或管道等交叉及其他可能使接地线遭受损伤处，均应用钢管或角钢等加以保护。接地线在穿过墙壁、楼板和地坪处应加装钢管或其他坚固的保护套，有化学腐蚀的部位还应采取防腐措施。热镀锌钢材焊接时将破坏热镀锌防腐，应在焊痕外100mm内做防腐处理</td></tr>
<tr><td>18</td><td>3.3.4　接地干线应在不同的两点及以上与接地网相连接。自然接地体应在不同的两点及以上与接地干线或接地网相连接</td></tr>
</table>

续表

序号	强制性条文内容
19	3.3.5　每个电气装置的接地应以单独的接地线与接地汇流排或接地干线相连接。严禁在一个接地线中串接几个需要接地的电气装置。重要设备和设备构架应有两根与主地网不同地点连接的接地引下线，且每根接地引下线均应符合热稳定及机械强度的要求。连接引线应便于定期进行检查测试
20	3.3.11　当电缆穿过零序电流互感器时，电缆头的接地线应通过零序电流互感器后接地；由电缆头至穿过零序电流互感器的一段电缆金属护层和接地线应对地绝缘
21	3.3.12　发电厂、变电所电气装置下列部位应专门敷设接地线直接与接地体或接地母线连接： 1　发电机机座或外壳、出线柜，中性点柜的金属底座和外壳，封闭母线的外壳； 2　高压配电装置的金属外壳； 3　110kV 及以上钢筋混凝土构件支座上电气设备金属外壳； 4　直接接地或经消弧线圈接地的变压器、旋转电机的中性点； 5　高压并联电抗器中性点所接消弧线圈、接地电抗器、电阻器等的接地端子； 6　GIS 接地端子； 7　避雷器、避雷针、避雷线等接地端子
22	3.3.13　避雷器应用最短的接地线与主接地网连接
23	3.3.14　全封闭组合电器的外壳应按制造厂规定接地；法兰片间应采用跨接线连接，并应保证良好的电气通路
24	3.3.15　高压配电间隔和静止补偿装置的栅栏门铰链处应用软铜线连接，以保持良好接地
25	3.4.1　接地体（线）的连接应采用焊接，焊接必须牢固无虚焊。接至电气设备上的接地线，应用镀锌螺栓连接；有色金属接地线不能采用焊接时，可用螺栓连接、压接、热剂焊（放热焊接）方式连接。用螺栓连接时应设防松螺帽或防松垫片，螺栓连接处的接触面应按现行国家标准《电气装置安装工程　母线装置施工及验收规范》GBJ 149 的规定处理。不同材料接地体间的连接应进行处理
26	3.4.2　接地体（线）的焊接应采用搭接焊，其搭接长度必须符合下列规定： 1　扁钢为其宽度的 2 倍（且至少 3 个棱边焊接）； 2　圆钢为其直径的 6 倍； 3　圆钢与扁钢连接时，其长度为圆钢直径的 6 倍； 4　扁钢与钢管、扁钢与角钢焊接时，为了连接可靠，除应在其接触部位两侧进行焊接外，并应焊以由钢带弯成的弧形（或直角形）卡子或直接由钢带本身弯成弧形（或直角形）与钢管（或角钢）焊接
27	3.4.3　接地体（线）为铜与铜或铜与钢的连接工艺采用热剂焊（放热焊接）时，其熔接接头必须符合下列规定： 1　被连接的导体必须完全包在接头里； 2　要保证连接部位的金属完全熔化，连接牢固； 3　热剂焊（放热焊接）接头的表面应平滑； 4　热剂焊（放热焊接）的接头应无贯穿性的气孔
28	3.4.8　发电厂、变电站 GIS 的接地线及其连接应符合以下要求： 1　GIS 基座上的每一根接地母线，应采用分设其两端的接地线与发电厂或变电站的接地装置连接。接地线应与 GIS 区域环形接地母线连接。接地母线较长时，其中部应另加接地线，并连接至接地网； 2　接地线与 GIS 接地母线应采用螺栓连接方式； 3　当 GIS 露天布置或装设在室内与土壤直接接触的地面上时，其接地开关、氧化锌避雷器的专用接地端子与 GIS 接地母线的连接处，宜装设集中接地装置； 4　GIS 室内应敷设环形接地母线，室内各种设备需接地的部位应以最短路径与环形接地母线连接。GIS 置于室内楼板上时，其基座下的钢筋混凝土地板中的钢筋应焊接成网，并和环形接地母线连接
29	3.5.1　避雷针（线、带、网）的接地除应符合本章上述有关规定外，尚应遵守下列规定： 1　避雷针（带）与引下线之间的连接应采用焊接或热剂焊（放热焊接）； 2　避雷针（带）的引下线及接地装置使用的紧固件均应使用镀锌制品。当采用没有镀锌的地脚螺栓时应采取防腐措施； 3　建筑物上的防雷设施采用多根引下线时，应在各引下线距地面 1.5～1.8m 处设置断接卡，断接卡应加保护措施； 4　装有避雷针的金属筒体，当其厚度不小于 4mm 时，可作避雷针的引下线。筒体底部应至少有 2 处与接地体对称连接；

续表

序号	强制性条文内容
29	5　独立避雷针及其接地装置与道路或建筑物的出入口等的距离应大于3m。当小于3m时，应采取均压措施或铺设卵石或沥青地面； 6　独立避雷针（线）应设置独立的集中接地装置。当有困难时，该接地装置可与接地网连接。但避雷针与主接地网的地下连接点至35kV及以下设备与主接地网的地下连接点，沿接地体的长度不得小于15m； 7　独立避雷针的接地装置与接地网的地中距离不应小于3m； 8　发电厂、变电站配电装置的架构或屋顶上的避雷针（含悬挂避雷线的构架）应在其附近装设集中接地装置，并与主接地网连接
30	3.5.2　建筑物上的避雷针或防雷金属网应和建筑物顶部的其他金属物体连接成一个整体
31	3.5.3　装有避雷针和避雷线的构架上的照明灯电源线，必须采用直埋于土壤中的带金属护层的电缆或穿入金属管的导线。电缆的金属护层或金属管必须接地，埋入土壤中的长度应在10m以上，方可与配电装置的接地网相连或与电源线、低压配电装置相连接
32	3.8.9　屏蔽电源电缆、屏蔽通信电缆和金属管道引入室内前应水平直埋10m以上，埋深应大于0.6m，电缆屏蔽层和铁管两端接地，并在入口处接入接地装置。如不能埋入地中，至少应在金属管道室外部分沿长度均匀分布在两处接地，接地电阻应小于10Ω；在高土壤电阻率地区，每处的接地电阻不应大于30Ω，且应适当增加接地处数
33	3.9.4　110kV以下三芯电缆的电缆终端金属护层应直接与变电站接地装置连接
34	3.10.2　配电变压器等电气装置安装在由其供电的建筑物内的配电装置室时，其接地装置应与建筑物基础钢筋等相连
35	3.10.3　引入配电装置室的每条架空线路安装的避雷器的接地线，应与配电装置室的接地装置连接，但在入地处应敷设集中接地装置
《电气装置安装工程　低压电器施工及验收规范》（GB 50254—2014）	
36	3.0.16　需要接地的电器金属外壳、框架必须可靠接地
《电气装置安装工程　爆炸和火灾危险环境电气装置施工及验收规范》（GB 50257—2014）	
37	7.1.1　在爆炸危险环境的电气设备的金属外壳、金属构架、安装在已接地的金属结构上的设备、金属配线管及其配件、电缆保护管、电缆的金属护套等非带电的裸露金属部分，均应接地
38	7.2.2　引入爆炸危险环境的金属管道、配线的钢管、电缆的铠装及金属外壳，必须在危险区域的进口处接地
《电气装置安装工程　电力变压器、油浸电抗器、互感器施工及验收规范》（GB 50148—2010）	
39	5.3.6　互感器的下列各部位应可靠接地： 1　分级绝缘的电压互感器，其一次绕组的接地引出端子；电容式电压互感器的接地应符合产品技术文件的要求。 2　电容型绝缘的电流互感器，其一次绕组末屏的引出端子、铁芯引出接地端子。 3　互感器的外壳。 4　电流互感器的备用二次绕组端子应先短路后接地。 5　倒装式电流互感器二次绕组的金属导管。 6　应保证工作接地点有两根与主接地网不同地点连接的接地引下线

四、设计接口要点

（一）专业间收资要点

（1）勘测专业：详细地勘报告，场地水土的腐蚀性评价；场地土壤电阻率。当需要采取深井接地技术和爆破接地技术时，了解场区地质构造、站址水域分布。

（2）土建专业：建筑物布置图。

（二）专业间提资要点

土建专业：当人工接地网的地面上局部地区的接触电势和跨步电势超过规定值，因地线、地质条件的限制扩大接地网的面积有困难或经济性较差时，可采取下列措施提高接触电压和跨步电压允许值，并向土建专业进行提资。

（1）铺设砾石地面或沥青地面，用以提高电阻率，以降低人身承受的电压，砾石、碎石或卵石的厚度不小于 15～20cm，特别注意站内排水及定期维护。

（2）若跨步电压满足，可只在经常维护的通道、操作机构的四周、保护网的附近铺设。

（三）厂家资料确认要点

接地材料均为乙供，不涉及厂家资料，但应在图纸中明确镀锌层及镀铜厚度等要求。

五、计算及图纸设计要点

（一）图纸设计要点

（1）为保障站内人身及设备安全，本站地电位升大于 2000V，接地需采取如下措施：全站配电装置区域敷设 0.2m 厚的高电阻率碎石层。市话通信线在站内穿绝缘管敷设，其金属外皮在引入站内的围墙处两点接地，接地点引入地下 2m，并在地表铺设 20cm 厚的卵石层。

（2）户外电缆沟于就地端子箱处，使用截面积不小于 100mm^2 的铜排与主接地网连接，铜排较长时，应多点与接地网相连。二次电缆屏蔽层两端应使用截面不小于 4mm^2 的多股铜质软导线可靠连接至等电位接地网的铜排上。

（3）水平接地网其外缘为闭合的圆弧形，圆弧半径不宜小于均压带间距的 1/2，埋设深度一般为 0.8m，接地体四周敷设 0.2m 厚土壤电阻率较低的细土，并分层夯实。

（4）避雷针、避雷器安装处应设集中接地装置（接地极），间距不小于 2 倍长度。避雷针及其接地装置与道路或入口等的距离小于 3m 时应采取均压措施。避雷针与主接地网的地下连接点至变压器和 35kV 及以下设备接地线与主接地网的地下连接点，沿接地体长度不得小于 15m。

（5）电缆沟的角钢或扁钢应沿着电缆沟的全长将所有断开处焊接成整体，并与主接地网可靠连接。当水平接地体横穿电缆沟时，应将此段接地体从电缆沟下穿过。

（6）建筑物周围埋设的接地线离墙距离为 1.5m，户外接地网与室内接地网应有不少 2 处的接地线连接点。

（7）为加强分流，变电站构架接地线应与线路的架空地线相连，且有便于分开的连接点。

（8）站区大门入口，应敷设帽檐式均压带。

（9）GIS 设备接地：GIS 设备中所有的接地端子必须与 GIS 地网可靠连接。GIS 设备中每个间隔的基础预埋件与 GIS 专用接地网的连接点不少于 2 点。

（10）主变压器、接地变压器周围的接地网应敷设成闭合环形；电抗器底座接地不能闭合，接地线从两侧引入。

（11）屋顶避雷带、女儿墙避雷带采用$\phi 12$圆钢，沿屋顶女儿墙敷设成闭合环形，高出墙顶150mm。屋顶避雷带与主接地网可靠连接，连接点附近设垂直接地体，并在距地1.8m处设置明显断接卡。

（二）专业配合

（1）确定钢结构接地端子外形尺寸，变电站内辅助设备接地要求。

（2）提高接触电势、跨步电压允许值及降阻措施。

六、施工过程注意要点

（1）接地网完成后，实测接地电阻，如实测值大于计算值，应复核计算结果及测量方法或采取降阻措施。

（2）在接地线引入建筑物的入口处，应设标志。明敷的接地线表面应涂15～100mm宽度相等的绿色和黄色相间的条纹。

（3）与站外联系的管道在围墙处采用全绝缘管道。

（4）室内接地线沿墙暗敷时，离地坪宜保持300mm的高度。如遇门，应将该部分接线可靠地敷设于地表面下。

（5）接地线与接地极的连接，宜焊接。接地线与电气设备的连接，可用螺栓连接或焊接，用螺栓连接时应设防松螺帽或防松垫片。

（6）电气设备每个接地部分，应以单独的接地线与接地网相连接，严禁在一个接地线中串接几个需要接地的部分。

（7）不得用金属体直接敲打扁钢进行调直，以免造成扁钢表面损伤、锈蚀。

（8）敷设在设备支柱上的扁钢应紧贴设备支柱，否则应采取加装不锈钢坚固带等措施使其贴合紧密。

（9）户外接地线采用多股软铜线连接时应压专用线鼻子，并加热缩套，铜与其他材质导体连接时接触面应搪锡，防止氧化腐蚀。

（10）镀锌扁钢弯曲时宜采用冷弯工艺。站内所有爬梯应与主接地网可靠连接。安装在钢构架上的爬梯应采用专用的接地线与主网可靠连接，混凝土环形杆架构可将爬梯底端抱箍与架构接地引下线焊接。

（11）混凝土环形杆架上的地线支架、避雷针应采用拴接或法兰方式与杆头板连接，并满足电气通流要求，尽量避免采用焊接方式接线。

（12）构支架接地引下线应设置便于测量的断开点。

（13）屋面明装避雷带和支撑不能焊接，必须按规定采用专用支持件。除混凝土中的铁件外，其他接地用的材料和配件都应用镀锌件。

（14）建筑物屋顶上的突出物，如屋顶风机、空调外机、透气管、铁栏杆、爬梯等带金属外壳设备都必须与避雷带焊接成一体。需防雷的金属门窗应有两处与接地线相连，屋面的金属管道应有两处接地。

第十节 全 站 照 明

一、设计依据

（一）设计输入

（1）司令图。

（2）外卷册资料：暖通资料。

（3）厂家资料：检修箱尺寸、低压电器样本。

（4）现场收资（涉及改造/扩建）：对于已投运变电站，应利用各方资源收资现场资料。部分工程已收集资料不满足设计要求的，应至现场复核，记录变电站现状。现场收资（涉及扩建）：

1）破围墙场区，核实是否需新增检修箱。

2）扩建场区是否新增灯具。

（二）规程、规范、技术文件

GB 50057—2010《建筑物防雷设计规范》

GB 50169—2016《电气装置安装工程　接地装置施工及验收规范》

GB 50217—2018《电力工程电缆设计标准》

GB 50229—2019《火力发电厂与变电站设计防火标准》

GB/T 50065—2011《交流电气装置的接地设计规范》

DL/T 5222—2005《导体和电器选择设计技术规定》

DL/T 5352—2018《高压配电装置设计技术规程》

DL/T 5390—2014《发电厂和变电站照明设计技术规定》

DL/T 5458—2012《变电工程施工图设计内容深度规定》

Q/GDW 10248.2—2016《输变电工程建设标准强制性条文实施管理规程　第 2 部分：变电（换流）站建筑工程设计》

Q/GDW 10381.5—2017《国家电网有限公司输变电工程施工图设计内容深度规定　第 5 部分：220kV 智能变电站》

《国家电网有限公司关于印发〈十八项电网重大反事故措施（修订版）〉的通知》（国家电网设备〔2018〕979 号）

《国网基建部关于发布〈35～750kV 输变电工程设计质量控制“一单一册”（2019 年版）〉的通知》（基建技术〔2019〕20 号）

《国家电网公司输变电工程标准工艺（2016 年版）》

《电力工程电气设计手册电气一次部分》

二、设计边界和内容

（一）设计边界

屋外配电装置及站区道路、建筑物的照明、动力设计。

（二）设计内容

屋外照明图纸包括卷册说明、屋外照明系统图、屋外照明布置图、灯具安装图、设备材料汇总表。

屋内照明图纸包括：卷册说明、照明系统图、动力系统图、主控楼等建筑物各层照明及动力平面图、设备材料汇总表。

（三）设计流程

本节设计流程图如图 1-10-1 所示。

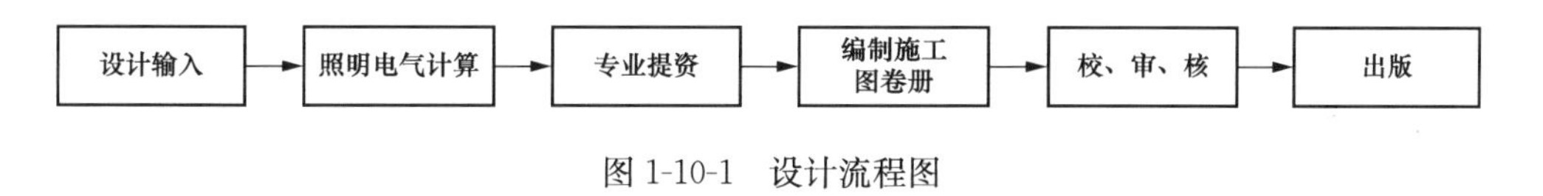

图 1-10-1　设计流程图

三、深度要求

（一）施工图深度

1. 卷册说明

卷册说明应说明照明、动力设计原则，照明网络的接地方式，检修及巡视照明的设置，照明、动力及事故箱的电源引接及管线敷设方式，屋内插座、开关的布置方式，照明灯具接地保护要求，照明灯、穿管及电缆敷设的图例说明及施工中注意事项。

2. 照明系统图

照明系统图应表示工作照明箱及事故照明箱名称、型号、进/出线名称、称号、各回路工作容量、工作电流、开关规格和型号、导体规格和型号；说明事故照明供电方式及运行方式。屋内照明应反映屋内动力配置。

3. 屋外照明布置图

屋外照明布置图应表示照明箱、灯具及开关位置，照明回路、照明灯数量、容量及安装高度、导线及电缆敷设路径、导线根数及截面，穿管及电缆敷设的图例说明。设备材料表的设备材料应注明编号、名称、型号及规格、单位、数量、图例及备注。

4. 建筑物各层照明、动力平面图

建筑物各层照明、动力平面图中的比例应表示正确，门窗应表示清楚；应表示照明配电箱、动力箱、灯具及开关、插座位置，照明、动力回路照明灯数量、容量、安装高度、导线和电缆敷设路径、导线根数及截面；应表示各个灯具引接自照明箱回路编号，编号应能表示引自的照明箱的名称。

5. 照明配电箱配置接线及安装图

照明配电箱配置接线及安装图应表示照明配电箱各回路名称、编号、工作容量、工作电流、开关规格和型号、导体规格和型号等。

(二）计算深度

（1）照度计算；计算照度，根据照明计算结果布置灯具。

（2）照明配电计算；统计计算照明负荷（考虑同时系数）、回路工作电流，选择各回路开关、保护设备参数、规格。

（3）照明导体选择计算；根据回路负荷及工作电流，选择电缆、导线截面。

（4）保护灵敏度校验；校验分级保护动作及回路末端短路灵敏度校验。

（5）电压降计算；校验每个照明回路电压降是否满足要求。

(三）反措要求

根据《国家电网有限公司关于印发〈十八项电网重大反事故措施（修订版)〉的通知》（国家电网设备〔2018〕979 号)，本节涉及的十八项电网重大反事故措施如表 1-10-1 所示。

表 1-10-1　　十八项反措要求

序号	条文内容
1	18.1.2.8　酸性蓄电池室（不含阀控式密封铅酸蓄电池室）照明、采暖通风和空气调节设施均应为防爆型，开关和插座等应装在蓄电池室的门外
2	12.4.1.16　配电室内环境温度超过 5℃～30℃范围，应配置空调等有效的调温设施；室内日最大相对湿度超过 95%或月最大相对湿度超过 75%时，应配置除湿机或空调。配电室排风机控制开关应在室外
3	13.2.1.3　与电力电缆同通道敷设的低压电缆、通信光缆等应穿入阻燃管，或采取其他防火隔离措施

(四)“一单一册”

根据《国网基建部关于发布〈35～750kV 输变电工程设计质量控制“一单一册”(2019 版)〉的通知》(基建技术〔2019〕20 号)，本节涉及的“一单一册”相关内容如表 1-10-2 所示。

表 1-10-2　　“一单一册”问题

序号	专业子项	问题名称	问题描述	原因及解决措施	问题类型
1	站用电（含照明）	灯具布置不合理	户内配电装置室的照明布置应按照《发电厂和变电站照明设计技术规定》，照明灯具布置应便于维护和安全检修。目前站内多存在灯具布置于设备上方，或者在房屋净空大的位置使用吸顶灯、在净空太小的位置使用吊灯等问题，不易设备检修	照明设计需先期出图，配合不充分。照明设计需事先核对主体电气设备布置的位置，同时主体电气设备布置需符合通用设备和标准接口要求	专业配合不足

续表

序号	专业子项	问题名称	问题描述	原因及解决措施	问题类型
2	电缆敷设及防火	消防、报警、应急照明、直流电源等回路未采用耐火电缆	消防、报警、应急照明、断路器直流电源等回路采用阻燃电缆而未采用耐火电缆	随着消防要求的提高，重要回路电缆应按照规范要求选用耐火电缆，而不是阻燃电缆	技术方案不合理

（五）强条

根据国家电网公司企业标准《输变电工程建设标准强制性条文实施管理规程　第2部分：变电（换流）站建筑工程设计》（Q/GDW 10248.2—2016），本节涉及的工程建设标准强制性条文执行情况如表1-10-3所示。

表1-10-3　　强制性条文梳理表

序号	强制性条文内容
《高压配电装置设计技术规程》（DL/T 5352—2018）	
1	5.1.7　屋外配电装置裸露的带电部分的上面和下面不应有照明、通信和信号线路架空跨越或穿过；屋内配电装置裸露的带电部分上面不应有明敷的照明、动力线路或管线跨越

四、设计接口要点

（一）专业间收资要点

（1）电气一次：总平面布置图及全站埋管示意图。根据总平面布置屋外照明，特别注意总平面调整对于配电装置、构架、电缆沟等邻近位置灯具的影响。

（2）土建：建筑物图；配电装置室及主控通信室等空调、风机参数及布置；强排水泵（若有）、取水泵（若有）、大门电机等参数及定位。

（3）变电二次：二次设备室、蓄电池室的布置。

（二）专业间提资要点

（1）向土建专业提资建筑物各层照明、动力平面图，主要为建筑物埋管图。

（2）向二次专业提资电缆清册。

五、图纸设计要点

（一）常见问题

1．常见病

（1）灯具安装在设备及风机管道正上方。

（2）电容器室尺寸较小，电容器室内照明开关位置预留在电容器围栏内，无法操作。

（3）钢结构变电站，户内检修箱深度较大，超出墙板厚度。

2．消防报验

（1）各房间设计照度值及照明功率密度值应标注或说明。

（2）消防疏散照明灯应采用A型灯具和A类控制箱，并表示消防指示灯连线。

（3）针对空调回路、电机回路采用漏电保护型断路器。

（二）专业配合

（1）电气二次：火灾辅控埋管与照明埋管，在楼板间存在交叉，应注意管径大小。灯具不得布置在二次设备室屏柜及蓄电池正上方。

（2）土建专业：灯具布置不得布置在建筑物钢柱、风机管道位置等。

（三）会签

全站照明卷册与土建专业会签，要点如下：

（1）与提资图纸进行复核。

（2）照明配电箱、风机控制箱位置是否与电气图纸一致，风机管道与防爆灯具是否存在碰撞问题。

六、施工过程注意要点

（1）屋内线路穿管，可根据实际情况敷设、调整。所有埋管内穿一根拉线钢丝以便以后电线敷设。

（2）所有照明配电箱、电源箱的外壳，灯具的金属外壳，电缆的金属外壳、空调外机及金属保护管等均应接地。

（3）进出蓄电池室的电线，在穿墙处应用耐酸瓷管或聚氯乙烯硬管穿线，并在其进、出口端用耐酸材料将管口封堵；蓄电池室电线、采用耐火电缆的回路均应穿钢管敷设。

（4）所有配电场区灯具的安装不得触碰电气设备，所有灯具接线尽量就近沿电缆沟敷设，远离电缆沟接线地下穿管敷设。

第二章　电　气　二　次

第一节　站内自动化、系统调度自动化及时钟同步

一、设计依据

（一）设计输入

（1）初步设计评审意见。

（2）设计联络会纪要。

（3）厂家图纸：监控系统、调度数据网设备、时钟同步。

（4）现场收资：全站遥信信号收资（除发至预制舱遥信信号）。

（5）总平面图、二次室屏位布置图、开关柜屏位布置图和预制舱屏位布置图。

（6）二线专业提资时钟同步对时需求和光配分配方案。

（7）市供电公司已投运规模相近智能变电站导出的信息点表。

（8）调度下达的设备命名编号及调度关系（该文件在变电站临近投运时下达，在做信息点表初稿时不需要）。

（二）规程、规范、技术文件

DL/T 516—2017《电力系统调度自动化运行规程》

DL/T 1709—2017《智能电网调度控制系统技术规程》

DL/T 5003—2017《电力系统调度自动化设计规程》

DL/T 5136—2012《火力发电厂、变电站二次接线设计技术规程》

DL/T 5202—2017《电能量计量系统设计技术规程》

DL/T 5458—2012《变电工程施工图设计内容》

Q/GDW 10248.2—2016《输变电工程建设标准强制性条文实施管理规程　第 2 部分：变电（换流）站建筑工程设计》

Q/GDW 10381.5—2017《国家电网有限公司输变电工程施工图设计内容深度规定　第 5 部分：220kV 智能变电站》

Q/GDW 10381.1—2017《国家电网有限公司输变电工程施工图设计内容深度规定 第1部分：110kV 智能变电站》

Q/GDW 12—030—2017《安徽电网 220kV-500kV 智能变电站二次系统设计技术规定》

Q/GDW 12—029—2017《安徽电网 110kV 智能变电站二次系统设计技术规定》

《网络安全管理平台建设的通知》（国网调〔2017〕1084 号）

《国网安徽电力建设部关于新建变电站施工现场视频接入方案的实施意见》（建设工作〔2017〕1 号）

《国调中心关于增补智能变电站设备监控典型信息的通知》（调监〔2014〕82 号）

《国调中心关于征求〈110kV 变电站典型信息表（征求意见稿）〉等意见的通知》（调监〔2013〕88 号）

《国调中心关于印发〈继电保护设备在线监视与分析应用提升方案〉的通知》（调继〔2014〕80 号）

《国家电网有限公司关于印发〈十八项电网重大反事故措施（修订版）〉的通知》（国家电网设备〔2018〕979 号）

《国网基建部关于发布〈35～750kV 输变电工程设计质量控制“一单一册”（2019 年版）〉的通知》（基建技术〔2019〕20 号）

《国网基建部关于进一步加强输变电工程设计质量管理的通知》（基建技术〔2020〕4 号）

《国家电网公司输变电工程通用设计 220kV 变电站模块化建设（2017 年版）》

《国网基建部关于发布〈输变电工程通用设计通用设备应用目录（2021 年版）〉的通知》（基建技术〔2021〕2 号）

《电力工程电气设计手册电气二次部分》

二、设计边界和内容

（一）设计边界

本节主要设计监控主机、综合应用服务器、网关机、远动接入装置、网络分析、时钟同步、公用及母线测控、全站的交换机和远动信息点表，与其他专业无交界点，与同专业其他卷册交叉的线缆以本节为准，均由本节进行编号开列。

（二）设计内容

（1）站内自动化卷册：监控主机、综合应用服务器以及全站的交换机、网络分析。

（2）调度自动化卷册：网关机、远动接入装置。

（3）时钟同步卷册：时钟同步。远动信息点表。

（三）设计流程

本节设计流程图如图 2-1-1 所示。

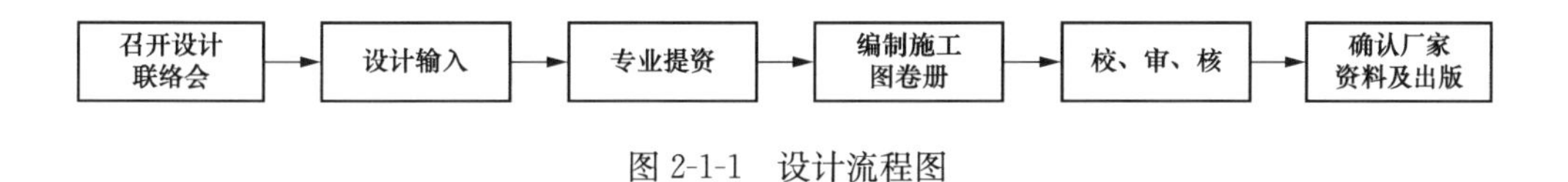

图 2-1-1　设计流程图

三、深度要求

（一）施工图深度

1. 系统调度自动化

（1）卷册说明应说明主要设计原则、配置方案、设备订货情况、与其他卷册的分界点等。

（2）远动（监控）信息表应显示出所有要传送的远动（监控）信息（遥信、遥控、遥测、遥调）内容。

（3）路由器、交换机板卡接线图应标示出路由器、交换机各板卡的端口号，宜包含接线电缆的型号、编号去向等。

（4）二次系统安全防护网络连接示意图应表示二次系统安全防护设备与计算机监控系统、电能量采集系统、调度数据网接入设备之间的网络连接。

（5）二次系统安全防护设备原理图应表示出二次系统安全防护设备，如纵向加密认证装置、防火墙等设备的板卡、端口号，宜包含接线缆线的型号与编号。

（6）相量测量系统接线图应示出相量测量系统内设备间的联系、与数据网接入设备、时间同步系统的连接等，宜包含端口号、接线缆线的型号。

2. 站内自动化

（1）卷册说明应说明变电站自动化系统主要功能、主要设计原则，设备订货情况、与其他卷册的分界点等。

（2）变电站自动化系统接线图应表示出计算机监控系统的整体体系结构。包括站控层和间隔层设备配置、网络方式（包括网络结构、接口形式、连接缆线等），二次安全防护配置，数据网接入设备配置、计算机监控系统和其他系统（调度主站系统、电能量采集系统、直流及不停电电源系统、辅助控制系统、状态监测系统等）的通信方式和通道数量等。

（3）远动系统网络拓扑图应表示出变电站自动化系统、二次安全防护系统、数据网接入设备、电能量采集系统、调度同步系统、时间同步系统等设备之间的网络连接示意图。

（4）柜面布置图应表示站控层设备柜、站控层交换机柜、数据网设备柜与远动通信柜的正面、背面布置图及元件参数表。布置应表示柜内各装置及屏柜外形尺寸、交直流空气开关、端子排布置等。

（5）屏柜原理图应包括数据网设备柜与远动通信柜的交直流电源、信号、通信接口及对时回路等。数据网设备柜原理图应显示数据网设备柜与自动化系统、二次安全防护系统、电能量采集系统、调度端等系统之间的网络连接。

（6）屏柜端子排图应绘制站控层设备柜、站内层交换机柜、数据网设备柜与远动通信柜的端子排或通信端口的外部去向，包括回路号、电缆去向及电缆编号。当采用预制电缆时，应表示预制电缆的预制方式、插头型号、插座编号、电缆去向、芯数及编号等。

（7）站控层/间隔层网络结构示意图应表示站控层/间隔层网络的结构，包括装置、交换机布置及连接介质。

（8）屏柜光缆（尾缆、跳线）联系图应示意不同屏柜间互连的光缆、尾缆，同一屏柜内不同装置间的光纤跳线；光缆应表示光缆编号、套管颜色、光纤色标、芯数、去向等；尾缆应表示尾缆编号及两端的接头类型。当采用预制光缆时，应表示预制光缆插头、插座或分支器，光缆的套管颜色、光纤色标、芯数及去向等。

（9）全站设备站控层/间隔层 IP 地址配置表应表示站控层/间隔层设备 IP 地址配置，包括设备名称、设备型号、端口地址、数据集名称、组播地址等。

（10）全站设备过程层 VLAN 配置表应表示过程层设备 VLAN 配置，包括设备名称、设备型号、端口 VLAN、端口地址、数据集名称、组播地址等。

3. 时间同步系统

（1）卷册说明应说明主要设计原则，设备订货情况，与其他卷册的分界点等。

（2）时间同步系统配置图应表示全站时钟系统的结构，时钟系统与各二次设备的连接及接口类型要求示意图，应表示时钟同步系统主机、天线、扩展屏的设备数量、布置位置、形式、接口方式和数量等。

（3）时间同步系统柜面布置图应绘制时间同步系统柜的正面、背面布置及元件参数表。布置应表示柜内各装置布置及屏柜外形尺寸、交直流空气开关、端子排布置等。

（4）时间同步系统柜原理图应表示时间同步系统柜相应的交直流电源、信号及对时网络回路等。

（5）时间同步系统柜端子排图应绘制端子排外部去向，包括回路号、电缆去向及电缆编号。

（6）时间同步系统柜光缆（尾缆）联系图应绘制时间同步系统与自动化系统站控层网络、过程层网络（当采用网络对时方案时）或间隔层设备、过程层设备（当采用点对点对时方案时）的光缆联系图，包括光缆编号、光缆去向等。

（二）计算深度

无。

（三）反措要求

根据《国家电网有限公司关于印发〈十八项电网重大反事故措施（修订版）〉的通知》（国家电网设备〔2018〕979 号），本节涉及的十八项电网重大反事故措施如表 2-1-1 所示。

表 2-1-1　　十 八 项 反 措 要 求

序号	条文内容
1	16.1.1.5　厂站远动装置、计算机监控系统及其测控单元等自动化设备应采用冗余配置的 UPS 或站内直流电源供电。具备双电源模块的设备，应由不同电源供电
2	16.1.1.6　厂站测控装置应接收站内统一授时信号，具有带时标数据采集和处理功能，变化遥测数据上送阈值应满足调度要求，具备时间同步状态监测管理功能
3	16.1.1.7　改（扩）建变电站（换流站）的改（扩）建部分和原有部分应接入同一监控系统，不应采用两套或多套监控系统

（四）“一单一册”

根据《国网基建部关于发布〈35～750kV 输变电工程设计质量控制“一单一册”（2019 版）〉的通知》（基建技术〔2019〕20 号），本节涉及的“一单一册”相关内容如表 2-1-2 所示。

表 2-1-2　　“一单一册”问题

序号	专业子项	问题名称	问题描述	原因及解决措施	问题类别
1	光电缆选型	智能站二次设备光纤通信接口与尾缆接口类型不匹配	智能变电站二次设备光纤通信接口主要有 FC、SC、ST、LC 等类型，设计时未统计全站二次设备的光纤通信接口类型，导致所选配的尾缆与二次设备通信接口类型不匹配	未根据二次设备光纤接口类型选配尾缆。尾缆接口类型应与设备光口类型相一致	技术方案不合理
2	变电站自动化	扩建工程中未对前期工程设备的“五防”功能进行更新完善	扩建工程设计时，未根据主接线形式的变化，对原有设备的“五防”逻辑及回路进行更新完善，造成前期工程以上设备不满足防误操作要求	遗漏对前期工程以上设备“五防”功能的完善设计。应针对扩建后的主接线形式整体考虑“五防”功能的设计	设计缺项漏项
3	变电站自动化	未预埋时间同步系统天线敷设管道	时间同步系统天线的线缆埋管未设计，导致时钟同步线缆无法走线	电气二次专业未向土建专业提资或提资不及时。二次专业应在土建开展施工图设计时及时给相关专业提资	专业配合不足

（五）强条

根据国家电网公司企业标准《输变电工程建设标准强制性条文实施管理规程　第 2 部分：变电（换流）站建筑工程设计》（Q/GDW 10248.2—2016），本节涉及的工程建设标准强制性条文执行情况如表 2-1-3 所示。

表 2-1-3　　强 制 性 条 文

序号	强制性条文内容
《电气装置安装工程　接地装置施工及验收规范》（GB 50169—2016）	
1	4.9.1　保护和控制装置的屏柜地面下设置的等电位接地网宜用截面积不小于 100mm² 的接地铜排连接成首末可靠连接的环网，并应用截面积不小于 50mm²、不少于 4 根铜缆与厂、站的接地网一点直接连接
2	4.9.2　保护和控制装置的屏柜内下部应设有截面积不小于 100mm² 的接地铜排，屏柜内装置的接地端子应用截面积不小于 4mm² 的多股铜线和接地铜排相连，接地铜排应用截面积 50mm² 的铜排或铜缆与地面下的等电位接地母线相连

续表

序号	强制性条文内容
《电力系统调度自动化设计技术规程》(DL/T 5003—2017)	
3	4.1.3　调度自动化系统调度端应考虑与其他系统互联的软硬件接口，与其他系统的互联应遵照国家有关电力二次系统安全防护规定的要求执行
4	4.3.3　调度自动化系统的数据通信应按照国家有关电力二次系统安全防护规定的要求采取安全隔离措施
5	7.0.1　计算机机房的温度、湿度、接地和静电防护应符合 GB 50174 的有关规定
6	7.0.5　计算机系统应有良好的工作接地。如果同大楼合用接地装置，接地电阻宜小于 0.5Ω，接地引线应独立并同建筑物绝缘
7	7.0.8　机房内应有符合国家有关规定的防水、防火和事故照明设施。其设置要求应符合 GB/T 2887 和 GB 50174 的相关规定

(六) 通用设计

柜体统一要求：站控层服务器柜可采用 2260mm×600mm×900mm（高度中包含 60mm 眉头）屏柜。全站二次系统设备柜体颜色应统一。

本节与通用设计保持一致，无差异。

四、设计接口要点

(一) 专业间收资要点

(1) 全站遥信信号收资（除发至预制舱遥信信号）。

(2) 总平面图、二次室屏位布置图、开关柜屏位布置图和预制舱屏位布置图。

(3) 二次专业提资时钟同步对时需求和光配分配方案。

(二) 专业间提资要点

(1) 需给一次及二次专业提资电源需求。

(2) 需及时给土建专业提资时钟同步柜走线埋管。

(3) 需给通信专业提资调度数据网通道类型、数量和编号。

(三) 厂家资料确认要点

(1) 核实屏柜颜色尺寸、组屏方案、设备数量、交换机光/电口数量，光电转换装置数量是否满足设计联络会要求。

(2) 核实装置是否执行反措要求，如双电源要求。

(3) 核实是否执行规程规范要求，如 220kV 变电站站内时钟同步能否提供 1 路 PPH（时脉冲）遥信信号至公用测控。电能量采集装置接口数量是否足够（规范要求上送间隔层和调度主站，220kV 站需要 4 个网口）。

(4) 调度数据网设备不提供屏柜，柜体一般由电能量采集装置厂家或监控系统厂家提供，需要将调度数据网设备的厂家资料转发给提供柜体的厂家，确保现场能安装。需核实柜中是否配置 PDU（power distribution unit，电源分配单元），能否满足设备供电需求。

(5) 核实时间同步系统主机和子机间的户外铠装光缆是否由厂家提供。核实光 B 码数量是否能满足远期需求。

五、图纸设计要点

（一）监控主机柜

监控主机柜端子排图：需提供 2 路 UPS 电源；可以不接 B 码电对时信号。

（二）综合应用服务器柜

综合应用服务器柜端子排图：110kV 站需提供 1 路 UPS 电源；220kV 站需提供 2 路 UPS 电源；可以不接 B 码电对时信号。

（三）网络记录分析柜

（1）220kV 变电站共 2 面网络记录分析柜，1 面采集 220kV 过程层 A、B 网，另 1 面采集 110kV 过程层 A、B 网。110kV 变电站共 1 面网络记录分析柜，其采集装置接至 110kV 过程层中心交换机。

（2）网络记录分析柜中的管理装置需有 2 个网口，通过防火墙和双重化调度数据网的非实时交换机上传到主站。柜中的防火墙装置需至少在设计联络会阶段之前予以落实设备提供方。

（3）网络记录分析采集装置一般每个百兆光口能采集 5 个合并单元，每个千兆光口能采集 20 个合并单元，设计时需计算好远期合并单元数量，并正确选择尾缆的芯数和接口类型。

（四）Ⅰ、Ⅱ区防火墙装置和正反向隔离装置

Ⅰ、Ⅱ区防火墙装置和正反向隔离装置均采用 UPS 供电。

（五）时间同步系统

（1）低压开关柜内保测装置电 B 码对时，采用串联的形式，每 1 路电 B 码按串接 4 台装置考虑。

（2）220kV 变电站内的时钟同步主机柜内每台主机需发 1 路时脉冲至公用测控装置。

六、施工过程注意要点

（1）需在二次设备室墙体内预埋时间同步系统天线的线缆穿管。

（2）施工前进行技术及安全交底、介绍本节施工内容、质量通病防治措施、施工安全风险及预防措施。

第二节 主变压器二次设计

一、设计依据

（一）设计输入

厂家资料：

（1）主变压器本体（主变压器厂家）。

（2）有载调压开关（主变压器厂家外购）。

（3）220kV 及 110kV 中性点机构资料。

（4）220kV GIS 及 110kV GIS 厂家资料。

（5）主变压器保护、主变压器测控厂家资料（综自厂家）。

（6）电能表（电能表厂家，一般没有）。

（7）主变压器三侧及本体智能组件。

（8）低压侧主变压器开关柜所需资料参照开关柜二次线。

（二）规程、规范、技术文件

GB 50169—2016《电气装置安装工程　接地装置施工及验收规范》

GB/T 50065—2011《交流电气装置的接地设计规范》

DL/T 5149—2020《变电站监控系统设计技术规程》

DL/T 5458—2012《变电工程施工图设计内容》

Q/GDW 10248.2—2016《输变电工程建设标准强制性条文实施管理规程　第 2 部分：变电（换流）站建筑工程设计》

Q/GDW 10381.5—2017《国家电网有限公司输变电工程施工图设计内容深度规定　第 5 部分：220kV 智能变电站》

《国家电网有限公司关于印发〈十八项电网重大反事故措施（修订版）〉的通知》（国家电网设备〔2018〕979 号）

《国网基建部关于进一步加强输变电工程设计质量管理的通知》（基建技术〔2020〕4 号）

《国家电网公司输变电工程通用设计 220kV 变电站模块化建设（2017 年版）》

《电力工程电气设计手册电气二次部分》

二、设计边界和内容

（一）设计边界

主变压器各侧电压等级 TA 线圈数量、准确级、变比和容量的确认；各侧 GIS 环网电源空气开关容量计算确认；主变压器各侧及本体回路图、主变压器保护、主变压器测控等。

（二）设计内容

本节设计内容为主变压器高、中、低、本体及主变压器保护测控的二次设计。

（三）设计流程

本节设计流程图如图 2-2-1 所示。

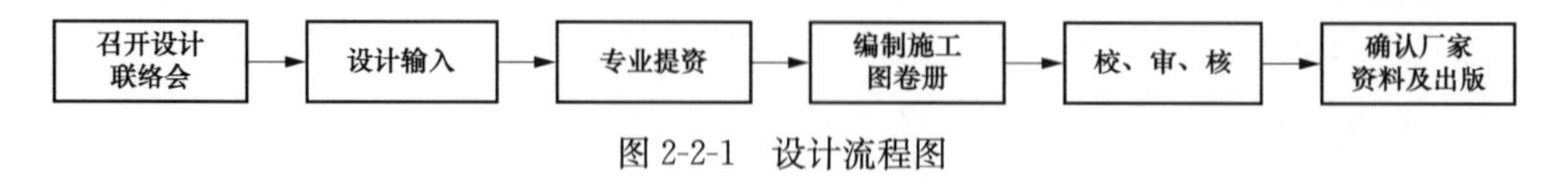

图 2-2-1　设计流程图

三、深度要求

（一）施工图深度

1. 卷册说明

卷册说明应说明本卷册包含内容、主要设计原则、二次设备（含保护装置、测控装置、合并单元、智能终端等）配置方案、线路保护通道配置、设备订货情况、与其他卷册的分界点等。

2. 二次设备配置图

在本电压等级主接线简图上表示各间隔 TA、TV 二次绕组数量、排列、准确级、变比和功能配置，并示意相关二次设备配置，包含保护装置、测控装置、合并单元、智能终端等二次设备的厂家型号及安装单位。

3. 二次系统信息逻辑图

二次系统信息逻辑图应表示对应间隔二次设备间的信息（含电流、电压、跳闸、信号等）交互，并示意信息流方向。

4. 电流电压回路图

电流电压回路图对应主接线图，表示出所有功能回路 TA、TV 接线方式、去向、回路编号及二次接地点等；应示出保护的双重化配置、保护范围的交叉重叠；应表示 TV 二次回路不同绕组回路编号、引接方式、空气开关的配置、端子箱处接地方式等。

5. 断路器控制回路图

断路器控制回路图应表示智能终端控制电源及空气开关配置，智能终端与断路器机构箱之间的控制、信号等回路联系及编号。

6. 隔离（接地）开关控制回路图

隔离（接地）开关控制回路图应表示智能终端与隔离（接地）开关之间的控制、闭锁等回路联系及编号。

7. 智能控制柜信号回路图

智能控制柜信号回路图应表示智能终端与断路器、隔离（接地）开关及柜内其他设备之间的信号回路及回路号。

8. 交直流电源

交直流电源图应表示本电压等级开关场交直流电源进线、供电方式等内容。

9. 柜面布置图

柜面布置图应包括柜的正面、背面布置图及元件参数表。布置图应包括柜内各装置、压板的布置及屏柜外形尺寸等、交直流空气开关、外部接线端子布置等。

10. 屏柜端子排图

屏柜端子排图应表示出端子排的外部去向，包括回路号、电缆去向及电缆编号。当采用预制电缆时，应表示预制电缆的预制方式、插头型号、插座编号、电缆去向、芯数及编号等。

11. 屏柜光缆（尾缆）联系图

（1）示意不同屏柜间互连的光缆、尾缆，同一屏柜内不同装置间的光纤跳线；光缆应表示光缆编号、套管颜色、光纤色标、芯数、去向等；尾缆应表示尾缆编号及两端的接头类型。

（2）表示出柜内接有尾缆装置的光口号、光口类型，同时表示所接尾缆的编号、尾缆芯编号及去向。

（3）表示光纤配线架的光配单元号及本对侧的光纤接口类型，各光配单元所接的光缆编号；光缆的套管颜色、光纤色标、芯数及去向等。当采用预制光缆时，应包含光缆插头、插座或分支器，光缆的套管颜色、光纤色标、芯数及去向等。

12. 装置虚端子表

装置虚端子表（图）应表示各装置的 SV、GOOSE 虚端子表（图）。

（二）计算深度

需计算 GIS 环网电源的空气开关是否满足远景需求。

（三）反措要求

根据《国家电网有限公司关于印发〈十八项电网重大反事故措施（修订版）〉的通知》（国家电网设备〔2018〕979 号），本节涉及的十八项电网重大反事故措施如表 2-2-1 所示。

表 2-2-1　　十八项反措要求

序号	条文内容
1	4.2.7　断路器、隔离开关和接地开关电气闭锁回路应直接使用断路器、隔离开关、接地开关的辅助触点，严禁使用重动继电器；操作断路器、隔离开关等设备时，应确保待操作设备及其状态正确，并以现场状态为准
2	5.3.1.10　变电站内端子箱、机构箱、智能控制柜、汇控柜等屏柜内的交直流接线，不应接在同一段端子排上
3	12.3.1.11　隔离开关与其所配装的接地开关之间应有可靠的机械联锁，机械联锁应有足够的强度。发生电动或手动误操作时，设备应可靠联锁
4	12.3.1.12　操动机构内应装设一套能可靠切断电动机电源的过载保护装置。电机电源消失时，控制回路应解除自保持
5	15.1.13　应充分考虑合理的电流互感器配置和二次绕组分配，消除主保护死区
6	15.1.16　主设备非电量保护应防水、防震、防油渗漏、密封性好。气体继电器至保护柜的电缆应尽量减少中间转接环节
7	15.2.2　电力系统重要设备的继电保护应采用双重化配置，两套保护装置的跳闸回路应与断路器的两个跳闸线圈分别一一对应。每一套保护都应能独立反应被保护设备的各种故障及异常状态，并能作用于跳闸或发出信号，当一套保护退出时不应影响另一套保护的运行
8	15.2.2.1　两套保护装置的交流电流应分别取自电流互感器互相独立的绕组。交流电压应分别取自电压互感器互相独立的绕组
9	15.2.2.2　两套保护装置的直流电源应取自不同蓄电池组连接的直流母线段。每套保护装置与其相关设备（电子式互感器、合并单元、智能终端。网络设备、操作箱、跳闸线圈等）的直流电源均应取自与同一蓄电池组相连的直流母线，避免因一组站用直流电源异常对两套保护功能同时产生影响而导致的保护拒动

续表

序号	条文内容
10	15.2.2.4　两套保护装置与其他保护、设备配合的回路应遵循相互独立的原则，应保证每一套保护装置与其他相关装置（如通道、失灵保护）联络关系的正确性，防止因交叉停用导致保护功能缺失
11	15.2.2.6　为防止装置家族性缺陷可能导致的双重化配置的两套继电保护装置同时拒动的问题，双重化配置的线路、变压器、母线、高压电抗器等保护装置应采用不同生产厂家的产品
12	15.2.5　当变压器、电抗器的非电量保护采用就地跳闸方式时，应向监控系统发送动作信号。220kV 及以上电压等级变压器、电抗器的非电量保护应同时动作于断路器的两个跳闸线圈
13	15.2.10.2　变压器的电气量保护应启动断路器失灵保护，断路器失灵保护动作除应跳开失灵断路器相邻的全部断路器外，还应跳开本变压器连接其他电源侧的断路器

（四）强条

根据国家电网公司企业标准《输变电工程建设标准强制性条文实施管理规程　第 2 部分：变电（换流）站建筑工程设计》（Q/GDW 10248.2—2016），本节涉及的工程建设标准强制性条文执行情况如表 2-2-2 所示。

表 2-2-2　　强制性条文

序号	强制性条文内容
《电气装置安装工程　接地装置施工及验收规范》（GB 50169—2016）	
1	4.9.1　保护和控制装置的屏柜地面下设置的等电位接地网宜用截面积不小于 $100mm^2$ 的接地铜排连接成首末可靠连接的环网，并应用截面积不小于 $50mm^2$、不少于 4 根铜缆与厂、站的接地网一点直接连接
2	4.9.2　保护和控制装置的屏柜内下部应设有截面积不小于 $100mm^2$ 的接地铜排，屏柜内装置的接地端子应用截面积不小于 $4mm^2$ 的多股铜线和接地铜排相连，接地铜排应用截面积 $50mm^2$ 的铜排或铜缆与地面下的等电位接地母线相连
《交流电气装置的接地设计规范》（GB/T 50065—2011）	
3	3.2.1　电力系统、装置或设备的下列部分（给定点）应接地： 6　配电、控制和保护用的屏（柜、箱）等的金属框架； 8　发电厂、变电站电缆沟和电缆隧道内，以及地上各种电缆金属支架等； 10　电力电缆接线盒、终端盒的外壳，电力电缆的金属护套或屏蔽层，穿线的钢管和电缆桥架等； 15　附属于高压电气装置的互感器的二次绕组和铠装控制电缆的外皮
《变电站监控系统设计技术规程》（DL/T 5149—2020）	
4	4.3.5　所有操作控制均应经防误闭锁，并有出错报警和判断信息输出
5	4.3.6　监控系统防误闭锁应符合现行行业标准《变电站监控系统防止电气误操作技术规范》DL/T 1404 的规定

四、设计接口要点

（一）专业间收资要点

专业间收资要点包括主接线、总平面图、二次室屏位布置图。

（二）专业间提资要点

（1）需给一次及二次专业提资电源需求（注意双套配套的保护、测控装置和合并单元、智能终端的电源要分别取自同一段直流母线）。

（2）需要给时间同步卷册提资对时需求和光配分配方案。

（三）厂家资料确认要点

图纸确认过程中需要提供设计联络会纪要，纪要中会就部分问题提出明确要求，以下确认要点仅为示例（需视工程具体情况）：

（1）厂家提供图纸及各装置数量是否与物资招标、设计联络会纪要一致。

（2）厂家提供图纸关于电气属性（电压电流），屏柜颜色、尺寸、开门方向等属性是否符合设计联络会纪要。

（3）若采用下放组柜方式，需将组柜装置厂家资料发至各组装厂家（容易遗漏）。

（4）厂家资料原理及各相关回路是否存在明显错误。

下面就各装置及器件确认要点进行分析：

（1）主变压器厂家资料确认：

1）主变压器本体及调压开关非电量报警及跳闸信号是否缺少。

2）主变压器单相TA及零序TA参数（变比、准确级、容量）是否符合需求。

3）主变压器本体端子箱与调压机构之间闭锁回路是否缺少。

4）主变压器本体铭牌（电流互感器参数、接线原理图）、端子箱铭牌参数（额定电压）是否符合有需求。

5）若存在预制电缆，需要将预制电缆型号、根数及开口尺寸发给主变压器本体智能控制柜厂家（一般为主变压器厂家外购智能组件厂家）。

（2）综自厂家资料确认：

1）主变压器保护、测控装置数量及总量、电源回路、开入量点数。

2）保护、测控功能是否完善，如遥信信息、对时信号等。

（3）中性点厂家资料确认：

1）机构原理图是否正确（如电机、加热电源及分合闸回路等）。

2）辅助触点是否满足通用设备（10开10闭）。

3）间隙TA参数是否满足需求（准确及、容量）。

4）明确电机电压、控制电压。

（4）智能组件设备厂家资料确认：

1）核实图纸装置数量是否与物资招标、设计联络会纪要一致。

2）厂家资料原理及各相关回路是否存在明显错误。

3）核实主变压器本体汇控柜颜色、尺寸、防护等级是否符合要求。

五、图纸设计要点

主变压器二次线卷册主要包括为信息逻辑图、电压电流回路、高中低三侧控制与信号回路、主变压器保护与主变压器测端子排、光缆连接图等二次设计。

1. 电压电流回路

在电压电流回路中需要注意各智能组件绕组功能要与主接线绕组功能保持一致，备用绕组要将绕组两端短接互连。需要注意，主变压器零序 TA 及中性点间隙 TA 两线圈对应的主变压器保护电流顺序，保证一套保护范围最大。主变压器三侧配置电能表，将计量绕组接入智能组件计量即可（低压侧采用数字表情况下）。

TA 各绕组参数要与厂家确认资料保持一致，就智能变电站而言都是采集 TA 模拟量信号到智能组件，经此模数转换，TA 至智能组件距离一般在 20m 以内，且新建 220kV 智能变电站一般采用二次电流 1A，按照 TA 容量选取 15VA；220kV 等级智能变电站二次电流为 1A，110kV 等级智能变电站二次电流为 5A。

2. 控制信号回路

控制信号回路中需要注意：

（1）智能组件与断路器的分、合闸及跳位监视节点要与机构图纸保持一致。

（2）遥信信号的处理：变压器三侧及本体遥信信号一般发至相对应主变压器三侧及本体测控装置；主变压器保护装置遥信信号一般发至主变压器高压侧测控装置。

（3）开入量信号：高中压侧有断路器及隔离开关的状态量、220kV GIS 及 110kV GIS 状态量等；低压侧参照开关柜二次线；本体包含端子箱非电量报警及跳闸，隔离开关、有载开关等状态量；一般开入量较为固定，信号类型较为明确。

（4）直流电源：对于双套配置的装置，其直流电源应取自不同蓄电池组连接的直流母线段。特别注意无论是双套保护还是单套保护，每套保护装置与其相关设备（电子式互感器、合并单元、智能终端、网络设备、操作箱、跳闸线圈等）的直流电源应取自于同一蓄电池相连的直流母线，避免因一组站用直流电源异常对两套保护功能同时产生影响而导致的保护拒动。

3. 端子排

端子排图是上述回路接线的直接反应，端子排回执需要仔细认真填写，做到与原理图一致；尤其需要注意公共节点的短接。屏柜端子排图应表示出端子排的外部去向，包括回路号、电缆去向及电缆编号。当采用预制电缆时，应表示预制电缆的预制方式、插头型号、插座编号、电缆去向、芯数及编号等。

4. 预制电缆

目前预制光电缆采用省招方式采购，需要自编标书，提前预估相应总量，这对设计提出了较高要求。一般在主变压器二次线卷册，预制电缆一般集中用于主变压器本体智能汇控柜。根据《国家电网公司输变电工程通用设计 35～110kV 智能变电站模块化建设施工图设计（2016 年版）》6.3.4.6（3）“主变压器、断路器、隔离开关、接地开关等设备本体与智能控制柜之间的控制、信号回路宜采用预制电缆连接”，预制电缆仅用在机构或本体至智能控制柜间的连接，故一般用于主变压器本体智能汇控柜除电压、电流回路、跳闸等回路外的其他回路。

5. 主变压器细节

图 2-2-2 至图 2-2-4 所示为主变压器名图细节。

图 2-2-2　主变压器器身槽盒布置图

图 2-2-3　主变压器本体端子箱图

图 2-2-4　主变压器有载调压机构图

六、施工过程注意要点

（1）光、尾缆走向敷设需准确。

（2）对于改造/扩建工程，需现场核实接线。

（3）施工前进行技术及安全交底、介绍本节施工内容、质量通病防治措施、施工安全风险及预防措施。

第三节　220kV 保护及二次线

一、设计依据

（一）设计输入

（1）初步设计评审意见。

（2）设计联络会纪要。

（3）厂家图纸：220kV GIS 厂家资料。

（4）一次专业提供的电气主接线和总平面图。

（5）总平面图、二次室屏位布置图、开关柜屏位布置图和预制舱屏位布置图。

（二）规程、规范、技术文件

GB 50169—2016《电气装置安装工程　接地装置施工及验收规范》

GB 50217—2018《电力工程电缆设计标准》

GB/T 50065—2011《交流电气装置的接地设计规范》

DL/T 866—2015《电流互感器和电压互感器选择及计算规程》

DL/T 5044—2014《电力工程直流电源系统设计技术规程》

DL/T 5136—2012《火力发电厂、变电站二次接线设计技术规程》

DL/T 5149—2020《变电站监控系统设计规程》

DL/T 5202—2017《电能量计量系统设计技术规程》

DL/T 5458—2012《变电工程施工图设计内容》

Q/GDW 10248.2—2016《输变电工程建设标准强制性条文实施管理规程　第 2 部分：变电（换流）站建筑工程设计》

Q/GDW 10381.1—2017《国家电网有限公司输变电工程施工图设计内容深度规定　第 1 部分：110kV 智能变电站》

Q/GDW 10381.5—2017《国家电网有限公司输变电工程施工图设计内容深度规定　第 5 部分：220kV 智能变电站》

Q/GDW 12—029—2017《安徽电网 110kV 智能变电站二次系统设计技术规定》

Q/GDW 12—030—2017《安徽电网 220kV-500kV 智能变电站二次系统设计技术规定》

《国调中心关于印发〈继电保护设备在线监视与分析应用提升方案〉的通知》（调继

〔2014〕80 号）

《国家电网有限公司关于印发〈十八项电网重大反事故措施（修订版）〉的通知》（国家电网设备〔2018〕979 号）

《国网基建部关于发布〈35～750kV 输变电工程设计质量控制“一单一册”（2019 年版）〉的通知》（基建技术〔2019〕20 号）

《国网基建部关于进一步加强输变电工程设计质量管理的通知》（基建技术〔2020〕4 号）

《国网基建部关于发布〈输变电工程通用设计通用设备应用目录（2021 年版）〉的通知》（基建技术〔2021〕2 号）

《国家电网公司输变电工程通用设计 220kV 变电站模块化建设（2017 年版）》

《国家电网有限公司输变电工程通用设备 35～750kV 变电站分册（2018 版）（上册）》

《电力工程电气设计手册电气二次部分》

二、设计边界和内容

（一）设计边界

220kV 电压等级 TA、TV 线圈数量、准确级、变比、容量和极性的确认；220kV GIS 环网电源空气开关容量计算确认；220kV 线路、母联、母线间隔保护及二次线、220kV 电度表柜、220kV 预制舱母线及公用测控、220kV 预制舱集中接线柜。

（二）设计内容

220kV 线路保护逻辑原理图及二次线卷册：220kV 线路保护原理及接线、220kV 线路 GIS 接线、220kV 电度表柜光纤接线、220kV GIS 环网电源；220kV 母联保护逻辑原理图及二次线卷册：220kV 母联保护原理及接线、220kV 母联 GIS 接线；220kV 母线保护逻辑原理图及二次线卷册：220kV 母线保护原理及接线、220kV 母设 GIS 接线、220kV 预制舱母线及公用测控接线、220kV 预制舱集中接线柜分配。

（三）设计流程

本节设计流程图如图 2-3-1 所示。

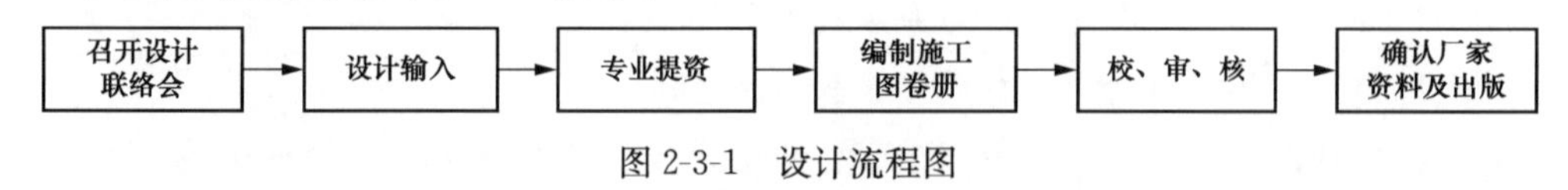

图 2-3-1　设计流程图

三、深度要求

（一）施工图深度

1. 卷册说明

卷册说明应说明本卷册包含内容、主要设计原则、二次设备（含保护装置、测控装置、合并单元、智能终端等）配置方案、线路保护通道配置、设备订货情况、与其他卷册的分界点等。

2. 二次设备配置图

在本电压等级主接线简图上表示各间隔 TA、TV 二次绕组数量、排列、准确级、变比和功能配置，并示意相关二次设备配置，包含保护装置、测控装置、合并单元、智能终端等二次设备的厂家型号及安装单位。

3. 二次系统信息逻辑图

二次系统信息逻辑图应表示对应间隔二次设备间的信息（含电流、电压、跳闸、信号等）交互，并示意信息流方向。

4. 电流电压回路图

电流电压回路图对应主接线图，表示出所有功能回路 TA、TV 接线方式、去向、回路编号及二次接地点等；应示出保护的双重化配置、保护范围的交叉重叠；应表示 TV 二次回路不同绕组回路编号、引接方式、空气开关的配置、端子箱处接地方式等。

5. 断路器控制回路图

断路器控制回路图应表示智能终端控制电源及空气开关配置，智能终端与断路器机构箱之间的控制、信号等回路联系及编号。

6. 隔离（接地）开关控制回路图

隔离（接地）开关控制回路图应表示智能终端与隔离（接地）开关之间的控制、闭锁等回路联系及编号。

7. 智能控制柜信号回路图

智能控制柜信号回路图应表示智能终端与断路器、隔离（接地）开关及柜内其他设备之间的信号回路及回路号。

8. 线路（母联、分段）电流互感器接线图

线路（母联、分段）电流互感器接线图应表示端子排的外部去向，包括回路号、电缆去向及电缆编号。

9. 线路电压互感器接线图

线路电压互感器接线图应表示端子排的外部去向，包括回路号、电缆去向及电缆编号。

10. 交直流电源图

交直流电源图应表示本电压等级开关场交直流电源进线、供电方式等内容。

11. 柜面布置图

柜面布置图应包括柜的正面、背面布置图及元件参数表。布置图应包括柜内各装置、压板的布置及屏柜外形尺寸、交直流空气开关、外部接线端子布置等。

12. 屏柜端子排图

屏柜端子排图应表示出端子排的外部去向，包括回路号、电缆去向及电缆编号。当采用预制电缆时，应表示预制电缆的预制方式、插头型号、插座编号、电缆去向、芯数及编号等。

13. 屏柜光缆（尾缆）联系图

（1）示意不同屏柜间互连的光缆、尾缆，同一屏柜内不同装置间的光纤跳线；光缆

应表示光缆编号、套管颜色、光纤色标、芯数、去向等；尾缆应表示尾缆编号及两端的接头类型。

（2）表示出柜内接有尾缆装置的光口号、光口类型，同时表示所接尾缆的编号、尾缆芯编号及去向。

（3）表示光纤配线架的光配单元号及本对侧的光纤接口类型，各光配单元所接的光缆编号；光缆的套管颜色、光纤色标、芯数及去向等。当采用预制光缆时，应包含光缆插头、插座或分支器，光缆的套管颜色、光纤色标、芯数及去向等。

14. 交换机端口配置图

交换机端口配置图应表示对应间隔过程层交换机的外部去向，包括端口号、光缆（尾缆、网络线）编号及去向。

15. 装置虚端子表（图）

装置虚端子表（图）应表示各装置的 SV、GOOSE 虚端子表（图）。

16. 线路保护通道接口连接示意图

线路保护通道接口连接示意图应完整示出保护至通信设备的连接通道、接口方式、连接缆材等。

17. 断路器机构安装接线图

断路器机构安装接线图应包括断路器机构电气原理图和断路器汇控箱（或开关柜）接线图。电气原理图应表示分、合闸回路，电机电源，信号等。接线图应绘制端子排的外部去向，包括回路号、电缆去向及电缆编号。

18. 隔离（接地）开关机构安装接线图

隔离（接地）开关机构安装接线图应包括主变压器各侧隔离（接地）开关机构的电气原理图和接线图。电气原理图应表示分、合闸回路，电机电源，信号，闭锁回路等。接线图应绘制隔离（接地）开关端子排的外部去向，包括回路号、电缆去向及电缆编号。

19. 组合电器汇控柜安装接线图

组合电器汇控柜安装接线图适用于一次设备采用组合电器（GIS、HGIS 等）设备，应包括组合电器汇控柜电气原理图和接线图。电气原理图应包括间隔内的一次设备分、合闸回路，闭锁回路，电机电源，电流电压，交直流电源，信号等内容。接线图应绘制每台汇控柜端子排的外部去向，包括回路号、电缆去向及电缆编号。

（二）计算深度

需计算 220kV GIS 环网电源的空气开关是否满足远景需求。

（三）反措要求

根据《国家电网有限公司关于印发〈十八项电网重大反事故措施（修订版）〉的通知》（国家电网设备〔2018〕979 号），本节涉及的十八项电网重大反事故措施如表 2-3-1 所示。

表 2-3-1　　十八项反措要求

序号	条文内容
1	4.2.7　断路器、隔离开关和接地开关电气闭锁回路应直接使用断路器、隔离开关、接地开关的辅助触点，严禁使用重动继电器；操作断路器、隔离开关等设备时，应确保待操作设备及其状态正确，并以现场状态为准
2	12.1.1.4　断路器分闸回路不应采用 RC 加速设计。已投运断路器分闸回路采用 RC 加速设计的，应随设备换型进行改造
3	12.1.1.5　户外汇控箱或机构箱的防护等级应不低于 IP45W，箱体应设置可使箱内空气流通的迷宫式通风口，并具有防腐、防雨、防风、防潮、防尘和防小动物进入的性能。带有智能终端、合并单元的智能控制柜防护等级应不低于 IP55。非一体化的汇控箱与机构箱应分别设置温度、湿度控制装置
4	12.1.1.6.3　断路器分、合闸控制回路的端子间应有端子隔开，或采取其他有效防误动措施
5	12.1.1.9　断路器机构分、合闸控制回路不应串接整流模块、熔断器或电阻器
6	12.1.1.12　隔离断路器的断路器与接地开关间应具备足够强度的机械联锁和可靠的电气联锁
7	15.1.9　应根据系统短路容量合理选择电流互感器的容量、变比和特性，满足保护装置整定配合和可靠性的要求
8	15.1.10　线路各侧或主设备差动保护各侧的电流互感器的相关特性宜一致，避免在遇到较大短路电流时因各侧电流互感器的暂态特性不一致导致保护不正确动作
9	15.1.11　母线差动保护各支路电流互感器变比差不宜大于 4 倍
10	15.1.13　应充分考虑合理的电流互感器配置和二次绕组分配，消除主保护死区
11	15.6.2.3　微机保护和控制装置的屏柜下部应设有截面积不小于 100mm² 的铜排（不要求与保护屏绝缘），屏柜内所有装置、电缆屏蔽层、屏柜门体的接地端应用截面积不小于 4mm² 的多股铜线与其相连，铜排应用截面不小于 50mm² 的铜缆接至保护室内的等电位接地网
12	15.6.3.2　交流电流和交流电压回路、不同交流电压回路、交流和直流回路、强电和弱电回路、来自电压互感器二次的四根引入线和电压互感器开口三角绕组的两根引入线均应使用各自独立的电缆
13	15.6.4.1　电流互感器或电压互感器的二次回路，均必须且只能有一个接地点。当两个及以上电流（电压）互感器二次回路间有直接电气联系时，其二次回路接地点设置应符合以下要求： （1）便于运行中的检修维护。 （2）互感器或保护设备的故障、异常、停运、检修、更换等均不得造成运行中的互感器二次回路失去接地
14	15.7.1.1　智能变电站的保护设计应坚持继电保护“四性”，遵循“直接采样”“直接跳闸”“独立分散”“就地化布置”原则，应避免合并单元、智能终端、交换机等任一设备故障时，同时失去多套主保护
15	15.7.2.2　智能控制柜应具备温度湿度调节功能，附装空调、加热器或其他控温设备，柜内湿度应保持在 90%以下，柜内温度应保持在+5℃～+55℃之间

（四）“一单一册”

根据《国网基建部关于发布〈35～750kV 输变电工程设计质量控制“一单一册”（2019 版）〉的通知》（基建技术〔2019〕20 号），本节涉及的“一单一册”相关内容如表 2-3-2 所示。

表 2-3-2　　“一单一册”问题

序号	专业子项	问题名称	问题描述	原因及解决措施	问题类别
1	光电缆选型	智能站二次设备光纤通信接口与尾缆接口类型不匹配	智能变电站二次设备光纤通信接口主要有 FC、SC、ST、LC 等类型，设计时未统计全站二次设备的光纤通信接口类型，导致所选配的尾缆与二次设备通信接口类型不匹配	未根据二次设备光纤接口类型选配尾缆。尾缆接口类型应与设备光口类型相一致	技术方案不合理

续表

序号	专业子项	问题名称	问题描述	原因及解决措施	问题类别
2	二次线	电流互感器二次绕组排列顺序及极性位置不合理	电流互感器二次绕组准确级排列顺序与一次专业确认的参数不一致，二次绕组极性位置不合理，造成保护范围缩小或极性错误，扩大了停电范围	加强一、二次专业间配合，共同确认厂家参数，同时要注意现场收资	技术方案不合理
3	二次线	断路器、隔离开关辅助节点电缆未区分交直流	目前敞开式断路器、隔离开关相间依靠外接电缆引接辅助接点至B相汇控箱；GIS也有采用航空插头集成电缆从机构向汇控柜引接辅助接点。设计采用辅助接点设计就地电气“五防”，需从辅助接点中选取闭锁接点，闭锁接点一般为交流回路，而其他的位置等信号为直流回路，如选取的位置接点和闭锁接点是同一根厂供电缆引出的，则在厂家电缆上造成交直流共缆的情况。如选取的位置接点和闭锁接点是同一根厂供电缆引出的，则在厂家电缆上造成交直流共缆的情况	核实实际需要，如需作电气闭锁，要求厂家采用不同的两组电缆引接出辅助接点，并要求厂家在辅助接点图中注明“直流用”“交流用”，防止选用出错	未严格执行规程规范

（五）强条

根据国家电网公司企业标准《输变电工程建设标准强制性条文实施管理规程　第2部分：变电（换流）站建筑工程设计》（Q/GDW 10248.2—2016），本节涉及的工程建设标准强制性条文执行情况如表2-3-3所示。

表2-3-3　强制性条文

序号	强制性条文内容
《电气装置安装工程　接地装置施工及验收规范》(GB 50169—2016)	
1	4.9.1　保护和控制装置的屏柜地面下设置的等电位接地网宜用截面积不小于100mm² 的接地铜排连接成首末可靠连接的环网，并应用截面积不小于50mm²、不少于4根铜缆与厂、站的接地网一点直接连接
2	4.9.2　保护和控制装置的屏柜内下部应设有截面积不小于100mm² 的接地铜排，屏柜内装置的接地端子应用截面积不小于4mm² 的多股铜线和接地铜排相连，接地铜排应用截面积50mm² 的铜排或铜缆与地面下的等电位接地母线相连
《交流电气装置的接地设计规范》(GB/T 50065—2011)	
3	3.2.1　电力系统、装置或设备的下列部分（给定点）应接地： 6　配电、控制和保护用的屏（柜、箱）等的金属框架； 8　发电厂、变电站电缆沟和电缆隧道内，以及地上各种电缆金属支架等； 10　电力电缆接线盒、终端盒的外壳，电力电缆的金属护套或屏蔽层，穿线的钢管和电缆桥架等； 15　附属于高压电气装置的互感器的二次绕组和铠装控制电缆的外皮
《变电站监控系统设计技术规程》(DL/T 5149—2020)	
4	4.3.5　所有操作控制均应经防误闭锁，并有出错报警和判断信息输出
5	4.3.6　监控系统防误闭锁应符合现行行业标准《变电站监控系统防止电气误操作技术规范》DL/T 1404的规定

（六）通用设计及通用设备

（1）通用设计。本节涉及的通用设计参数如表2-3-4所示。

表 2-3-4　　电流互感器/电压互感器参数表

序号	参数名称	单位	典型参数
一	电流互感器参数		
1	型式/型号		电磁式
2	额定电流比		根据实际工程选择，0.2S 次级要求带中间抽头
3	准确级组合及额定容量		220kV 及以下变电站： (1) 单母线接线。 主变压器压器：5P/5P/0.2S/0.2S 15VA/15VA/15VA/5VA 出线、分段、母联：5P/0.2S 15VA/5VA (2) 桥形接线、线变组。 主变压器压器、出线、分段、母联：5P/5P/0.2S/0.2S15VA/15VA/15VA/5VA
二	电压互感器参数		
1	型式/型号		电磁式
2	额定电压比		$\frac{110}{\sqrt{3}}/\frac{0.1}{\sqrt{3}}$kV（单相）、$\frac{110}{\sqrt{3}}/\frac{0.1}{\sqrt{3}}/\frac{0.1}{\sqrt{3}}/\frac{0.1}{\sqrt{3}}$/0.1kV
3	准确级		
4	容量	VA	0.5(3P)、0.2/0.5（3P)/0.5（3P)/6P（可根据工程实际情况选用）

（2）通用设备。二次接口要求如下：

1）智能控制柜宜采用就地布置，屏（柜）正面元器件从上往下布置优先级顺序如表 2-3-5 所示。

表 2-3-5　　智能控制柜从上往下布置优先级顺序

从上往下顺序	元器件名称
1	合并单元
2	智能终端
3	监测主 IED
4	光纤配线架

2）柜体尺寸要求：户内智能控制柜尺寸为 2000mm（宽度）×800mm（深度）×2200mm（高度）或 1600mm（宽度）×800mm（深度）×2200mm（高度）；户外智能控制柜尺寸为 1600mm（宽度）×900mm（深度）×2000mm（高度）或 1000mm（宽度）×900mm（深度）×2000mm（高度）两种规格。

3）光回路标准接口：双套保护的 SV 采样、GOOSE 跳闸控制回路等需要增强可靠性的两套系统，应采用各自独立的光缆及光纤插接盒。

252kV GIS/HGIS 断路器间隔配置双套免熔接光纤插接盒，每套接口数量不宜小于 24 口；252kV GIS/HGIS 母线间隔配置单套免熔接光纤插接盒，接口数量不宜小于 72 口。

4）二次回路部分技术要求：GIS/HGIS 的智能控制柜应按每个断路器/母线间隔配置 1 面智能控制柜。GIS/HGIS 电气设备本体与智能控制柜之间采用标准预制电缆连接，可采用单端或双端预制型式。GIS/HGIS 就地信号电源均采用直流供电。断路器、隔离开关、接地开关操动机构加热及照明电源均匀分布在交流电源各相上。加热器、照明、操作及储能电源开关应独立设置。

四、设计接口要点

（一）专业间收资要点

（1）220kV 预制舱内发至 220kV 母线及公用测控的遥信信号（220kV 过程层交换机柜和 220kV 故障录波柜等）。

（2）主接线、总平面图、二次室屏位布置图和 220kV 预制舱屏位布置图。

（二）专业间提资要点

（1）需给一次及二次专业提资电源需求（注意双套配套的保护、测控装置和合并单元、智能终端的电源要分别取自同一段直流母线）。

（2）需要给时间同步卷册提资对时需求和光配分配方案。

（三）厂家资料确认要点

（1）计算核实 220kV TA、TV 是否满足工程需求。220kV TV 一般 4 个二次绕组（计量、保护、测量、开口三角），容量均为 10VA。但如果有用户间隔且为关口点（主、副表配置）时，合智负荷 1VA，1 块关口表约为 3～5VA，此时 TV 所需的额定容量为(1＋2×5)～(1＋2×5)/25％，即为 11～44VA，一般配置的 10VA 不满足需求，需改为 20VA。

（2）注意核实保护 TA 的极性问题，一般 P1（进线端）靠近 1M 母线，和保护配合没有问题，但是部分厂家的极性是相反的，可通过保护装置虚端子取反来解决。

（3）核实智能汇控柜颜色尺寸、空调、除湿等是否满足规程规范和设计联络会要求。

（4）核实装置的交直流电源是否满足需求，交流电源一般为双路环网电源，空气开关容量需计算确认；合并单元和智能终端的装置电源、遥信电源、信号电源和控制电源直流可分别 2 路。

（5）220kV 线路单相 TV 的两个绕组需独立配置电压继电器。

（6）每台公用测控装置均 1 路电 B 码对时。

（7）核实各原理图及端子排图是否正确。

（8）重点核实联闭锁回路原理图和端子排图是否正确。

五、图纸设计要点

（一）220kV 线路二次线卷册

（1）220kV 线路二次设备配置图：柜内熔接光配型号和尺寸需提供给 GIS 厂家，以便预留位置，现场组装置。

（2）220kV 线路控制回路图：断路器分、合闸电流需要厂家提供，智能组件和机构间的接线需要编号。

（3）220kV 线路信号回路图：需要给出直流供电的原理图；汇控柜的告警信号柜间互发，发出的信号和接收的信号编号要用加框来区分；智能组件和机构间的接线需要编号。

（4）220kV 线路隔离开关操作回路图：操作回路的公共端、遥合和遥分需要编号，并和后面端子排图中编号对应。

（5）220kV 线路智能汇控柜端子排图：需要画出电源接线；采样回路和操作回路要编号；标出汇控柜内电压一点接地的位置，具体接线由公用卷册完成。

（二）220kV 母联（分段）二次线卷册

（1）220kV 母联（分段）二次设备配置图：柜内熔接光配型号和尺寸需提供给 GIS 厂家，以便预留位置，现场组装置。

（2）220kV 母联（分段）控制回路图：断路器分、合闸电流需要厂家提供，智能组件和机构间的接线需要编号。

（3）220kV 母联（分段）信号回路图：需要给出直流供电的原理图；汇控柜的告警信号柜间互发，发出的信号和接收的信号编号要用加框来区分；智能组件和机构间的接线需要编号。

（4）220kV 母联（分段）隔离开关操作回路图：操作回路的公共端、遥合和遥分需要编号，并和后面端子排图中编号对应。

（5）220kV 母联（分段）智能汇控柜端子排图：需要画出电源接线；采样回路和操作回路要编号。

（三）220kV 母线二次线卷册

（1）220kV 母线二次设备配置图：柜内熔接光配型号和尺寸需提供给 GIS 厂家，以便预留位置，现场组装置，接线方式按照终期规模考虑。

（2）220kV 母线设备信号回路图：母设汇控柜的告警信号柜间互发；智能组件和机构间的接线需要编号。

（3）220kV 母线设备隔离开关和接地开关操作回路图：操作回路的公共端、遥合和遥分需要编号，并和端子排图中编号对应。

（4）220kV 母线智能汇控柜端子排图：需要画出电源接线；电压采样回路和操作回路要编号；汇控柜内电压的 N600 要接成一点，各柜间通过独立电缆连接 N600。

六、施工过程注意要点

（1）注意光、尾缆走向敷设需准确。

（2）对于改造/扩建工程，需现场核实接线。

（3）施工前进行技术及安全交底、介绍本节施工内容、质量通病防治措施、施工安全风险及预防措施。

第四节　110kV 保护及二次线

一、设计依据

（一）设计输入

（1）初步设计评审意见。

（2）设计联络会纪要。

（3）厂家图纸：110kV GIS 资料。

（4）一次专业提供的电气主接线和总平面图。

（5）总平面图、二次室屏位布置图、开关柜屏位布置图和预制舱屏位布置图。

（二）规程、规范、技术文件

GB 50169—2016《电气装置安装工程　接地装置施工及验收规范》

GB 50217—2018《电力工程电缆设计标准》

GB/T 50065—2011《交流电气装置的接地设计规范》

DL/T 866—2015《电流互感器和电压互感器选择及计算规程》

DL/T 5044—2014《电力工程直流电源系统设计技术规程》

DL/T 5136—2012《火力发电厂、变电站二次接线设计技术规程》

DL/T 5149—2020《变电站监控系统设计规程》

DL/T 5202—2017《电能量计量系统设计技术规程》

DL/T 5458—2012《变电工程施工图设计内容》

Q/GDW 10248.2—2016《输变电工程建设标准强制性条文实施管理规程　第 2 部分：变电（换流）站建筑工程设计》

Q/GDW 10381.5—2017《国家电网有限公司输变电工程施工图设计内容深度规定　第 5 部分：220kV 智能变电站》

Q/GDW 10381.1—2017《国家电网有限公司输变电工程施工图设计内容深度规定　第 1 部分：110kV 智能变电站》

Q/GDW 12—030—2017《安徽电网 220kV-500kV 智能变电站二次系统设计技术规定》

Q/GDW 12—029—2017《安徽电网 110kV 智能变电站二次系统设计技术规定》

《国调中心关于印发〈继电保护设备在线监视与分析应用提升方案〉的通知》（调继〔2014〕80 号）

《国家电网有限公司关于〈印发十八项电网重大反事故措施（修订版）〉的通知》（国家电网设备〔2018〕979 号）

《国网基建部关于发布〈35～750kV 输变电工程设计质量控制“一单一册”（2019 年版）〉的通知》（基建技术〔2019〕20 号）

《国网基建部关于进一步加强输变电工程设计质量管理的通知》(基建技术〔2020〕4号)

《国家电网公司输变电工程通用设计 220kV 变电站模块化建设(2017年版)》

《国网基建部关于发布〈输变电工程通用设计通用设备应用目录(2021年版)〉的通知》(基建技术〔2021〕2号)

《国家电网有限公司输变电工程通用设备 35～750kV 变电站分册(2018版)(上册)》

《电力工程电气设计手册电气二次部分》

二、设计内容和边界

(一) 设计边界

110kV 电压等级 TA、TV 线圈数量、准确级、变比、容量和极性的确认;110kV GIS 环网电源空气开关容量计算确认;110kV 线路、母联、母线间隔保护及二次线、110kV 电度表柜、110kV 预制舱母线及公用测控、110kV 预制舱集中接线柜。

(二) 设计内容

110kV 线路保护逻辑原理图及二次线卷册:110kV 线路保护原理及接线、110kV 线路 GIS 接线、110kV 电度表柜光纤接线、110kV GIS 环网电源;110kV 母联保护逻辑原理图及二次线卷册:110kV 母联保护原理及接线、110kV 母联 GIS 接线;110kV 母线保护逻辑原理图及二次线卷册:110kV 母线保护原理及接线、110kV 母设 GIS 接线、110kV 预制舱母线及公用测控接线、110kV 预制舱集中接线柜分配。

(三) 设计流程

本节设计流程图如图 2-4-1 所示。

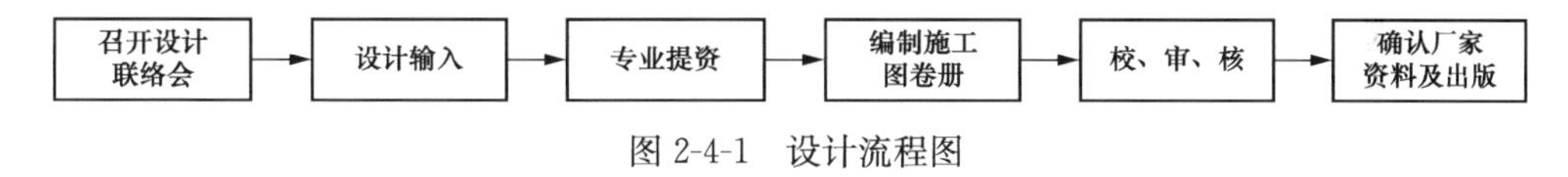

图 2-4-1　设计流程图

三、深度要求

(一) 施工图深度

1. 卷册说明

卷册说明应说明本卷册包含内容,包括主要设计原则、二次设备(含保护装置、测控装置、合并单元、智能终端等)配置方案、线路保护通道配置、设备订货情况、与其他卷册的分界点等。

2. 二次设备配置图

本电压等级主接线简图应表示各间隔 TA、TV 二次绕组数量、排列、准确级、变比和功能配置,并示意相关二次设备配置,包含保护装置、测控装置、合并单元、智能终端等二次设备的厂家型号及安装单位。

3. 二次系统信息逻辑图

二次系统信息逻辑图应表示对应间隔二次设备间的信息(含电流、电压、跳闸、信号等）交互，并示意信息流方向。

4. 电流电压回路图

电流电压回路图对应主接线图，表示出所有功能回路 TA、TV 接线方式、去向、回路编号及二次接地点等；应示出保护的双重化配置、保护范围的交叉重叠；应表示 TV 二次回路不同绕组回路编号、引接方式、空气开关的配置、端子箱处接地方式等。

5. 断路器控制回路图

断路器控制回路图应表示智能终端控制电源及空气开关配置，智能终端与断路器机构箱之间的控制、信号等回路联系及编号。

6. 隔离（接地）开关控制回路图

隔离（接地）开关控制回路图应表示智能终端与隔离（接地）开关之间的控制、闭锁等回路联系及编号。

7. 智能控制柜信号回路图

智能控制柜信号回路图应表示智能终端与断路器、隔离（接地）开关及柜内其他设备之间的信号回路及回路号。

8. 线路（母联、分段、桥）电流互感器接线图

线路（母联、分段、桥）电流互感器接线图应表示端子排的外部去向，包括回路号、电缆去向及电缆编号。

9. 线路电压互感器接线图

线路电压互感器接线图应表示端子排的外部去向，包括回路号、电缆去向及电缆编号。

10. 交直流电源图

交直流电源图应表示本电压等级开关场交直流电源进线、供电方式等内容。

11. 柜面布置图

柜面布置图应包括柜的正面、背面布置图及元件参数表。布置图应包括柜内各装置、压板的布置及屏柜外形尺寸等、交直流空气开关、外部接线端子布置等。

12. 屏柜端子排图

屏柜端子排图应表示出端子排的外部去向，包括回路号、电缆去向及电缆编号。当采用预制电缆时，应表示预制电缆的预制方式、插头型号、插座编号、电缆去向、芯数及编号等。

13. 屏柜光缆（尾缆）联系图

（1）示意不同屏柜间互连的光缆、尾缆，同一屏柜内不同装置间的光纤跳线；光缆应表示光缆编号、套管颜色、光纤色标、芯数、去向等；尾缆应表示尾缆编号及两端的接头类型。

（2）表示出柜内接有尾缆装置的光口号、光口类型，同时表示所接尾缆的编号、尾缆芯编号及去向。

（3）表示光纤配线架的光配单元号及本对侧的光纤接口类型，各光配单元所接的光缆编号；光缆的套管颜色、光纤色标、芯数及去向等。当采用预制光缆时，应包含光缆插头、插座或分支器，光缆的套管颜色、光纤色标、芯数及去向等。

14. 交换机端口配置图

交换机端口配置图应表示对应间隔过程层交换机的外部去向，包括端口号、光缆（尾缆、网络线）编号及去向。

15. 装置虚端子表（图）

装置虚端子表（图）应表示各装置的SV、GOOSE虚端子表（图）。

16. 线路保护通道接口连接示意图

线路保护通道接口连接示意图应完整示出保护至通信设备的连接通道、接口方式、连接缆材等。

17. 断路器机构安装接线图

断路器机构安装接线图应包括断路器机构电气原理图和断路器汇控箱（或开关柜）接线图。电气原理图应表示分合闸回路、电机电源、信号等。接线图应绘制端子排的外部去向，包括回路号、电缆去向及电缆编号。

18. 隔离（接地）开关机构安装接线图

隔离（接地）开关机构安装接线图应包括主变压器各侧隔离（接地）开关机构的电气原理图和接线图。电气原理图应表示分、合闸回路，电机电源，信号，闭锁回路等。接线图应绘制隔离（接地）开关端子排的外部去向，包括回路号、电缆去向及电缆编号。

19. 组合电器汇控柜安装接线图

适用于一次设备采用组合电器（GIS、HGIS等）设备，组合电器汇控柜安装接线图应包括组合电器汇控柜电气原理图和接线图。电气原理图应包括间隔内的一次设备分、合闸回路，闭锁回路，电机电源，电流电压，交直流电源，信号等内容。接线图应绘制每台汇控柜端子排的外部去向，包括回路号、电缆去向及电缆编号。

（二）计算深度

需计算110kV GIS环网电源的空气开关是否满足远景需求。

（三）反措要求

根据《国家电网有限公司关于印发〈十八项电网重大反事故措施（修订版）〉》（国家电网设备〔2018〕979号），本节涉及的十八项电网重大反事故措施如表2-4-1所示。

表2-4-1　　十八项反措要求

序号	条文内容
1	4.2.7　断路器、隔离开关和接地开关电气闭锁回路应直接使用断路器、隔离开关、接地开关的辅助触点，严禁使用重动继电器；操作断路器、隔离开关等设备时，应确保待操作设备及其状态正确，并以现场状态为准
2	12.1.1.4　断路器分闸回路不应采用RC加速设计。已投运断路器分闸回路采用RC加速设计的，应随设备换型进行改造

续表

序号	条文内容
3	12.1.1.5 户外汇控箱或机构箱的防护等级应不低于IP45W，箱体应设置可使箱内空气流通的迷宫式通风口，并具有防腐、防雨、防风、防潮、防尘和防小动物进入的性能。带有智能终端、合并单元的智能控制柜防护等级应不低于IP55。非一体化的汇控箱与机构箱应分别设置温度、湿度控制装置
4	12.1.1.6.3 断路器分、合闸控制回路的端子间应有端子隔开，或采取其他有效防误动措施
5	12.1.1.9 断路器机构分合闸控制回路不应串接整流模块、熔断器或电阻器
6	12.1.1.12 隔离断路器的断路器与接地开关间应具备足够强度的机械联锁和可靠的电气联锁
7	15.1.9 应根据系统短路容量合理选择电流互感器的容量、变比和特性，满足保护装置整定配合和可靠性的要求
8	15.1.10 线路各侧或主设备差动保护各侧的电流互感器的相关特性宜一致，避免在遇到较大短路电流时因各侧电流互感器的暂态特性不一致导致保护不正确动作
9	15.1.11 母线差动保护各支路电流互感器变比差不宜大于4倍
10	15.1.13 应充分考虑合理的电流互感器配置和二次绕组分配，消除主保护死区
11	15.6.2.3 微机保护和控制装置的屏柜下部应设有截面积不小于100mm² 的铜排（不要求与保护屏绝缘），屏柜内所有装置、电缆屏蔽层、屏柜门体的接地端应用截面积不小于4mm² 的多股铜线与其相连，铜排应用截面不小于50mm² 的铜缆接至保护室内的等电位接地网
12	15.6.3.2 交流电流和交流电压回路、不同交流电压回路、交流和直流回路、强电和弱电回路、来自电压互感器二次的四根引入线和电压互感器开口三角绕组的两根引入线均应使用各自独立的电缆
13	15.6.4.1 电流互感器或电压互感器的二次回路，均必须且只能有一个接地点。当两个及以上电流（电压）互感器二次回路间有直接电气联系时，其二次回路接地点设置应符合以下要求： （1）便于运行中的检修维护。 （2）互感器或保护设备的故障、异常、停运、检修、更换等均不得造成运行中的互感器二次回路失去接地
14	15.7.1.1 智能变电站的保护设计应坚持继电保护“四性”，遵循“直接采样、直接跳闸”“独立分散”“就地化布置”原则，应避免合并单元、智能终端、交换机等任一设备故障时，同时失去多套主保护
15	15.7.2.2 智能控制柜应具备温度湿度调节功能，附装空调、加热器或其他控温设备，柜内湿度应保持在90%以下，柜内温度应保持在+5℃～+55℃之间

（四）“一单一册”

根据《国网基建部关于发布〈35～750kV 输变电工程设计质量控制“一单一册”(2019版)〉的通知》(基建技术〔2019〕20号)，本节涉及的“一单一册”相关内容如表2-4-2所示。

表2-4-2　“一单一册”问题

序号	专业子项	问题名称	问题描述	原因及解决措施	问题类别
1	光电缆选型	智能站二次设备光纤通信接口与尾缆接口类型不匹配	智能变电站二次设备光纤通信接口主要有FC、SC、ST、LC等类型，设计时未统计全站二次设备的光纤通信接口类型，导致所选配的尾缆与二次设备通信接口类型不匹配	未根据二次设备光纤接口类型选配尾缆。尾缆接口类型应与设备光口类型相一致	技术方案不合理
2	二次线	电流互感器二次绕组排列顺序及极性位置不合理	电流互感器二次绕组准确级排列顺序与一次专业确认的参数不一致，二次绕组极性位置不合理，造成保护范围缩小或极性错误，扩大了停电范围	加强一、二次专业间配合，共同确认厂家参数，同时要注意现场收资	技术方案不合理

续表

序号	专业子项	问题名称	问题描述	原因及解决措施	问题类别
3	二次线	断路器、隔离开关辅助节点电缆未区分交直流	目前敞开式断路器、隔离开关相间依靠外接电缆引接辅助接点至B相汇控箱；GIS也有采用航空插头集成电缆从机构向汇控柜引接辅助接点。设计采用辅助接点设计就地电气“五防”，需从辅助接点中选取闭锁接点，闭锁接点一般为交流回路，而其他的位置等信号为直流回路，如选取的位置接点和闭锁接点是同一根厂供电缆引出的，则在厂家电缆上造成交直流共缆的情况。如选取的位置接点和闭锁接点是同一根厂供电缆引出的，则在厂家电缆上造成交直流共缆的情况	核实实际需要，如需作电气闭锁，要求厂家采用不同的两组电缆引接出辅助接点，并要求厂家在辅助接点图中注明“直流用”“交流用”，防止选用出错	未严格执行规程规范

（五）强条

根据国家电网公司企业标准《输变电工程建设标准强制性条文实施管理规程　第2部分：变电（换流）站建筑工程设计》（Q/GDW 10248.2—2016），本节涉及的工程建设标准强制性条文执行情况如表2-4-3所示。

表2-4-3　　强制性条文

序号	强制性条文内容
《电气装置安装工程　接地装置施工及验收规范》（GB 50169—2016）	
1	4.9.1　保护和控制装置的屏柜地面下设置的等电位接地网宜用截面积不小于100mm² 的接地铜排连接成首末可靠连接的环网，并应用截面积不小于50mm²、不少于4根铜缆与厂、站的接地网一点直接连接
2	4.9.2　保护和控制装置的屏柜内下部应设有截面积不小于100mm² 的接地铜排，屏柜内装置的接地端子应用截面积不小于4mm² 的多股铜线和接地铜排相连，接地铜排应用截面积50mm² 的铜排或铜缆与地面下的等电位接地母线相连
《交流电气装置的接地设计规范》（GB/T 50065—2011）	
3	3.2.1　电力系统、装置或设备的下列部分（给定点）应接地： 6　配电、控制和保护用的屏（柜、箱）等的金属框架； 8　发电厂、变电站电缆沟和电缆隧道内，以及地上各种电缆金属支架等； 10　电力电缆接线盒、终端盒的外壳，电力电缆的金属护套或屏蔽层，穿线的钢管和电缆桥架等； 15　附属于高压电气装置的互感器的二次绕组和铠装控制电缆的外皮
《变电站监控系统设计技术规程》（DL/T 5149—2020）	
4	4.3.5　所有操作控制均应经防误闭锁，并有出错报警和判断信息输出
5	4.3.6　监控系统防误闭锁应符合现行行业标准《变电站监控系统防止电气误操作技术规范》DL/T 1404的规定

（六）通用设计及通用设备

（1）通用设计。本节涉及的通用设计参数如表2-4-4所示。

表2-4-4　　电流互感器/电压互感器参数表

序号	参数名称	单位	典型参数
一	电流互感器参数		
1	型式/型号		电磁式
2	额定电流比		根据实际工程选择，0.2S次级要求带中间抽头

续表

序号	参数名称	单位	典型参数
3	准确级组合及额定容量		220kV 及以下变电站： （1）单母线接线。 主变压器：5P/5P/0.2S/0.2S15VA/15VA/15VA/5VA 出线、分段、母联：5P/0.2S 15VA/5VA （2）桥形接线、线变组。 主变压器、出线、分段、母联：5P/5P/0.2S/0.2S15VA/15VA/15VA/5VA
二	电压互感器参数		
1	型式/型号		电磁式
2	额定电压比		$\frac{110}{\sqrt{3}}/\frac{0.1}{\sqrt{3}}$kV（单相）、$\frac{110}{\sqrt{3}}/\frac{0.1}{\sqrt{3}}/\frac{0.1}{\sqrt{3}}/\frac{0.1}{\sqrt{3}}/0.1$kV
3	准确级		0.5（3P）、0.2/0.5（3P）/0.5（3P）/6P（可根据工程实际情况选用）
4	容量	VA	10、10/10/10/10（可根据工程实际情况选用）

（2）通用设备。二次接口通用要求如下：

1）智能控制柜宜采用就地布置，屏（柜）正面元器件从上往下布置优先级顺序如表 2-4-5 所示。

表 2-4-5　　布置优先顺序表

从上往下顺序	元器件名称
1	智能终端
2	光纤配线架

2）柜体尺寸要求：户内智能控制柜尺寸为 800mm（宽度）×800mm（深度）×2200mm（高度）；户外智能控制柜尺寸为 1000mm（宽度）×900mm（深度）×2000mm（高度）或 1200mm（宽度）×900mm（深度）×2000mm（高度）两种规格。

3）光回路标准接口：双套保护的 SV 采样、GOOSE 跳闸控制回路等需要增强可靠性的两套系统，应采用各自独立的光缆及光纤插接盒。126kV GIS/HGIS 断路器间隔（主变压器间隔除外）配置单套免熔接光纤插接盒，每套接口数量不宜小于 24 口；主变压器间隔配置双套免熔接光纤插接盒，每套接口数量不宜小于 24 口；126kV GIS/HGIS 母线间隔配置单套免熔接光纤插接盒，接口数量不宜小于 72 口。

4）二次回路部分技术要求：GIS/HGIS 的智能控制柜应按每个断路器/母线间隔配置 1 面智能控制柜。GIS/HGIS 电气设备本体与智能控制柜之间采用标准预制电缆连接，可采用单端或双端预制型式。GIS/HGIS 就地信号电源均采用直流供电。断路器、隔离开关、接地开关操动机构加热及照明电源均匀分布在交流电源各相上。加热器、照明、操作及储能电源开关应独立设置。

四、设计接口要点

（一）专业间收资要点

（1）110kV 预制舱内发至 110kV 母线及公用测控的遥信信号（110kV 过程层交换机

柜和 110kV 故障录波柜等)。

(2) 主接线、总平面图、二次室屏位布置图和 110kV 预制舱屏位布置图。

(二) 专业间提资要点

(1) 需给一次及二次专业提资电源需求（注意保测装置和合智装置的电源要取自同一段直流母线)。

(2) 需要给时间同步卷册提资对时需求和光配分配方案。

(三) 厂家资料确认要点

(1) 计算核实 110kV TA、TV 是否满足工程需求。110kV TV 一般 4 个二次绕组（计量、保护、测量、开口三角)，容量均为 10VA。但如果有用户间隔且为关口点（主、副表配置）时，合智负荷 1VA，1 块关口表约为 3～5VA，此时 TV 所需的额定容量为 (1+2×5)～(1+2×5)/25%，即为 11～44VA，一般配置的 10VA 不满足需求，需改为 20VA。

(2) 注意核实保护 TA 的极性问题，一般 P1 靠近 1M 母线，和保护配合没有问题，但是部分厂家的极性是相反的，可通过保护装置虚端子取反来解决。

(3) 核实智能汇控柜颜色尺寸、空调、除湿等是否满足规程规范和设计联络会要求。

(4) 核实装置的交直流电源是否满足需求，交流电源一般为双路环网电源，空气开关容量需计算确认；合智装置的装置电源、遥信电源、信号电源和控制电源直流可合并 1 路。

(5) 110kV 线路单相 TV 要有电压继电器。

(6) 每台公用测控装置均 1 路电 B 码对时。

(7) 核实各原理图及端子排图是否正确。

(8) 重点核实联闭锁回路原理图和端子排图是否正确。

五、图纸设计要点

(一) 110kV 线路二次线卷册

(1) 110kV 线路二次设备配置图：柜内熔接光纤配线型号和尺寸需提供给 GIS 厂家，以便预留位置，现场组装置。

(2) 110kV 线路控制回路图：断路器分、合闸电流需要厂家提供，智能组件和机构间的接线需要编号。

(3) 110kV 线路信号回路图：需要给出直流供电的原理图；汇控柜的告警信号柜间互发，发出的信号和接收的信号编号要用加框来区分；智能组件和机构间的接线需要编号。

(4) 110kV 线路隔离开关操作回路图：操作回路的公共端、遥合和遥分需要编号，并和后面端子排图中编号一一对应。

(5) 110kV 线路智能汇控柜端子排图：需要画出电源接线；采样回路和操作回路要一一编号；标出汇控柜内电压一点接地的位置，具体接线由公用卷册完成。

(二) 110kV 母联二次线卷册

(1) 110kV 母联二次设备配置图：柜内熔接光配型号和尺寸需提供给 GIS 厂家，以便预留位置，现场组装置。

（2）110kV 母联控制回路图：断路器分、合闸电流需要厂家提供，智能组件和机构间的接线需要编号。

（3）110kV 母联信号回路图：需要给出直流供电的原理图；汇控柜的告警信号柜间互发，发出的信号和接收的信号编号要用加框来区分；智能组件和机构间的接线需要编号。

（4）110kV 母联隔离开关操作回路图：操作回路的公共端、遥合和遥分需要编号，并和后面端子排图中编号一一对应。

（5）110kV 母联智能汇控柜端子排图：需要画出电源接线；采样回路和操作回路要一一编号。

（三）110kV 母线二次线卷册

（1）110kV 母线二次设备配置图：柜内熔接光配型号和尺寸需提供给 GIS 厂家，以便预留位置，现场组装置。

（2）110kV 母线设备信号回路图：母设汇控柜的告警信号柜间互发；智能组件和机构间的接线需要编号。

（3）110kV 母线设备隔离开关和接地开关操作回路图：操作回路的公共端、遥合和遥分需要编号，并和后面端子排图中编号一一对应。

（4）110kV 母线智能汇控柜端子排图：需要画出电源接线；电压采样回路和操作回路要一一编号；汇控柜内电压的 N600 要接成一点。

六、施工过程注意要点

（1）注意光、尾缆走向敷设需准确。

（2）对于改造/扩建工程，需现场核实接线。

（3）施工前进行技术及安全交底、介绍本节施工内容、质量通病防治措施、施工安全风险及预防措施。

第五节　公用设备二次线

一、设计依据

（一）设计输入

（1）初步设计评审意见。

（2）设计联络会纪要。

（3）厂家图纸：220kV 及 110kV 电能表柜，主变压器电能表柜，电能量采集终端装置，公用测控柜厂家资料。

（4）专业收资：全站遥信信号收资（除发至预制舱遥信信号），光配配置收资。

（二）规程、规范、技术文件

GB 50169—2016《电气装置安装工程 接地装置施工及验收规范》

GB/T 50065—2011《交流电气装置的接地设计规范》

DL/T 5136—2012《火力发电厂、变电站二次接线设计技术规程》

DL/T 5149—2020《变电站监控系统设计技术规程》

DL/T 5202—2017《电能量计量系统设计技术规程》

DL/T 5458—2012《变电工程施工图设计内容》

Q/GDW 10248.2—2016《输变电工程建设标准强制性条文实施管理规程　第2部分：变电（换流）站建筑工程设计》

Q/GDW 10381.5—2017《国家电网有限公司输变电工程施工图设计内容深度规定第5部分：220kV智能变电站》

Q/GDW 10381.1—2017《国家电网有限公司输变电工程施工图设计内容深度规定第1部分：110kV智能变电站》

Q/GDW 12—030—2017《安徽电网220kV-500kV智能变电站二次系统设计技术规定》

Q/GDW 12—029—2017《安徽电网110kV智能变电站二次系统设计技术规定》

《国家电网有限公司关于印发〈十八项电网重大反事故措施（修订版）〉的通知》（国家电网设备〔2018〕979号）

《国网安徽省电力有限公司电力调度控制中心关于进一步加强继电保护反措落实及家族性缺陷整改工作的通知》（省调工作〔2020〕8号）

《国网基建部关于发布〈35～750kV输变电工程设计质量控制"一单一册"（2019年版）〉的通知》（基建技术〔2019〕20号）

《国网基建部关于进一步加强输变电工程设计质量管理的通知》（基建技术〔2020〕4号）

《国网基建部关于发布〈输变电工程通用设计通用设备应用目录（2021年版）〉的通知》（基建技术〔2021〕2号）

《国家电网公司输变电工程通用设计220kV变电站模块化建设（2017年版）》

《电力工程电气设计手册电气二次部分》

二、设计边界和内容

（一）设计边界

电能量采集及电度表柜只设计柜体端子排接线及电度表到电能量采集终端接线，电度表到各个间隔采样光缆接线由220kV、110kV、主变压器卷册进行设计；全站电压互感器N点接地由本卷册设计；全站遥信（除预制舱）由本卷册设计；二次设备室及预制舱屏位布置图由本卷册设计；二次设备室的集中接线柜光配布置需与对侧核实，本卷册只设计集中接线柜两侧出线；全站等电位铜排安装布置由本卷册设计。

（二）设计内容

二次设备室、220kV 预制舱、110kV 预制舱屏位布置图；电能量采集及主变压器电度表柜布置及接线图，220kV、110kV 电度表柜布置及接线图；公用测控柜端子排图；电压互感器 N600 公共接地线布置图；全站等电位铜排安装布置图；集中接线柜光配布置图。

（三）设计流程

本节设计流程图如图 2-5-1 所示。

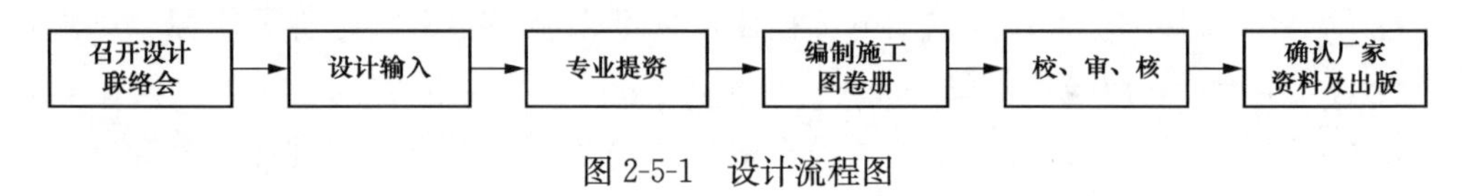

图 2-5-1　设计流程图

三、深度要求

（一）施工图深度

1. 卷册说明

卷册说明应说明本卷册包含内容、主要设计原则、配置方案、设备订货情况、与其他卷册的分界点等。

2. 二次设备室屏位布置图

按比例绘制二次设备室以及各继电器小室的平面布置图；应标注各小室的布置尺寸，包括设备至墙（柱）中心线间的距离、通道的净尺寸、纵向及横向布置尺寸等；设备表中应标明室内屏柜的屏号、名称、型号、数量等；屏位应标明本期、远景、预留用途及数量要求。

3. 预制舱屏位布置图

按比例绘制预制舱的平面布置图；应标注预制舱的布置尺寸，包括设备通道的净尺寸、纵向及横向布置尺寸等；设备表中应标明舱内屏柜的屏号、名称、型号、数量等；屏位应标明本期、远景、预留用途及数量要求；同时应满足 Q/GDW11152 的规定。

4. 柜面布置图

柜面布置图应包括柜的正面、背面布置图及元件参数表。布置图应包括柜内各装置、压板的布置及屏柜外形尺寸、交直流空气开关、外部接线端子布置等。

5. 端子排图

端子排图应表示出端子排的外部去向，包括回路号、电缆去向及电缆编号。当采用预制电缆时，应表示预制电缆的预制方式、插头型号、插座编号、电缆去向、芯数及编号等。

6. 光尾缆联系图

（1）示意不同屏柜间互连的光缆、尾缆，同一屏柜内不同装置间的光纤跳线；光缆应表示光缆编号、套管颜色、光纤色标、芯数、去向等；尾缆应表示尾缆编号及两端的接头类型。

(2) 表示出柜内接有尾缆装置的光口号、光口类型，同时表示所接尾缆的编号、尾缆芯编号及去向。

(3) 表示光纤配线架的光配单元号及本对侧的光纤接口类型，各光配单元所接的光缆编号；光缆的套管颜色、光纤色标、芯数及去向等。

(4) 当采用预制光缆时，应表示预制光缆插头、插座或分支器，光缆的套管颜色、光纤色标、芯数及去向等。

（二）计算深度

无。

（三）反措要求

根据《国家电网有限公司关于印发〈十八项电网重大反事故措施（修订版）〉的通知》（国家电网设备〔2018〕979 号），本节涉及的十八项电网重大反事故措施如表 2-5-1 所示。

表 2-5-1　　十八项反措要求

序号	条文内容
1	4.2.7　断路器、隔离开关和接地开关电气闭锁回路应直接使用断路器、隔离开关、接地开关的辅助触点，严禁使用重动继电器；操作断路器、隔离开关等设备时，应确保待操作设备及其状态正确，并以现场状态为准
2	14.1.1.10　变电站控制室及保护小室应独立敷设与主接地网单点连接的二次等电位接地网，二次等电位接地点应有明显标志
3	15.6.1 严格执行有关规程、规定及反事故措施，防止二次寄生回路的形成
4	15.6.2.1　在保护室柜屏下层的电缆室（或电缆沟道）内，按柜屏布置的方向逐排敷设截面积不小于 100mm² 的铜排（缆），将铜排（缆）的首端、末端分别连接，形成保护室内的等电位地网，该等电位地网应与变电站主地网一点相连，连接点设置在保护室的电缆沟道入口处。为保证连接可靠，等电位地网与主地网的连接线应使用 4 根及以上，每根截面积不小于 50mm² 的铜排（缆）
5	15.6.2.3　微机保护和控制装置的屏柜下部应设有截面积不小于 100mm² 的铜排（不要求与保护屏绝缘），屏柜内所有装置、电缆屏蔽层、屏柜门体的接地端应用截面积不小于 4mm² 的多股铜线与其相连，铜排应用截面不小于 50mm² 的铜缆接至保护室内的等电位接地网
6	15.6.3.2　交流电流和交流电压回路、不同交流电压回路、交流和直流回路、强电和弱电回路、来自电压互感器二次的四根引入线和电压互感器开口三角绕组的两根引入线均应使用各自独立的电缆
7	15.6.4.1　电流互感器或电压互感器的二次回路，均必须且只能有一个接地点。当两个及以上电流（电压）互感器二次回路间有直接电气联系时，其二次回路接地点设置应符合以下要求：(1) 便于运行中的检修维护。(2) 互感器或保护设备的故障、异常、停运、检修、更换等均不得造成运行中的互感器二次回路失去接地
8	15.6.4.2 未在开关场接地的电压互感器二次回路，宜在电压互感器端子箱处将每组二次回路中性点分别经放电间隙或氧化锌阀片接地，其击穿电压峰值应大于 $30I_{max}$ V。应定期检查放电间隙或氧化锌阀片，防止造成电压二次回路出现多点接地。为保证接地可靠，各电压互感器的中性线不得接有可能断开的开关或熔断器等

（四）“一单一册”

根据《国网基建部关于发布〈35～750kV 输变电工程设计质量控制“一单一册”

(2019 版)〉的通知》(基建技术〔2019〕20 号)，本节涉及的“一单一册”相关内容如表 2-5-2 所示。

表 2-5-2　“一单一册”问题

序号	专业子项	问题名称	问题描述	原因及解决措施	问题类别
1	光电缆选型	智能站二次设备光纤通信接口与尾缆接口类型不匹配	智能变电站二次设备光纤通信接口主要有 FC、SC、ST、LC 等类型，设计时未统计全站二次设备的光纤通信接口类型，导致所选配的尾缆与二次设备通信接口类型不匹配	未根据二次设备光纤接口类型选配尾缆。尾缆接口类型应与设备光口类型相一致	技术方案不合理

(五) 强条

根据国家电网公司企业标准《输变电工程建设标准强制性条文实施管理规程　第 2 部分：变电(换流)站建筑工程设计》(Q/GDW 10248.2—2016)，本节涉及的工程建设标准强制性条文执行情况如表 2-5-3 所示。

表 2-5-3　强制性条文

序号	强制性条文内容
《电气装置安装工程　接地装置施工及验收规范》(GB 50169—2016)	
1	4.9.1　保护和控制装置的屏柜地面下设置的等电位接地网宜用截面积不小于 100mm² 的接地铜排连接成首末可靠连接的环网，并应用截面积不小于 50mm²、不少于 4 根铜缆与厂、站的接地网一点直接连接
2	4.9.2　保护和控制装置的屏柜内下部应设有截面积不小于 100mm² 的接地铜排，屏柜内装置的接地端子应用截面积不小于 4mm² 的多股铜线和接地铜排相连，接地铜排应用截面积 50mm² 的铜排或铜缆与地面下的等电位接地母线相连
《交流电气装置的接地设计规范》(GB/T 50065—2011)	
3	3.2.1　电力系统、装置或设备的下列部分(给定点)应接地： 6　配电、控制和保护用的屏(柜、箱)等的金属框架； 8　发电厂、变电站电缆沟和电缆隧道内，以及地上各种电缆金属支架等； 10　电力电缆接线盒、终端盒的外壳，电力电缆的金属护套或屏蔽层，穿线的钢管和电缆桥架等； 15　附属于高压电气装置的互感器的二次绕组和铠装控制电缆的外皮

(六) 通用设计

(1) 电能量计量系统。

1) 全站配置一套电能量远方终端。各电压等级电能表独立配置。关口计费点的电能表宜按主副表配置，模拟量采样，满足相关规程要求。

2) 非关口计量点宜选用支持 DL/T860《变电站通信网络和系统》接口的数字式电能表。

(2) 其他二次系统组柜原则。

1) 电能计量系统。计费关口表每 6 块组 1 面柜。电能量采集终端宜与主变压器各侧电能表共同组柜。

2) 集中接线柜。在二次设备室或预制舱式二次组合设备内宜设置集中接线柜。

3) 预留屏柜。预制舱式二次组合设备内应预留 2～3 面屏柜；二次设备室内可按终期规模的10%～15%预留。

（3）柜体统一要求。

1）二次设备室（舱）内柜体尺寸宜统一。靠墙布置二次设备宜采用前接线前显示设备，屏柜宜采用2260mm×800mm×600mm（高度中包含60mm眉头），设备不靠墙布置采用后接线设备时，屏柜宜采用2260mm×600mm×600mm（高度中包含60mm眉头），交流屏柜宜采用2260mm×800mm×600mm（高度中包含60mm眉头）。站控层服务器柜可采用2260mm×600mm×900mm（高度中包含60mm眉头）屏柜。

2）预制舱式二次组合设备内二次设备宜采用前接线、前显示装置，二次设备采用双列靠墙布置。

3）当预制舱式二次组合设备采用机架式结构时，机架单元尺寸宜采用2260mm×700mm×600mm（高度中包含60mm眉头）。

4）全站二次系统设备柜体颜色应统一。

四、设计接口要点

（一）专业间收资要点

（1）通信专业：通信屏位配置。

（2）一次专业：主接线图，总平面布置图，10/35kV开关室平面布置图。

（3）二次专业：全站遥信信号（除发至预制舱遥信信号）；主变压器各侧光配布置图，220kV、110kV预制舱集中接线柜光配布置图。

（二）专业间提资要点

（1）给通信、一次、二次其他卷册设计人员提资屏位布置图。

（2）给二次专业其他相关卷册设计人员提资光电缆编号。

（三）厂家资料确认要点

（1）核实柜体数量、颜色、尺寸、装置型号等属性是否满足设计联络会要求。

（2）核实装置电源情况：①电能量采集装置：1路直流电源，1路交流电源；②电能表：2路直流电源；③公用测控装置：1路直流电源；④交换机：2路直流电源；⑤光电转换装置电源交直流核实清楚。

（3）核实装置接口数量：①电能量采集装置至少具备4个网口接至站控层Ⅱ区双网，调度Ⅱ区双网；②交换机核实光电口数量及光口类型。

（4）公用测控装置：

1）遥信互发（如厂家已经接好，核实是否正确）。

2）遥信开入数量是否满足设计联络会要求。

3）遥控开关合分数量，共3个（交流进线屏1、2，交流联络屏）。

4）采集站用电三相电压，三相电流各2路；采集站用电母线TV交流三相电压2路；采集直流电压，具体需要由电气二次提资确定。

5）遥信信号的公共端若不能满足需求，需要让厂家增加公共端子（编号：数字＋a、b、c…）或改成双层端子。

（5）核实光电转换装置数量及光口类型。

（6）每台公用测控装置均 1 路电 B 码对时。

（7）核实各原理图及端子排图是否正确。

（8）集中接线柜光配布置图画好后需提供给免熔接光配厂家。

五、图纸设计要点

（一）屏位布置图

（1）二次设备室屏位布置图：按比例绘制二次设备室平面布置图；应标注小室的布置尺寸，包括设备至墙（柱）中心线间的距离、通道的净尺寸、纵向及横向布置尺寸等；设备表中应标明室内屏柜的屏号、名称、型号、数量等；屏位应标明本期、远景、预留用途及数量要求。

（2）预制舱式二次组合设备屏位布置图：按比例绘制预制舱的平面布置图；应标注预制舱的布置尺寸，包括设备通道的净尺寸、纵向及横向布置尺寸等；设备表中应标明舱内屏柜的屏号、名称、型号、数量等；屏位应标明本期、远景、预留用途及数量要求；同时应满足 Q/GDW11152 的规定。

（3）注意收资通信专业屏位布置要求，进行会签。

（二）电能量采集及电能表柜

电能量采集终端与主变压器电能表组 1 面柜，布置于二次设备室，220kV 及 110kV 电能表柜布置在各自预制舱，需通过光电转换装置将 485 信号发送至电能量采集终端。

（三）公用测控柜

全站遥信信号（发至预制舱遥信信号除外）需收资齐全，不得漏项。

（四）全站 N 点接地图

（1）全站 N600 点需统一接至二次设备室公用测控柜进行一点接地，需与各电压等级设计人员核实接入公用测控柜的相应屏柜，统一编号。

（2）根据省调〔2020〕8 号文要求，电压互感器二次绕组在开关场应装设具有击穿报警功能的间隙接地装置，间隙接地装置应具有热脱扣和电流脱扣功能，具有掉牌指示和遥信接点，遥信接点应接入监控系统，实现对电压互感器多点接地的实时监测。新建变电站应同步投运具有击穿报警功能的间隙接地装置。

（五）全站等电位铜排安装布置

需严格按照反措及相关规范要求敷设全站等电位铜排（缆）。

（六）集中接线柜光配布置图

（1）需收资主变压器侧光配布置，220kV 及 110kV 预制舱光配布置图，光尾缆编号，去向，光口类型需核实清楚。

(2) 需收资站控层级联，网络分析装置，故障录波装置，电能量采集装置经过集中接线柜转接光、尾缆编号、去向、光口类型需核实清楚。

六、施工过程注意要点

(1) 注意光、尾缆走向敷设需准确。

(2) 对于改造/扩建工程，需现场核实接线。

(3) 施工前进行技术及安全交底、介绍本节施工内容、质量通病防治措施、施工安全风险及预防措施。

第六节　故障录波二次线

一、设计依据

(一) 设计输入

(1) 初步设计评审意见。

(2) 设计联络会纪要。

(3) 厂家图纸：220kV故障录波器柜图、110kV故障录波器柜图、主变压器故障录波器柜图。

(4) 现场收资（涉及改造/扩建）：

1) 对于已投运常规变电站：核实故障录波柜端子是否足够，是否满足工程需求。

2) 对于已投运智能变电站：核实故障录波柜型号及配置是否满足工程需求。

(二) 规程、规范、技术文件

GB/T 50065—2011《交流电气装置的接地设计规范》

GB 50169—2016《电气装置安装工程　接地装置施工及验收规范》

DL/T 5458—2012《变电工程施工图设计内容》

Q/GDW 10248.2—2016《输变电工程建设标准强制性条文实施管理规程　第2部分：变电（换流）站建筑工程设计》

Q/GDW 10381.5—2017《国家电网有限公司输变电工程施工图设计内容深度规定　第5部分：220kV智能变电站》

Q/GDW 10381.1—2017《国家电网有限公司输变电工程施工图设计内容深度规定　第1部分：110kV智能变电站》

Q/GDW 12—030—2017《安徽电网220kV-500kV智能变电站二次系统设计技术规定》

Q/GDW 12—029—2017《安徽电网110kV智能变电站二次系统设计技术规定》

根据《国家电网有限公司关于印发〈十八项电网重大反事故措施（修订版）〉的通知》（国家电网设备〔2018〕979号）

《国网基建部关于发布〈35～750kV输变电工程设计质量控制“一单一册”（2019年

版）〉的通知》（基建技术〔2019〕20 号）

《国网基建部关于进一步加强输变电工程设计质量管理的通知》（基建技术〔2020〕4 号）

《国家电网公司输变电工程通用设计 220kV 变电站模块化建设（2017 年版）》

《国网基建部关于发布〈输变电工程通用设计通用设备应用目录（2021 年版）〉的通知》（基建技术〔2021〕2 号）

《电力工程电气设计手册电气二次部分》

二、设计内容和边界

（一）设计边界

本卷册包括全站故障录波系统端子排及组网采样图，需要从过程层中心交换机采样，过程层采样至站控层线缆由站内自动化卷册开列，至调度网线由本卷册开列，需经转接柜接线的光、尾缆线缆由本卷册开列。

（二）设计内容

故障录波系统图、故障录波柜柜面布置图、故障录波端子排图、故障录波过程层采样网络回路图等。

（三）设计流程

本节设计流程图如图 2-6-1 所示。

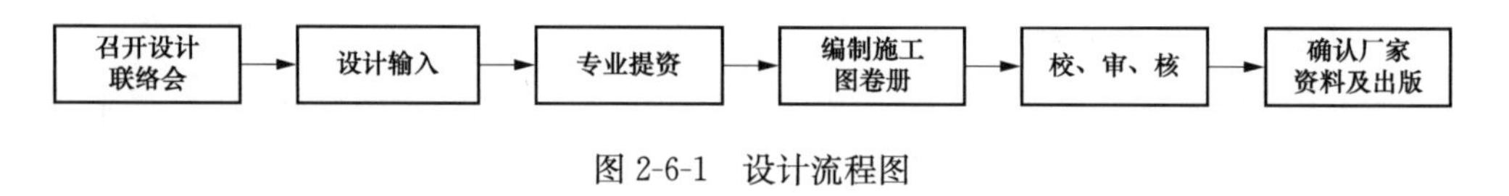

图 2-6-1　设计流程图

三、深度要求

（一）施工图深度

1. 卷册说明

卷册说明应说明本卷册包含内容、主要设计原则、配置方案、设备订货情况、与其他卷册的分界点等。

2. 故障录波系统组网图

故障录波系统组网图应示出故障录波各装置之间以及与时钟同步装置、数据网接入设备、变电站自动化系统的连接，包括设备连接端口、缆线。

3. 柜面布置图

柜面布置图应包括柜的正面、背面布置图及元件参数表。布置图应包括柜内各装置、压板的布置及屏柜外形尺寸、交直流空气开关、外部接线端子布置等。

4. 端子排图

端子排图应表示出端子排的外部去向，包括回路号、电缆去向及电缆编号。当采用预制电缆时，应表示预制电缆的预制方式、插头型号、插座编号、电缆去向、芯数及编号等。

5. 光尾缆联系图

（1）示意不同屏柜间互连的光缆、尾缆，同一屏柜内不同装置间的光纤跳线；光缆应表示光缆编号、套管颜色、光纤色标、芯数、去向等；尾缆应表示尾缆编号及两端的接头类型。

（2）表示出柜内接有尾缆装置的光口号、光口类型，同时表示所接尾缆的编号、尾缆芯编号及去向。

（3）表示光纤配线架的光配单元号及本对侧的光纤接口类型，各光配单元所接的光缆编号；光缆的套管颜色、光纤色标、芯数及去向等。

（4）当采用预制光缆时，应表示预制光缆插头、插座或分支器，光缆的套管颜色、光纤色标、芯数及去向等。

（二）计算深度

无。

（三）反措要求

根据《国家电网有限公司关于印发〈十八项电网重大反事故措施（修订版）〉的通知》（国家电网设备〔2018〕979 号），本节涉及的十八项电网重大反事故措施如表 2-6-1 所示。

表 2-6-1　　十八项反措要求

序号	条文内容
1	15.1.20　变电站内的故障录波器应能对站用直流系统的各母线段（控制、保护）对地电压进行录波
2	15.6.1　严格执行有关规程、规定及反事故措施，防止二次寄生回路的形成

（四）“一单一册”

根据《国网基建部关于发布〈35～750kV 输变电工程设计质量控制“一单一册”（2019 版）〉的通知》（基建技术〔2019〕20 号），本节涉及的“一单一册”相关内容如表 2-6-2 所示。

表 2-6-2　　“一单一册”问题

序号	专业子项	问题名称	问题描述	原因及解决措施	问题类别
1	继电保护	故障录波器未对站用直流系统的各母线段（控制、保护）对地电压进行录波	变电站内的故障录波器应能对站用直流系统的各母线段（控制、保护）对地电压进行录波	现有故障录波装置无采集直流系统各母线段对地的电压，需完善变电站故障录波装置的招标条件书，将此要求加入标书内，以满足采集直流系统各母线段对地的电压要求	技术方案不合理

（五）强条

根据国家电网公司企业标准《输变电工程建设标准强制性条文实施管理规程　第 2 部分：变电（换流）站建筑工程设计》（Q/GDW 10248.2—2016），本节涉及的工程建设标准强制性条文执行情况如表 2-6-3 所示。

表2-6-3 强制性条文

序号	强制性条文内容
《电气装置安装工程 接地装置施工及验收规范》(GB 50169—2016)	
1	4.9.1 保护和控制装置的屏柜地面下设置的等电位接地网宜用截面积不小于100mm² 的接地铜排连接成首末可靠连接的环网，并应用截面积不小于50mm²、不少于4根铜缆与厂、站的接地网一点直接连接
2	4.9.2 保护和控制装置的屏柜内下部应设有截面积不小于100mm² 的接地铜排，屏柜内装置的接地端子应用截面积不小于4mm² 的多股铜线和接地铜排相连，接地铜排应用截面积50mm² 的铜排或铜缆与地面下的等电位接地母线相连
《交流电气装置的接地设计规范》(GB/T 50065—2011)	
3	3.2.1 电力系统、装置或设备的下列部分(给定点)应接地： 6 配电、控制和保护用的屏(柜、箱)等的金属框架； 8 发电厂、变电站电缆沟和电缆隧道内，以及地上各种电缆金属支架等； 10 电力电缆接线盒、终端盒的外壳，电力电缆的金属护套或屏蔽层，穿线的钢管和电缆桥架等； 15 附属于高压电气装置的互感器的二次绕组和铠装控制电缆的外皮

(六) 通用设计

(1) 故障录波。全站故障录波装置宜按电压等级和网络配置，220kV按过程层双网配置双套录波装置；110kV按过程层单网配置单套录波装置。主变压器故障录波装置宜同时接入主变压器各侧录波量，实现有故障启动量时主变压器各侧同步录波。故障录波宜通过过程层网络采集相关信息。

(2) 其他二次系统组柜原则。故障录波及网络记录分析装置：220kV故障录波装置、110kV故障录波装置、主变压器故障录波装置各组柜1面，网络记录分析装置组柜2面。

四、设计接口要点

(一) 专业间收资要点

收资220kV、110kV及主变压器过程层中心交换机接线联系图。

(二) 专业间提资要点

需给预制舱、二次设备室光配设计人员提供故障录波光、尾缆联系图。

(三) 厂家资料确认要点

(1) 核实柜体数量、颜色、尺寸、装置型号等属性是否满足设计联络会要求。

(2) 220kV故障录波，主变压器故障录波均双套配置，110kV故障录波单套配置。

(3) 核实装置电源情况：故障录波装置1路直流电源(DC 220V)，双套录波装置分别接双套直流电源，另故障录波柜内需配置交流电源(AC 220V，主要用于柜内照明)；光电转换装置电源交直流核实清楚。

(4) 核实装置网口数量：录波装置具备至少2个网口用于连接站控层Ⅱ区A/B网交换机，至少2个网口用于连接调度Ⅱ区交换机1，2。

(5) 核实装置光口类型：故障录波装置光口类型LC/ST，核实百兆口/千兆口数量及光口可传输SV信号数量，需按远景配置光口数量。

(6) 故障录波装置需有1台具备采集每段直流母线正、负、地电压功能。

（7）每台装置均 1 路电 B 码对时。

（8）核实各原理图及端子排图是否正确。

（9）核实柜内光电转换装置数量。

五、图纸设计要点

故障录波采样设计安全要点如下：

（1）故障录波采样分别从 220kV、110kV 及主变压器过程层中心交换机采样，线缆由站内自动化卷册开列，线缆类型需核实准确。

（2）每台故障录波需具备 4 个网口，2 个连接至调度双网，2 个连接至站控层 II 区双网，需配置光电转换装置，线缆由本卷册开列。

六、施工过程注意要点

（1）注意光、尾缆走向敷设需准确。

（2）对于改造/扩建工程，需现场核实接线。

（3）施工前进行技术及安全交底、介绍本节施工内容、质量通病防治措施、施工安全风险及预防措施。

第七节　一 体 化 电 源

一、设计依据

（一）设计输入

（1）初步设计评审意见。

（2）设计联络会纪要。

（3）厂家图纸：交流系统，直流系统（包括蓄电池），通信系统，交流不间断电源（uninterruptible power supply，UPS）系统，直流分电系统，逆变系统（或事故照明柜，是否需要视工程要求）。

（4）专业间提资与计算书：各二次专业对所需电源的提资，直流空气开关级差配合计算书。

（二）规程、规范、技术文件

GB 50217—2018《电力工程电缆设计标准》

DL/T 5044—2014《电力工程直流电源系统设计技术规程》

DL/T 5458—2012《变电工程施工图设计内容》

Q/GDW 10248.2—2016《输变电工程建设标准强制性条文实施管理规程　第 2 部分：变电（换流）站建筑工程设计》

Q/GDW 10381.1—2017《国家电网有限公司输变电工程施工图设计内容深度规定

第 1 部分：110kV 智能变电站》

Q/GDW 10381.5 2017《国家电网有限公司输变电工程施工图设计内容深度规定 第 5 部分：220kV 智能变电站》

《国家电网有限公司关于印发〈十八项电网重大反事故措施（修订版）〉的通知》（国家电网设备〔2018〕979 号）

《电力工程电气设计手册电气二次部分》

二、设计边界和内容

（一）设计边界

本章设计边界为站内交直流系统原理图、交流不间断电源系统原理图、通信电源系统原理图，本章含全站直流馈线，交流馈线含在站用电中，通信馈线含在通信中。

（二）设计内容

本章设计内容为站内直流系统、交流不间断电源系统、通信电源系统、部分交流系统的二次设计，以及蓄电池室布置和蓄电池的安装。

（三）设计流程

本节设计流程图如图 2-7-1 所示。

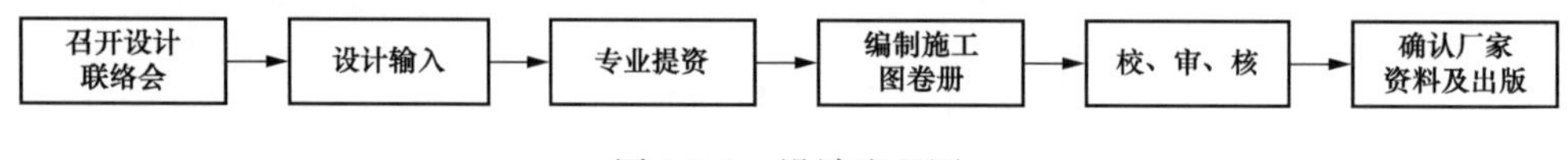

图 2-7-1　设计流程图

三、深度要求

（一）施工图深度

1. 卷册说明

卷册说明应说明本卷册包含内容、主要设计原则、配置方案、设备订货情况、与其他卷册的分界点等。

2. 系统原理图

系统原理图应核对系统原理准确无误，包括交流系统、直流系统、通信电源系统、UPS 电源系统；核算蓄电池组容量；核对重要设备参数。

3. 馈线图

馈线图应核对初设阶段直流负荷统计表，直流负荷以施工图阶段各专业（卷册）提供的资料为准；核算直流系统各设备是否满足要求。

4. 端子排图

端子排图应核算合闸电缆的截面是否满足要求；核算直流空气开关极差配合是否满足要求。

5. 蓄电池图

蓄电池图应按比例绘制蓄电池室布置图。

（二）计算深度

计算系统容量、蓄电池容量、充电装置容量；计算极差配合。

（三）反措要求

根据《国家电网有限公司关于印发〈十八项电网重大反事故措施（修订版）〉的通知》（国家电网设备〔2018〕979号），本节涉及的十八项电网重大反事故措施如表2-7-1所示。

表2-7-1　　十八项反措要求

序号	条文内容
1	5.2.1.9　站用交流母线分段的，每套站用交流不间断电源装置的交流主输入、交流旁路输入电源应取自不同段的站用交流母线。两套配置的站用交流不间断电源装置交流主输入应取自不同段的站用交流母线，直流输入应取自不同段的直流电源母线
2	5.2.1.10　站用交流不间断电源装置交流主输入、交流旁路输入及不间断电源输出均应有工频隔离变压器，直流输入应装设逆止二极管
3	5.2.1.11　双机单母线分段接线方式的站用交流不间断电源装置，分段断路器应具有防止两段母线带电时闭合分段断路器的防误操作措施。手动维修旁路断路器应具有防误操作的闭锁措施
4	5.2.1.12　站用交流电系统进线端（或站用变低压出线侧）应设可操作的熔断器或隔离开关
5	5.3.1.2　两组蓄电池的直流电源系统，其接线方式应满足切换操作时直流母线始终连接蓄电池运行的要求
6	5.3.1.4　蓄电池组正极和负极引出电缆不应共用一根电缆，并采用单根多股铜芯阻燃电缆
7	5.3.1.7 采用交直流双电源供电的设备，应具备防止交流窜入直流回路的措施
8	5.3.1.9　直流电源系统馈出网络应采用集中辐射或分层辐射供电方式，分层辐射供电方式应按电压等级设置分电屏，严禁采用环状供电方式。断路器储能电源、隔离开关电机电源、35（10kV）开关柜顶可采用每段母线辐射供电方式
9	5.3.1.12　220kV及以上电压等级的新建变电站通信电源应双重化配置，满足“双设备、双路由、双电源”的要求
10	5.3.1.14　直流高频模块和通信电源模块应加装独立进线断路器
11	5.3.2.4　直流电源系统应采用阻燃电缆。两组及以上蓄电池组电缆，应分别铺设在各自独立的通道内，并尽量沿最短路径敷设。在穿越电缆竖井时，两组蓄电池电缆应分别加穿金属套管。对不满足要求的运行变电站，应采取防火隔离措施
12	5.3.2.5　直流电源系统除蓄电池组出口保护电器外，应使用直流专用断路器。蓄电池组出口回路宜采用熔断器，也可采用具有选择性保护的直流断路器
13	5.3.2.6　直流回路隔离电器应装有辅助触点，蓄电池组总出口熔断器应装有报警触点，信号应可靠上传至调控部门。直流电源系统重要故障信号应硬接点输出至监控系统

（四）“一单一册”

无。

（五）强条

根据国家电网公司企业标准《输变电工程建设标准强制性条文实施管理规程　第2部分：变电（换流）站建筑工程设计》（Q/GDW 10248.2—2016），本节涉及的工程建设标准强制性条文执行情况如表2-7-2所示。

表2-7-2　　强制性条文

序号	强制性条文内容
《电气装置安装工程　接地装置施工及验收规范》（GB 50169—2016）	
1	4.9.1　保护和控制装置的屏柜地面下设置的等电位接地网宜用截面积不小于100mm² 的接地铜排连接成首末可靠连接的环网，并应用截面积不小于50mm²、不少于4根铜缆与厂、站的接地网一点直接连接

续表

序号	强制性条文内容
2	4.9.2 保护和控制装置的屏柜内下部应设有截面积不小于 $100mm^2$ 的接地铜排，屏柜内装置的接地端子应用截面积不小于 $4mm^2$ 的多股铜线和接地铜排相连，接地铜排应用截面积 $50mm^2$ 的铜排或铜缆与地面下的等电位接地母线相连
《交流电气装置的接地设计规范》(GB/T 50065—2011)	
3	3.2.1 电力系统、装置或设备的下列部分（给定点）应接地： 6 配电、控制和保护用的屏（柜、箱）等的金属框架； 8 发电厂、变电站电缆沟和电缆隧道内，以及地上各种电缆金属支架等； 10 电力电缆接线盒、终端盒的外壳，电力电缆的金属护套或屏蔽层，穿线的钢管和电缆桥架等； 15 附属于高压电气装置的互感器的二次绕组和铠装控制电缆的外皮

四、设计接口要点

（一）专业间提资要点

一体化电源直流系统需要向一次专业（站用电）、二次相关专业和土建专业进行提资。

（1）交流电源系统提资：直流系统及 UPS 电源系统均需站用交流输入，其中每段直流母线的 2 路进线应取自不同段交流母线，每个 UPS 电源屏的交流主路输入和旁路输入应取自不同段交流母线，两套配置的 UPS 电源屏交流主路应取自不同段交流母线。

（2）公用测控、电能量采集装置、故障录波提资：直流绝缘故障、监控装置失电等重要报警信号、交流进线电压电流、直流母线电压等信号均需通过硬接线传送至公用测控柜；交流进线电能表需与电能量采集装置通信；当直流电源系统存在接地故障时，禁止 2 套直流电源系统并列运行，因此各段直流母线电压信号均需传送至故障录波器。

（3）对时装置、后台提资：一体化电源总监控系统需要一路电 B 码对时引入，监控信息通过 IEC61850 规约（智能站）或 485 通信（常规站）与远动机通信。

（4）土建提资：蓄电池室的布置和蓄电池电缆埋管。

（二）专业间收资要点

一体化电源系统承担全站设备电源输入任务，因此需向二次各专业进行收资，以采用预制舱式二次组合设备的 GIS 变电站为例，部分收资如表 2-7-3 所示。

表 2-7-3　　收 资 示 例 表

名称	本期	终期	直流电源(DC 220V)	交流电源(AC 220V)	逆变电源(NB 220V)	直流空气开关容量（A）	交流空气开关容量（A）	尺寸
二次设备室直流馈线柜								
Ⅱ、Ⅲ/Ⅳ区通信网关机柜（6P）	1	1	2 路（来自二次室不同直流馈线柜）	—	2 路（来自不同 UPS 馈线柜）每路均 1 个 3A	每路均 5 个 4A 并联	—	2260×600×600
…	…	…	…	…	…	…	…	…

续表

名称	本期	终期	直流电源（DC 220V）	交流电源（AC 220V）	逆变电源（NB 220V）	直流空气开关容量（A）	交流空气开关容量（A）	尺寸
220kV 预制舱直流分电柜								
220kV 线路故障录波柜（17P）	1	1	2 路（来自 220kV 预制舱不同直流分电柜）	1 路（来自相邻屏柜）	—	每一路最大空气开关 6A	交流空气开关 6A	2260×800×600
…	…	…	…	…	…	…	…	…
110kV 预制舱直流分电柜								
110kV 线路保护测控柜（3P-10P）	5	8	2 路（来自 110kV 预制舱不同直流分电柜）	—	—	每路 1 个 4A	—	2260×800×600

除此以外，通信电源系统中的馈线电缆由通信专业开列，因此通信电源馈线部分还需要向通信专业进行收资。

（三）所需收集厂家资料

（1）交流系统。

（2）直流系统（包括蓄电池）。

（3）通信系统。

（4）交流不间断电源系统。

（5）直流分电系统。

（6）逆变系统（或事故照明柜，是否需要视工程需求）。

（四）厂家资料确认要点

厂家资料确认需要以设计联络会纪要要求和卷册深度要求为依据，下面对确认要点进行分析：

（1）各电源系统通用：

1）满足设计联络会纪要上对柜体尺寸、颜色、接线方式、门轴方向的要求。

2）厂家资料中的屏柜布置需要与二次设备室、预制舱一致，特别注意屏柜摆放顺序是否一致。

3）屏柜物料表中的物件是否与原理图中一致，参数是否合理，是否满足设计联络会等要求，是否缺少必要物件。

4）对照屏柜物料表、各系统接线图，一一核实屏柜端子排中的接入端和送出端，确认屏柜信号是否正确，电源系统重要故障信号（参考 DL/T 5044—2014 规程中附录 B）是否硬接点输出至监控系统。

5）由厂家开列的电缆和由设计院开列的电缆在图纸中要明确标出，由厂家开列的电缆是否负责敷设，需要与厂家进行确认。

6）交流电源系统至直流电源系统的电缆可能存在过粗无法接入直流屏柜开关的情况，需要与厂家和一次核实，以满足接线要求。

（2）交流系统：

1）电流互感器和电压互感器测量满足需要，表计接线图原理正确，二次侧电压值、电流值满足公用测控的要求。

2）站用低压工作母线间装设备自投装置时，应具备低压母线故障闭锁备自投功能。

3）两套分列运行的站用交流电源系统，禁止合环运行，因此在确认交流进线和联络断路器原理图时，需要特别注意就地合闸回路的状态位接入是否满足互锁要求。

（3）直流系统：

1）直流电源系统接线图原理正确，特别需要注意的几点：对于一组蓄电池配一套充电装置或两组蓄电池配两套充电装置的直流电源系统，每套充电装置应采用两路直流电源输入；接线方式满足切换操作时直流母线始终连接蓄电池运行的要求（参考 DL/T 5044—2014 规程中的典型接线示意图）；充电模块数量和容量满足设计联络会要求，并加装独立进线断路器。

2）直流主馈屏开关大小、数量、时延应满足级差配合，不能满足上、下级保护配合要求的应选用具备短路短延时保护特性的直流开关，直流开关类型应满足设计联络会要求。

3）蓄电池数量、参数、尺寸和厂家应满足设计联络会要求，安装在蓄电池室后，判断是否满足 DL/T 5044—2014 规程对于蓄电池室设备布置的要求，对于不满足要求的尺寸及时更改。

（4）通信系统：

1）通信充电模块容量、输出电压需要满足设计联络会要求，充电模块加装独立进线断路器。

2）双重化配置的通信系统，满足“双设备、双路由、双电源”的要求。（直流输入与直流主馈线排布图进行对照确认）

3）通信系统部分由通信专业对厂家资料核实后，一同与厂家进行图纸确认。

（5）UPS 系统：

1）UPS 系统电源输入应满足：每面 UPS 屏柜的交流主输入、交流旁路输入电源应取自不同段的站用交流母线，两套配置的 UPS 系统交流主输入应取自不同段的站用交流母线，直流输入应取自不同段的直流电源母线（交流输入与交流电源系统接线图进行确认，直流输入与直流主馈线排布图进行对照确认）。

2）UPS 电源的交流主输入、交流旁路输入及输出均应有工频隔离变压器，直流输入应装设逆止二极管。

3）正常运行时，禁止 2 台不具备并联运行功能的站用交流不间断电源装置并列运行，因此对于单母线分段的 UPS 系统，分段断路器应具有防止两段母线带电时闭合分段断路器的防误操作措施（常见为机械式）。手动维修旁路断路器应具有防误操作的闭锁措施。

4）UPS屏柜的交流空气开关数量和大小根据收资情况进行配置，需满足级差配合，再与厂家进行确认。

（6）直流分电系统：直流分电系统的直流空气开关数量和大小根据收资情况进行配置，需满足级差配合，再与厂家进行确认。

五、图纸设计要点

一体化电源施工图卷册主要为系统原理图、柜面布置图、直流馈线和分电柜馈线图、屏柜端子排图、交流进线及联络断路器控制信号回路图、电流电压回路图、蓄电池室布置及蓄电池安装图等。

（一）一体化电源系统原理图

该图是对一体化电源系统接线情况的直观反映，接线时需要注意各系统的电源输入是否满足要求（具体参考本章确认厂家资料要点），分段断路器连接是否正确。

（二）直流馈线图

直流馈线图分为直流主馈图和直流分电屏馈线图，其中开关型式和数量的选择、电缆型式和截面的选择、馈线布置是绘制该图最重要的内容。

1. 电缆型式和截面的选择

依据DL/T 5044—2014规程附录E，针对不同的回路选择各自电缆长度、计算电流和允许电压降范围，以计算结果为依据进行电缆截面的选择，但是要注意选择的电缆应满足与保护电器的配合（通常大于电缆截面的计算结果），并尽量减少电缆截面的选型。随着消防要求的提高，重要回路电缆应按照规范要求选用耐火电缆，其他回路至少选用采取了规定的耐火防护措施的阻燃电缆。

2. 开关型式和数量的选择

按照直流规程选择空气开关参数，保证全站直流系统上下级差配合。如果选择二段式保护开关额定电流较大，与电缆截面配合经济性较差时，可以选择三段式保护开关。需要注意的是直流系统包括集中辐射式和分层辐射式两种，两者的级差配合计算也有所不同。

开关数量应按照直流电源收资的远期情况进行配置，除此以外每面直流馈线柜和分电柜中不同类型的开关均需要留有一定的备用量，以满足开关损坏时进行改接的需求。

3. 馈线布置

依据直流电源收资，馈线的布置应满足各设备电源需求。对于双套配置的装置，其直流电源应取自不同蓄电池组连接的直流母线段。特别注意无论是双套保护还是单套保护，每套保护装置与其相关设备（电子式互感器、合并单元、智能终端、网络设备、操作箱、跳闸线圈等）的直流电源应取自于同一蓄电池相连的直流母线，避免因一组站用直流电源异常对两套保护功能同时产生影响而导致的保护拒动。

（三）屏柜端子排图

各屏柜端子排根据回路接线原理进行连接，各端子排接口要做到准确无误。需要设计院开列的电缆（至公用测控、电能量采集装置、故障录波、对时装置、后台和直流馈线等），应注明电缆编号和截面。直流馈线屏、直流分电柜端子排中的馈线输出注意与直流馈线图保持一致。

（四）交流进线及联络断路器控制信号回路图、电流电压回路图

控制信号回路和电流电压回路中输入至远程的端口，均应接至公用测控装置。回路图中的端口编号注意与交流进线柜和交流联络柜端子排中的编号保持一致。

（五）蓄电池室布置及蓄电池安装图

（1）新建变电站 300Ah 及以上的阀控式蓄电池组应安装在各自独立的专用蓄电池室内，照明、采暖通风和空气调节设施均应为防爆型，开关和插座等应装在蓄电池室的门外。

（2）蓄电池组的电缆引出线应采用穿管敷设，且穿管引出端应靠近蓄电池的引出端。两组及以上蓄电池组电缆应分别敷设在各自独立的通道内，并尽量沿最短路径敷设，在穿越电缆竖井时，两组蓄电池电缆应分别加穿金属套管。

（3）按照直流规程要求，电缆弯曲半径应符合电缆敷设要求，电缆穿管露出地面的高度可低于蓄电池的引出端子 200～300mm。另外每组蓄电池组正极和负极引出电缆不应共用一根电缆，因此动力电缆需要预埋 2 根穿管，控制电缆预埋 1 根穿管。在图中应对预埋穿管尺寸、穿管露出地面高度、电缆弯曲半径进行说明。

（4）按照直流规程要求，蓄电池摆放位置应满足：对于运行和检修通道，通道一侧装设蓄电池时，通道宽度不应小于 800mm，两侧均装设蓄电池时，通道宽度不应小于 1000mm。电池架预埋槽钢位置、尺寸、高出地面距离和长度需在图中标出。

六、施工过程注意要点

（1）双套配置的电源，注意敷设路径。

（2）施工前进行技术及安全交底、介绍本节施工内容、质量通病防治措施、施工安全风险及预防措施。

第八节　火　灾　辅　控

一、设计依据

（一）设计输入

厂家资料：

（1）火灾报警资料（火灾厂家）。

（2）辅控资料（辅控厂家）。

（二）规程、规范、技术文件

GB 50116—2013《火灾自动报警系统设计规范》

GB 50166—2019《火灾自动报警系统施工及验收规范》

GB 50229—2019《火力发电厂与变电站设计防火标准》

GB 50016—2014《建筑设计防火规范》（2018 年版）

GB/T 5136—2012《火力发电厂、变电站二次接线设计技术规程》

DL/T 5458—2012《变电工程施工图设计内容》

Q/GDW 10248.2—2016《输变电工程建设标准强制性条文实施管理规程　第 2 部分：变电（换流）站建筑工程设计》

Q/GDW 10381.5 2017《国家电网有限公司输变电工程施工图设计内容深度规定 第 5 部分：220kV 智能变电站》

《国家电网有限公司关于印发〈十八项电网重大反事故措施（修订版）〉的通知》（国家电网设备〔2018〕979 号）

《国网基建部关于进一步加强输变电工程设计质量管理的通知》（基建技术〔2020〕4 号）

《国家电网公司输变电工程通用设计 220kV 变电站模块化建设（2017 年版）》

《电力工程电气设计手册电气二次部分》

二、设计边界和内容

（一）设计边界

变电站内各区域火灾及辅助控制系统。

（二）设计内容

本节设计内容为变电站火灾报警系统，由智能光电感烟探测器、智能红外对射感烟探测器、感温电缆、智能编址型手动火灾报警按钮、声光报警器等部分组成。

（三）设计流程

本节设计流程图如图 2-8-1 所示。

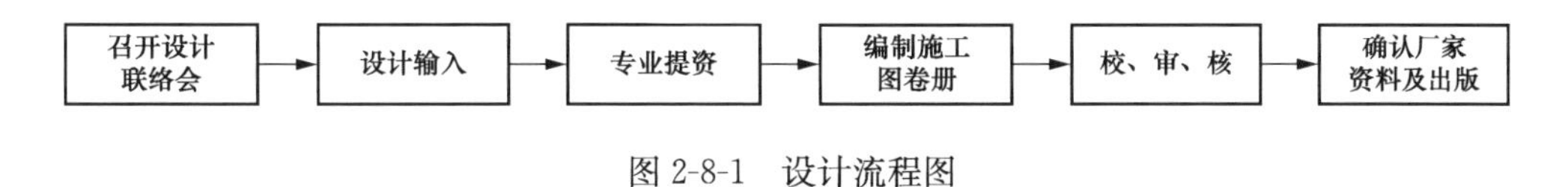

图 2-8-1　设计流程图

三、深度要求

（一）施工图深度

1. 卷册说明

卷册说明应说明本卷册包含内容、主要设计原则、与其他卷册的分界点等。

2. 交直流电源

交直流电源图应表示本电压等级开关场交直流电源进线、供电方式等内容。

3. 柜面布置图

柜面布置图应包括柜的正面、背面布置图及元件参数表。布置图应包括柜内各装置及屏柜外形尺寸等、交直流空气开关、外部接线端子布置等。

4. 屏柜端子排图

屏柜端子排图应表示出端子排的外部去向，包括回路号、电缆去向及电缆编号。

（二）反措要求

根据《国家电网有限公司关于印发〈十八项电网重大反事故措施（修订版）〉的通知》（国家电网设备〔2018〕979 号），本节涉及的十八项电网重大反事故措施如表 2-8-1 所示。

表 2-8-1　十八项反措要求

序号	条文内容
1	18.1.2.4　各单位生产生活场所、各变电站（换流站）、电缆隧道等应根据规范及设计导则安装火灾自动报警系统。火灾自动报警信号应接入有人值守的消防控制室，并有声光警示功能，接入的信号类型和数量应符合国家相关规定
2	18.1.2.5　各单位生产生活场所、各变电站（换流站）应根据规范设置消防控制室。无人值班变电站消防控制室宜设置在运维班驻地的值班室，对所辖的变电站实行集中管理。消防控制室实行 24 小时值班制度，每班不少于 2 人，并持证上岗
3	18.1.2.7　在建设工程中，消防系统设计文件应报公安机关消防机构审核或备案，工程竣工后应报公安消防机关申请消防验收或备案。消防水系统应同工业、生活水系统分离，以确保消防水量、水压不受其他系统影响；消防设施的备用电源应由保安电源供给，未设置保安电源的应按Ⅱ类负荷供电，消防设施用电线路敷设应满足火灾时连续供电的需求。变电站、换流站消防水泵电机应配置独立的电源
4	18.1.2.11　大型充油设备的固定灭火系统和断路器信号应根据规范联锁控制。发生火灾时，应确保固定灭火系统的介质，直接作用于起火部位并覆盖保护对象，不受其他组件的影响

（三）强条

根据国家电网公司企业标准《输变电工程建设标准强制性条文实施管理规程　第 2 部分：变电（换流）站建筑工程设计》（Q/GDW 10248.2—2016），本节涉及的工程建设标准强制性条文执行情况如表 2-8-2 所示。

表 2-8-2　强制性条文

序号	强制性条文内容
	《火力发电厂与变电站设计防火标准》（GB 50229—2019）
1	11.7.1　变电站的消防供电应符合下列规定： 1　消防水泵、自动灭火系统、与消防有关的电动阀门及交流控制负荷，户内变电站、地下变电站应按Ⅰ类负荷供电；户外变电站应按Ⅱ类负荷供电； 2　变电站内的火灾自动报警系统和消防联动控制器，当本身带有不停电电源装置时，应由站用电源供电；当本身不带有不停电电源装置时，应由站内不停电电源装置供电；当电源采用站内不停电电源装置供电时，火灾报警控制器和消防联动控制器应采用单独的供电回路，并应保证在系统处于最大负载状态下不影响报警控制器和消防联动控制器的正常工作，不停电电源的输出功率应大于火灾自动报警系统和消防联动控制器全负荷功率的 120%，不停电电源的容量应保证火灾自动报警系统和消防联动控制器在火灾状态同时工作负荷条件下连续工作 3h 以上； 3　消防用电设备采用双电源或双回路供电时，应在最末一级配电箱处自动切换； 4　消防应急照明、疏散指示标志应采用蓄电池直流系统供电，疏散通道应急照明、疏散指示标志的连续供电时间不应少于 30min，继续工作应急照明连续供电时间不应少于 3h
	《建筑设计防火规范（2018 年版）》（GB 50016—2014）
2	10.1.6　消防用电设备应采用专用的供电回路，当建筑内生产、生活用电被切断时，应仍能保证消防用电。备用消防电源的供电时间和容量，应满足该建筑火灾延续时间内各消防用电设备的要求

续表

序号	强制性条文内容
3	10.1.8 消防控制室、消防水泵房、防烟和排烟风机房的消防用电设备及消防电梯等的供电，应在其配电线路的最末一级配电箱处设置自动切换装置
4	10.1.10 消防配电线路应满足火灾时连续供电的需要，其敷设应符合下列规定： 1 明敷时（包括敷设在吊顶内），应穿金属导线或采用封闭式金属槽盒保护，金属导管或封闭式金属槽盒应采取防火保护措施；当采用阻燃或耐火电缆并敷设在电缆井、沟内时，可不穿金属导管或采用封闭式金属槽盒保护；当采用矿物绝缘类不燃性电缆时，可直接明敷； 2 暗敷时，应穿管并应敷设在不燃烧性结构内且保护层厚度不应小于 30mm
5	10.2.1 架空电力线与甲、乙类厂房（仓库），可燃材料堆垛，甲、乙、丙类液体储罐，液化石油气储罐，可燃、助燃气体储罐的最近水平距离应符合表 10.2.1 的规定。 35kV 及以上架空电力线与单罐容积大于 200m^3 或总容积大于 1000m^3 液化石油气储罐（区）的最近水平距离不应小于 40m
6	10.2.4 开关、插座和照明灯具靠近可燃物时，应采取隔热、散热等防火措施。 卤钨灯和额定功率不小于 100W 的白炽灯泡的吸顶灯、槽灯、嵌入式灯，其引入线应采用瓷管、矿棉等不燃材料作隔热保护。 额定功率不小于 60W 的白炽灯、卤钨灯、高压钠灯、金属卤灯光源、荧光高压汞灯（包括电感镇流器）等，不应直接安装在可燃物体上或采取其他防火措施

四、设计接口要点

（一）专业间收资要点

总平面图、二次室及开关室布置图。

（二）专业间提资要点

需给一次及二次专业提资电源需求。

（三）厂家资料确认要点

图纸确认过程中需要提供设计联络会纪要，纪要中会就部分问题提出明确要求。确认要点：

（1）核实柜体颜色、尺寸等属性是否满足设联会要求。

（2）根据招标文件核实材料清单各设备的使用情况，视情况更换高配置设备。

（3）火灾控缆要求用耐火。

（4）控制室、电容器室、配电装置室宜采用点型感烟。

（5）火灾系统满足联动控制要求，确保与辅控系统可靠通信。

五、图纸设计要点

（一）火灾系统

（1）根据 GB 50229—2019《火力发电厂与变电站设计防火规范》，变电站内对以下场所设置火灾报警：开关室及室内电缆沟、二次设备室及室内电缆沟、室外电缆沟、主变压器、蓄电池室、备品备件间、资料室、门廊等。

（2）消防主机设置在二次设备室的火灾报警系统屏柜内（若无屏柜，采用壁挂方式），通过 RS485 接口可以将报警信号传到上一级调度机构，同时也把报警的开关量信号直接送至综合自动化的公用测控屏，并在现场有声光报警和显示。本系统提供联动触点信号，用于实现对风机的联动控制（采用耐火电缆）。

（3）根据 GB 50116—2013《火灾自动报警系统设计规范》，站内系统一般采用区域报警方式。火灾系统由站用电系统供两路 AC 220V 电源给消防电源切换装置，一路为主电源，另一路备用。再由消防电源切换装置将电源自动切换后，变为 DC 24V 供整个系统使用，火灾报警控制器配有小容量全密封免维护铅酸蓄电池，确保火灾报警控制器在交流失电情况下供整个系统使用 8h。消防电源切换装置及火灾报警控制器均布置在火灾报警系统屏内。

（4）全站消防报警系统所需的设备及电缆应为满足常见病目录。2019 版《火力发电厂与变电站设计防火标准》中要求采用耐火电缆。火灾报警系统的接地线应与变电站主接地网相连，系统接地应符合国家标准 GB 50116—2013 和 GB 50166—2007 的要求。

（5）专业间接口配合：根据工程火灾报警设备布置情况，预埋合适管径埋管，需注意与一次照明等埋管不要冲突；同时确保与辅控等系统联动控制的提资准确。

（6）联动控制：

1）通过和其他辅助子系统的通信，实现用户自定义的设备联动，包括消防、环境监测、报警等相关设备联动。

2）在夜间或照明不良情况下，需要启动摄像头摄像时，联动辅助灯光、开启照明灯。

3）发生火灾时，联动报警设备所在区域的摄像机跟踪拍摄火灾情况、自动解锁房间门禁、自动切断风机电源、空调电源。

4）发生非法入侵时，联动报警设备所在区域的摄像机。

5）发生水浸时，自动启动相应的水泵排水。

6）通过对室内环境温度、湿度的实时采集，自动启动或关闭通风系统。

7）每台主变压器设置 1 套泡沫喷雾灭火系统，由主变压器消防厂家成套供给，灭火系统信号接入监控系统，另在主变压器本体器身缠绕线型感温电缆。

（二）辅控系统

1. 智能辅助控制系统

（1）智能辅助控制系统主要考虑对全站主要电气设备，关键设备安装地点以及周围环境进行全天候的状态监视，以满足电力系统安全生产所需的监视设备关键部位的要求，同时，该系统可满足变电站安全警卫的要求。

（2）智能变电站辅助系统以网络通信为核心，完成站端音视频、环境数据、安全警卫信息、火灾报警信息的采集和监控，并将以上信息远传到监控中心或调度中心。

（3）在视频系统中应采用智能视频分析技术，从而完成对现场特定监视对象的状态分析，并可以把分析的结果（标准信息、图片或视频图像）上送到统一信息平台；通过划定的警戒区域，配合安防装置，完成对各种非法入侵和越界行为的警戒和告警。

（4）通过和站内自动化系统、其他辅助子系统的通信，应能实现用户自定义的设备联动，包括现场设备操作联动，火灾消防、门禁、环境监测、报警等相关设备联动，并可以根据变电站现场需求完成自动的闭环控制和告警，如自动启动/关闭空调，自动启动/关闭风机，自动启动/关闭照明系统等。

2. 图像监视及安全警卫子系统

（1）图像监视实现对变电站的各辅助室内环境、运行设备及室外电气设备的外观、状况进行全天 24h 实时的监控，同时对变电站内外人员活动进行监视，及时地了解变电站发生的一切情况，保证变电站的安全运行，视频监控系统在变电站二次设备室内设监控屏柜，预留网络接口，可以上传至远端，本地和远端（预留）均可以对变电站的前端设备实时监视，实现画面任意切换和控制。

（2）安全警卫包含电子围栏、红外对射等设备，主要功能：围墙震动和被强行翻越，系统会同时发出声光报警信号现场报警。大门有人/车出入，则会发出铃声通知运行人员，并配有报警联动输出接口，可与其他系统实现联动，当设备故障或掉电后，可震动输出联动信号，启动与之相连的其他系统或报警装置，电子围栏/红外报警主机安装于值守室内，各防区声光报警器设置于墙顶。

3. 环境监测子系统

环境监测子系统主要监测二次设备室、开关室内的温度和湿度，探测电缆沟内的浸水情况，变电站风速等环境信息。

（三）火灾辅控系统

火灾辅控系统图片如图 2-8-2 和图 2-8-3 所示。

六、施工过程注意要点

（1）对于改造/扩建工程，需现场核实接线。

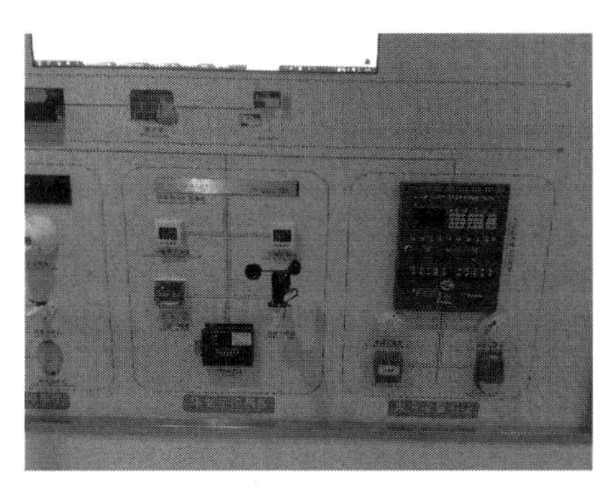

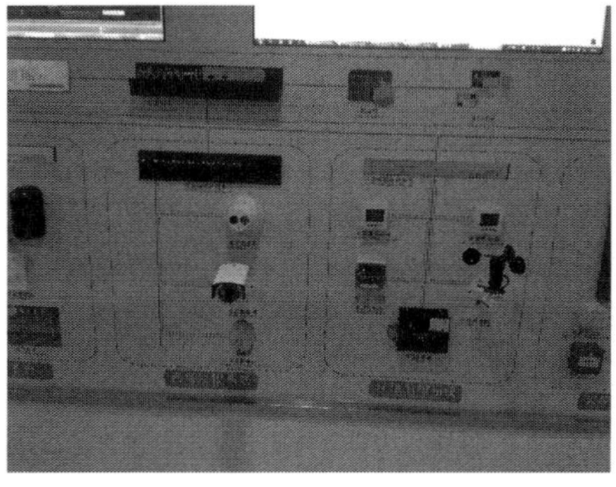

图 2-8-2　门禁、安防、视频、环境、火灾系统展示图（一）

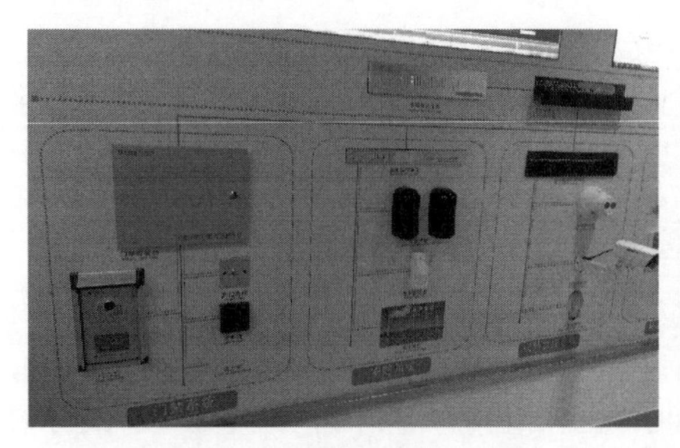

图 2-8-2　门禁、安防、视频、环境、火灾系统展示图（二）

图 2-8-3　感温电缆布置图

（2）施工前进行技术及安全交底、介绍本节施工内容、质量通病防治措施、施工安全风险及预防措施。

第九节　电缆、光缆敷设及防火封堵

一、设计依据

（一）设计输入

（1）初步设计评审意见。

（2）设计联络会纪要。

（3）全站总平面图、二次设备室平面布置图、开关室图平面布置图。

（二）规程、规范、技术文件

GB 50168—2018《电气装置安装工程　电缆线路施工及验收规范》

GB 50217—2018《电力工程电缆设计规范》

GB 50229—2019《火力发电厂与变电站设计防火标准》

GB 50257—2014《电气装置安装工程　爆炸和火灾危险环境电气装置施工及验收规范》

GB/T 50065—2011《交流电气装置的接地设计规范》

DL/T 5458—2012《变电工程施工图设计内容》

Q/GDW 10248.2—2016《输变电工程建设标准强制性条文实施管理规程　第2部分：变电（换流）站建筑工程设计》

Q/GDW10381.5—2017《国家电网有限公司输变电工程施工图设计内容深度规定　第5部分：220kV智能变电站》

《国家电网有限公司关于印发〈十八项电网重大反事故措施（修订版）〉的通知》（国家电网设备〔2018〕979号）

《国网基建部关于发布〈35～750kV输变电工程设计质量控制“一单一册”（2019年版）〉的通知》（基建技术〔2019〕20号）

《电力工程电气设计手册电气一次部分》

二、设计边界和内容

（一）设计边界

本节同时包含光缆电缆的敷设以及电缆沟道的防火封堵，与其他专业不存在需界定的边界。

（二）设计内容

总平面电缆沟埋管及封堵布置图、二次设备室电缆支架布置图，开关室电缆沟支架布置图、电缆支架汇总表、电缆沟支架制作图、电缆沟堵火墙布置图、电缆穿护套封堵布置图、电缆穿墙孔板封堵示意图等。

（三）设计流程

本节设计流程图如图2-9-1所示。

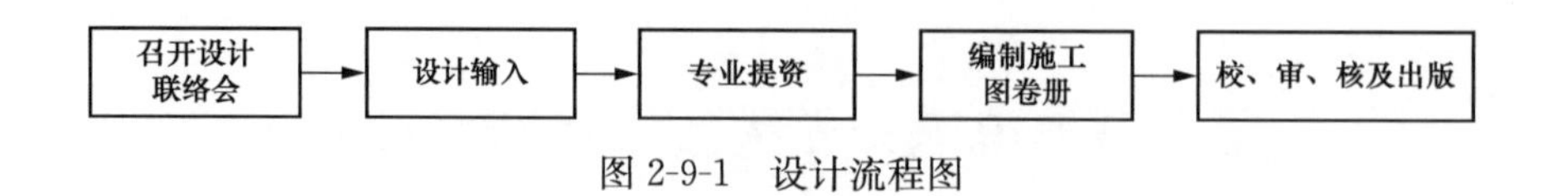

图 2-9-1　设计流程图

三、深度要求

（一）施工图深度

无明确规范要求，施工图深度可参照220kV智能变电站深度规定中第5章一次部分执行。

（二）反措要求

根据《国家电网有限公司关于印发〈十八项电网重大反事故措施（修订版）〉的通知》（国家电网设备〔2018〕979号），本节涉及的十八项电网重大反事故措施如表2-9-1所示。

表 2-9-1　　十八项反措要求

序号	条文内容
1	12.4.1.8　开关柜间连通部位应采取有效的封堵隔离措施，防止开关柜火灾蔓延
2	13.2.1.2　变电站内同一电源的110（66）kV及以上电压等级电缆线路同通道敷设时应两侧布置。同一通道内不同电压等级的电缆，应按照电压等级的高低从下向上排列，分层敷设在电缆支架上
3	13.2.1.3　110（66）kV及以上电压等级电缆在隧道、电缆沟、变电站内、桥梁内应选用阻燃电缆，其成束阻燃性能不低于C级。与电力电缆同通道敷设的低压电缆、通信光缆等应穿入阻燃管，或采取其他防火隔离措施
4	13.2.1.6　在电缆通道内敷设电缆需经运行部门许可。施工过程中产生的电缆孔洞应加装防火封堵，受损的防火设施应及时恢复，并由运维部门验收
5	13.2.1.7　隧道、竖井、变电站电缆层应采取防火墙、防火隔板及封堵等防火措施。防火墙、阻火隔板和阻火封堵应满足耐火极限不低于1h的耐火完整性、隔热性要求。建筑内的电缆井在每层楼板处采用不低于楼板耐火极限的不燃材料或防火封堵材料封堵
6	14.1.1.10　变电站控制室及保护小室应独立敷设与主接地网单点连接的二次等电位接地网，二次等电位接地点应有明显标志
7	15.6.2.1　在保护室柜屏下层的电缆室（或电缆沟道）内，按柜屏布置的方向逐排敷设截面积不小于$100mm^2$的铜排（缆），将铜排（缆）的首端、末端分别连接，形成保护室内的等电位地网，该等电位地网应与变电站主地网一点相连，连接点设置在保护室的电缆沟道入口处。为保证连接可靠，等电位地网与主地网的连接线应使用4根及以上，每根截面积不小于$50mm^2$的铜排（缆）
8	15.6.2.3　微机保护和控制装置的屏柜下部应设有截面积不小于$100mm^2$的铜排（不要求与保护屏绝缘），屏柜内所有装置、电缆屏蔽层、屏柜门体的接地端应用截面积不小于$4mm^2$的多股铜线与其相连，铜排应用截面不小于$50mm^2$的铜缆接至保护室内的等电位接地网
9	15.6.2.5　微机型继电保护装置之间、保护装置至开关场就地端子箱之间以及保护屏至监控设备之间所有二次回路的电缆均应使用屏蔽电缆，电缆的屏蔽层两端接地，严禁使用电缆内的备用芯线替代屏蔽层接地
10	15.6.2.6　为防止地网中的大电流流经电缆屏蔽层，应在开关场二次电缆沟道内沿二次电缆敷设截面积不小于$100mm^2$的专用铜排（缆）；专用铜排（缆）的一端在开关场的每个就地端子箱处与主地网相连，另一端在保护室的电缆沟道入口处与主地网相连，铜排不要求与电缆支架绝缘
11	15.6.2.7　接有二次电缆的开关场就地端子箱内（汇控柜、智能控制柜）应设有铜排（不要求与端子箱外壳绝缘），二次电缆屏蔽层、保护装置及辅助装置接地端子、屏柜本体通过铜排接地。铜排截面积应不小于$100mm^2$，一般设置在端子箱下部，通过截面积不小于$100mm^2$的铜缆与电缆沟内不小于$100mm^2$的专用铜排（缆）及变电站主地网相连
12	15.6.2.8　由一次设备（如变压器、断路器、隔离开关和电流、电压互感器等）直接引出的二次电缆的屏蔽层应使用截面积不小于$4mm^2$多股铜质软导线仅在就地端子箱处一点接地，在一次设备的接线盒（箱）处不接地，二次电缆经金属管从一次设备的接线盒（箱）引至电缆沟，并将金属管的上端与一次设备的底座或金属外壳良好焊接，金属管另一端应在距一次设备3～5m之外与主接地网焊接

续表

序号	条文内容
13	16.3.1.4　县公司本部、县级及以上调度大楼、地（市）级及以上电网生产运行单位、220kV及以上电压等级变电站、省级及以上调度管辖范围内的发电厂（含重要新能源厂站）、通信枢纽站应具备两条及以上完全独立的光缆敷设沟道（竖井）。同一方向的多条光缆或同一传输系统不同方向的多条光缆应避免同路由敷设进入通信机房和主控室

（三）"一单一册"

根据《国网基建部关于发布〈35～750kV输变电工程设计质量控制"一单一册"（2019版）〉的通知》（基建技术〔2019〕20号），本节涉及的"一单一册"相关内容如表2-9-2所示。

表2-9-2　"一单一册"问题

序号	专业子项	问题名称	问题描述	原因及解决措施	问题类别
1	电缆敷设及防火	电缆层线缆敷设设计未充分考虑巡视和检修要求	地下电缆半层一、二次线缆数量众多，电缆敷设设计未充分考虑巡视和检修要求，导致一些高压大电缆或二次电缆桥架挡住了地下楼梯出入口或电缆层人员巡视通道	设计未充分考虑电缆及其辅助设施的巡视和检修要求。电缆层敷设设计需设置合理的巡视通道，巡视通道局部上方有线缆或桥架穿越处也需确保1400mm通行高度	设计深度不足
2	电缆敷设及防火	电缆出围墙处防火封堵不满足要求	高压电缆仅在配电装置室出口处设置防火封堵，而未在围墙处设置	按照GB/T 50217—2007第7.0.2.2条要求，在厂区围墙处应设置防火墙	设计深度不足
3	电缆敷设及防火	消防、报警、应急照明、直流电源等回路未采用耐火电缆	消防、报警、应急照明、断路器直流电源等回路采用阻燃电缆而未采用耐火电缆	随着消防要求的提高，重要回路电缆应按照规范要求选用耐火电缆，而不是阻燃电缆	技术方案不合理
4	电缆敷设及防火	不同站用变压器低压侧至站用电屏电缆同沟敷设，且未采用防火措施	不同站用变压器低压侧至站用电屏电缆同沟敷设，未采用防火隔离措施，发生火灾容易导致全站交流失电	根据十八项反措"5.2.1.6"，新投运变电站不同站用变压器低压侧至站用电屏的电缆应尽量避免同沟敷设，对无法避免的，则应采取防火隔离措施。在电缆沟道设计中应考虑敷设路径，对场地狭小的情况，可在电缆沟中采用防火隔离措施	规范规定使用不合理

（四）强条

根据国家电网公司企业标准《输变电工程建设标准强制性条文实施管理规程　第2部分：变电（换流）站建筑工程设计》（Q/GDW 10248.2—2016），本节涉及的工程建设标准强制性条文执行情况如表2-9-3所示。

表2-9-3　强制性条文

序号	强制性条文内容
	《电力工程电缆设计规范》（GB 50217—2018）
1	5.1.9　在隧道、沟、浅槽、竖井、夹层等封闭式电缆通道中，不得布置热力管道，严禁有易燃气体或易燃液体的管道穿越
2	5.3.5　直埋敷设的电缆，严禁位于地下管道的正上方或正下方。电缆与电缆、管道、道路、构筑物等之间的容许最小距离，应符合表5.3.5（见表A.6）的规定

续表

序号	强制性条文内容
《交流电气装置的接地设计规范》(GB/T 50065—2011)	
3	3.2.1 电力系统、装置或设备的下列部分（给定点）应接地： 6 配电、控制和保护用的屏（柜、箱）等的金属框架； 8 发电厂、变电站电缆沟和电缆隧道内，以及地上各种电缆金属支架等； 10 电力电缆接线盒、终端盒的外壳，电力电缆的金属护套或屏蔽层，穿线的钢管和电缆桥架等； 15 附属于高压电气装置的互感器的二次绕组和铠装控制电缆的外皮
《火力发电厂与变电站设计防火标准》(GB 50229—2019)	
4	6.8.2 建（构）筑物中电缆引至电气柜、盘或控制屏、台的开孔部位，电缆贯穿隔墙、楼板的空洞应采用电缆防火封堵材料进行封堵，其防火封堵组件的耐火极限不应低于被贯穿物的耐火极限，且不应低于1h
5	6.8.3 当电缆竖井中只敷设阻燃电缆或具有相当阻燃性能的耐火电缆时，宜每隔约7m置防火封堵，其他电缆应每隔7m设置防火封墙在电缆隧道或电缆沟中的下列部位，应设置防火墙： 1 穿越汽机房、锅炉房和集中控制楼之间的隔墙处； 2 穿越汽机房、锅炉房和集中控制楼外墙处； 3 穿越建筑物的外墙及隔墙处； 4 架空敷设每间距100m处； 5 两台机组连接处； 6 电缆桥架分支处
6	6.8.4 防火墙上的电缆孔洞应采用耐火极限为3.00h的电缆防火封堵材料或防火封堵组件进行封堵
7	6.8.8 当电缆明敷时，在电缆中间接头两侧各2～3m长的区段以及沿该电缆并行敷设的其他电缆同一长度范围内，应采取防火措施
8	6.8.9 靠近带油设备的电缆沟盖板应密封
9	6.7.11 在电缆隧道和电缆沟道中，严禁有可燃气、油管路穿越
10	6.8.12 在密集敷设电缆的电缆夹层内，不得布置热力管道、油气管以及其他可能引起着火的管道和设备
《电气装置安装工程 电缆线路施工及验收规范》(GB 50168—2018)	
11	6.2.7 直埋电缆在直线段每隔50～100m处、电缆接头处、转弯处、进入建筑物等处，应设置明显的方位标志或标桩
《电气装置安装工程 爆炸和火灾危险环境电气装置施工及验收规范》(GB 50257—2014)	
12	5.1.3 爆炸危险环境内采用的低压电缆和绝缘导线，其额定电压必须高于线路的工作电压，且不得低于500V，绝缘导线必须敷设于钢管内。电气工作中性线绝缘层的额定电压，必须与相线电压相同，并必须在同一护套或钢管内敷设
13	5.2.1 电缆线路在爆炸危险环境内，必须在相应的防爆接线盒或分线盒内连接或分路
14	5.4.2 (1) 本质安全电路关联电路的施工，应符合下列规定： 1 本质安全电路与非本质安全电路不得共用同一电缆或钢管；本质安全电路或关联电路，严禁与其他电路共用同一条电缆或钢管

四、提资和收资要点

（一）专业间收资要点

本节不涉及专业间提资内容。

（二）专业间收资要点

土建专业：全站电缆沟布置情况，户内站电缆吊架形式。

五、图纸设计要点

（一）电缆防火要求

（1）应设置防火墙位置：二次设备室或配电装置的沟道入口处，公用主沟道引接分支沟道处，长距离沟道内每相隔约 60m 区段处（GB 50217—2018 规定为 100m 以内），多段配电装置对应的沟道适当分段处。

(2) 应设置防火封堵位置：进入屏柜、箱体底部开口处；保护管两端；电缆贯穿隔墙、楼板孔洞处。

(3) 应涂刷防火涂料位置：直流电源、事故照明、消防报警等重要回路电缆全线涂刷；屏（柜）和箱底部电缆在其孔洞下部 1m 区段；户外电缆沟进入户内的 2m 范围内电缆应涂刷；阻火墙两侧电缆各 2m 区段；在电缆接头两侧各约 3m 区段和该范围并列敷设的其他电缆上，应采用防火涂料、包带作阻燃处理。

(4) 对靠近含油设备（如电缆终端或电流、电压互感器、断路器等）的电缆沟做密封处理。

（二）电缆敷设

(1) 在总平面图、二次室平面图、开关室平面图上将本期所需屏柜的电缆进线敷设。

(2) 动力电缆敷设在电缆支架最上层，动力电缆与控制电缆之间敷设耐火隔板。

(3) 二次设备室内第二次支架需放置支柱绝缘子，绝缘子数目与支架数目一致。

（三）材料汇总

(1) 根据总平面图、二次室平面图、开关室平面图，对本站电缆沟道的类型及其长度进行统计（沟道长度预留适当裕度）。根据支架跨距（跨距根据 GB 50217—2018 6.1.2 确定，实际工程中常取 0.8m），确定所需支架数目。

(2) 单侧电缆沟道所需支架数目＝沟道长度/跨距。

(3) 双侧电缆沟道所需支架数目＝2×沟道长度/跨距。

(4) 主架角钢长度计算：根据不同电压等级与电缆类型选取层间距离，合并除最顶层外的总距离即为主架角钢长度。层间距离的最小值参考 GB 50217—2018 5.5.2 条。

(5) 支架角钢长度计算：根据电缆沟深度，确定沟内通道宽度，通道宽度尺寸参考 GB 50217—2018 5.5.1 条。

(6) 单侧电缆沟道支架角钢长度＝沟道宽度－通道宽度。

(7) 双侧电缆沟道支架角钢长度＝(沟道宽度－通道宽度)/2。

(8) 最上层支架距离盖板的净距允许最小值应满足电缆引接至上侧柜盘时的允许弯曲半径要求，最下层支架距沟底垂直净距不宜小于 100mm。

(9) 电缆沟 T 接货交叉转弯处另做辅助支架，在原支架基础上另加 0.4t 用于辅助支架。

(10) 支架总重量＝支架总重量＋主架总重量＋辅助支架总重量。

六、施工过程注意要点

施工图交底内容：

(1) 工程概况。

（2）电缆敷设要点，基本同卷册说明。

（3）强制性条文执行情况，质量通病执行情况，标准工艺具体要求。

（4）施工安全风险。

第十节　220kV 常规变电站保护改造

一、设计依据

（一）设计输入

（1）初步设计评审意见。

（2）设计联络会纪要。

（3）厂家图纸：本次改造的 220kV 线路保护柜图纸，复用接口装置图纸（如有）。

（4）前期图纸：

1）前期保护柜、测控柜、母差保护柜等厂家图纸；

2）工程前期设计图纸，包括前期线路保护原理图、线路二次线图（除线路保护装置二次线外，还需包括测控二次线、故障录波二次线、故障测距二次线、子站二次线等相关装置二次线图纸）、屏位布置图、母差保护原理及二次线图、电缆清册、公用二次线。

（5）现场收资：

1）二次设备室：

a）设备室准确屏位布置，确定本次屏柜安装位置。

b）线路保护柜、测控柜内装置及端子排接线情况。

c）母差保护柜、故障录波柜、故障测距柜、子站保护柜、220kV TV 并列柜、220kV 电能表柜等相关屏柜中本次改造线路间隔相关接线情况。

d）直流分电屏、通信电源屏备用空气开关规格及数量情况。

e）光纤配线架、数字配线架或者综合配线架中本次改造线路间隔相关接线情况。

f）线路保护柜的柜体参数，包括尺寸、颜色、柜型。

g）后台厂家、规约及独立五防配置情况。

h）保护通道配置情况。

2）现场：道路/电缆沟走向、位置、现场端子箱、机构箱、汇控柜内接线情况。

（二）规程、规范、技术文件

GB 50169—2016《电气装置工程　接地装置施工及验收规范》

GB/T 14285—2006《继电保护和安全自动装置技术规程》

DL/T 559—2018《220kV～750kV 电网继电保护装置运行整定规程》

DL/T 587—2016《继电保护和安全自动装置运行管理规程》

DL/T 5458—2012《变电工程施工图设计内容》

Q/GDW 10248.2—2016《输变电工程建设标准强制性条文实施管理规程　第2部分：变电（换流）站建筑工程设计》

Q/GDW 10381.5—2017《国家电网有限公司输变电工程施工图设计内容深度规定　第5部分：220kV智能变电站》

Q/GDW 10381.1—2017《国家电网有限公司输变电工程施工图设计内容深度规定　第1部分：110kV智能变电站》

Q/GDW 12-030—2017《安徽电网220kV-500kV智能变电站二次系统设计技术规定》

Q/GDW 12-029—2017《安徽电网110kV智能变电站二次系统设计技术规定》

《国家电网有限公司关于印发〈十八项电网重大反事故措施（修订版）〉的通知》（国家电网设备〔2018〕979号）

《国网基建部关于发布〈35～750kV输变电工程设计质量控制“一单一册”（2019年版）〉的通知》（基建技术〔2019〕20号）

《国网基建部关于进一步加强输变电工程设计质量管理的通知》（基建技术〔2020〕4号）

《国网基建部关于发布〈输变电工程通用设计通用设备应用目录（2021年版）〉的通知》（基建技术〔2021〕2号）

《国家电网公司输变电工程通用设计220kV变电站模块化建设（2017年版）》

二、设计边界和内容

（一）设计边界

本卷册同时包含保护原理图及二次接线图，清册包括远动，通信涉及线缆，与其他专业不存在需界定的边界。

（二）设计内容

设计内容包括保护原理图，保护信号回路图及二次线图，涉及装置修改二次线图，含线路测控、故障录波、端子箱、断路器及隔离开关（接地开关）机构、汇控柜等，屏位布置图。

（三）设计流程

本节设计流程图如图2-10-1所示。

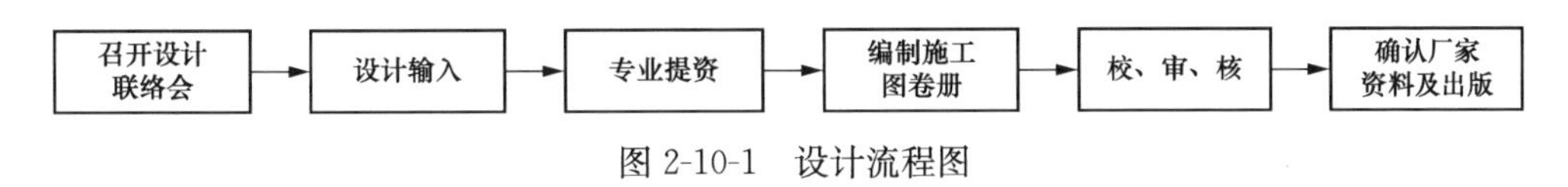

图2-10-1　设计流程图

三、深度要求

（一）施工图深度

1. 卷册说明

卷册说明应说明本卷册包含内容、主要设计原则、配置方案、设备订货情况、与其他卷册的分界点等。

2. 柜面布置图

柜面布置图应包括柜的正面、背面布置图及元件参数表。布置图应包括柜内各装置、压板的布置及屏柜外形尺寸、交直流空气开关、外部接线端子布置等。

3. 端子排图

端子排图应表示出端子排的外部去向，包括回路号、电缆去向及电缆编号；应标注出新增或修改线缆并配相关说明。

4. 屏面布置图

屏面布置图应表示出本次改造屏位位置，明确原屏改造或者新增屏柜。

（二）计算深度

无。

（三）反措要求

根据《国家电网有限公司关于印发〈十八项电网重大反事故措施（修订版）〉的通知》（国家电网设备〔2018〕979 号)，本节涉及的十八项电网重大反事故措施如表 2-10-1 所示。

表 2-10-1　　十八项反措要求

序号	条文内容
1	4.2.7　断路器、隔离开关和接地开关电气闭锁回路应直接使用断路器、隔离开关、接地开关的辅助触点，严禁使用重动继电器；操作断路器、隔离开关等设备时，应确保待操作设备及其状态正确，并以现场状态为准
2	5.3.1.10　变电站内端子箱、机构箱、智能控制柜、汇控柜等屏柜内的交直流接线，不应接在同一段端子排上
3	12.3.1.11　隔离开关与其所配装的接地开关之间应有可靠的机械联锁，机械联锁应有足够的强度。发生电动或手动误操作时，设备应可靠联锁
4	12.3.1.12　操动机构内应装设一套能可靠切断电动机电源的过载保护装置。电机电源消失时，控制回路应解除自保持
5	15.1.13　应充分考虑合理的电流互感器配置和二次绕组分配，消除主保护死区
6	15.2.2　电力系统重要设备的继电保护应采用双重化配置，两套保护装置的跳闸回路应与断路器的两个跳闸线圈分别一一对应。每一套保护都应能独立反应被保护设备的各种故障及异常状态，并能作用于跳闸或发出信号，当一套保护退出时不应影响另一套保护的运行
7	15.2.2.1　两套保护装置的交流电流应分别取自电流互感器互相独立的绕组。交流电压应分别取自电压互感器互相独立的绕组
8	15.2.2.2　两套保护装置的直流电源应取自不同蓄电池组连接的直流母线段。每套保护装置与其相关设备（电子式互感器、合并单元、智能终端。网络设备、操作箱、跳闸线圈等）的直流电源均应取自与同一蓄电池组相连的直流母线，避免因一组站用直流电源异常对两套保护功能同时产生影响而导致的保护拒动
9	15.2.2.4　两套保护装置与其他保护、设备配合的回路应遵循相互独立的原则，应保证每一套保护装置与其他相关装置（如通道、失灵保护）联络关系的正确性，防止因交叉停用导致保护功能缺失
10	15.2.2.5　220kV 及以上电压等级线路按双重化配置的两套保护装置的通道应遵循相互独立的原则，采用双通道方式的保护装置，其两个通道也应相互独立。保护装置及通信设备电源配置时应注意防止单组直流电源系统异常导致双重化快速保护同时失去作用的问题
11	15.2.2.6　为防止装置家族性缺陷可能导致的双重化配置的两套继电保护装置同时拒动的问题，双重化配置的线路、变压器、母线、高压电抗器等保护装置应采用不同生产厂家的产品
12	15.6.9.3　有两组跳闸线圈的断路器，其每一跳闸回路应分别由专用的直流空气开关供电，且跳闸回路控制电源应与对应保护装置电源取自同一直流母线段

（四）“一单一册”

根据《国网基建部关于发布〈35～750kV输变电工程设计质量控制“一单一册”（2019版）〉的通知》（基建技术〔2019〕20号），本节涉及的“一单一册”相关内容如表2-10-2所示。

表2-10-2　“一单一册”问题

序号	专业子项	问题名称	问题描述	原因及解决措施	问题类别
1	继电保护	双重化保护通道接口装置电源与保护装置电源不匹配	保护装置与通信接口装置所接直流电源的母线段不对应，直流一段母线失电后造成双重化的保护均失效	对通信电源采用48V DC/DC变换的变电站，每套线路纵联保护装置与本套保护对应通道接口装置电源应同时接入同一组蓄电池所对应的直流母线上，防止保护装置电源与通道接口装置电源交叉接入	技术方案不合理

（五）强条

根据国家电网公司企业标准《输变电工程建设标准强制性条文实施管理规程　第2部分：变电（换流）站建筑工程设计》（Q/GDW 10248.2—2016），本节涉及的工程建设标准强制性条文执行情况如表2-10-3所示。

表2-10-3　强制性条文

序号	强制性条文内容
《电气装置安装工程　接地装置施工及验收规范》（GB 50169—2016）	
1	4.9.1　保护和控制装置的屏柜地面下设置的等电位接地网宜用截面积不小于100mm^{2}的接地铜排连接成首末可靠连接的环网，并应用截面积不小于50mm^2、不少于4根铜缆与厂、站的接地网一点直接连接

四、设计接口要点

（一）专业间收资要点

从通信专业收资通道配置情况。

（二）专业间提资要点

本卷册同时包括保护和二次线，不涉及专业间提资内容。

（三）厂家资料确认要点

（1）核实是否需要配置单独的断路器保护装置。

（2）根据通信提资核实保护通道用背板插件满足光缆距离传输要求。

（3）核实保护通道配置满足双通道需要。

（4）核实柜体数量、颜色、尺寸、装置型号等属性是否满足设联会要求。

（5）核实装置电源情况：①保护装置1路直流电源（DC 220V），操作箱1路直流电源，双套保护分别接双套直流电源；②复用2M装置1路直流电源（-48V），同一套保护的A/B通道用复用2M装置分别接双套直流电源。

（6）核实装置接口数量：①保护装置一般配置3个网口，2个485串口，规约为103规约；②复用2M装置一收一发两个光口（类型FC）。

（7）核实复用 2M 装置数量，需要按通道数量进行配置，核实装置失电告警信号是否需要通过电源监视继电器发出。

（8）每台装置均 1 路电 B 码对时。

（9）核实各原理图及端子排图是否正确。

五、图纸设计要点

（一）断路器失灵保护配置

（1）第一套线路保护断路器失灵采用第一套母差保护（新母差）的断路器失灵功能；第二套线路保护断路器失灵采用独立的断路器保护或者第二套母差保护（旧母差）的断路器失灵功能。

（2）其中，第二套断路器失灵保护配置取决于第二套母差保护是否具备完整的失灵电流判据，如不具备，则配置独立的断路器失灵保护，与第二套线路保护共同组柜。

（二）保护通道配置

（1）现场收资时注意保护通道配置是专用芯还是复用 2M，是否采用双通道。

（2）若前期为单通道方式，需核实本次是否具备双通道条件，如具备，按照双通道配置；如不具备，需与保护班，调度沟通确定最终配置方案。

（三）防跳回路

核实原防跳回路采用操作箱防跳还是机构防跳，若机构具备防跳回路，本次需改为机构防跳，取消操作箱防跳。

（四）测控装置改造

（1）原有测控若只有 1 副手跳/手合接点，本期需新增 1 副手跳/手合接点，由中标保护厂家提供重动继电器，施工单位现场安装。

（2）原有测控装置控制回路电源取自保护装置，本期需将控制回路电源连至自身装置电源，保证回路连通。

（3）测控装置红/绿指示灯电源需注意保证连通，可与自身装置遥控电源并接，也可接入保护装置。

（五）端子箱及机构改造

（1）合闸回路中跳位监视回路前需串接常闭辅助接点，若前期没有，本期改造需要串入。

（2）若原防跳采用操作箱防跳回路，且机构具备防跳回路，本次需改为机构防跳，将相应接线重新连接。

（3）机构中部分回路电源若采用原切换后电源，因本次改造后不存在切换电源，机构中的电源需并入到控制电源中，保证回路连通。

（六）TA 绕组配置

（1）第一组接第一套线路保护，后接入行波测距装置（如有）。

(2) 第二组接第二套线路保护，后接故障录波装置。

(3) 第三、四组接入母差保护 1、2，根据实际情况，不做改动。

(4) 其他绕组同前期，不做改动。

六、施工过程注意要点

(1) 施工中需现场核对运行中装置端子排，与图纸不符需与设计进行确认。

(2) 施工前进行技术及安全交底、介绍本节施工内容、质量通病防治措施、施工安全风险及预防措施。

第十一节　开关柜二次线

一、设计依据

(一) 设计输入

厂家资料：

(1) 机构及手车资料（开关柜厂家）。

(2) 状态指示仪（开关柜厂家外购）。

(3) 电容器保护二次线（电容器厂家）。

(4) 保测装置、交换机（综自厂家）。

(5) 五防锁（综自厂家外购）。

(6) 电能表（表厂家、一般没有）。

(7) 消谐装置（消谐厂家、TV 间隔）。

(8) 智能组件（随一次设备招标、主变压器间隔）。

(二) 规程、规范、技术文件

GB 50169—2016《电气装置安装工程　接地装置施工及验收规范》

GB/T 50065—2011《交流电气装置的接地设计规范》

DL/T 5149—2020《变电站监控系统设计技术规程》

DL/T 5458—2012《变电工程施工图设计内容》

Q/GDW 10248.2—2016《输变电工程建设标准强制性条文实施管理规程　第 2 部分：变电（换流）站建筑工程设计》

Q/GDW 10381.5—2017《国家电网有限公司输变电工程施工图设计内容深度规定　第 5 部分：220kV 智能变电站》

《国家电网有限公司关于印发〈十八项电网重大反事故措施（修订版）〉的通知》（国家电网设备〔2018〕979 号）

《国网基建部关于发布〈35～750kV 输变电工程设计质量控制“一单一册”（2019 年版）〉的通知》（基建技术〔2019〕20 号）

《国网基建部关于进一步加强输变电工程设计质量管理的通知》(基建技术〔2020〕4号)
《国家电网公司输变电工程通用设计 220kV 变电站模块化建设（2017 年版）》
《电力工程电气设计手册电气二次部分》

二、设计内容和流程

（一）设计边界

低压侧 TA、TV 线圈数量、准确级、变比和容量的确认；柜顶小母线空气开关容量计算确认；低压侧线路、电容器、分段及接地变等间隔二次线。

（二）设计内容

本节设计内容为 10kV 线路、电容器、站用变压器及分段开关柜、隔离柜的二次设计。

（三）设计流程

本节设计流程图如图 2-11-1 所示。

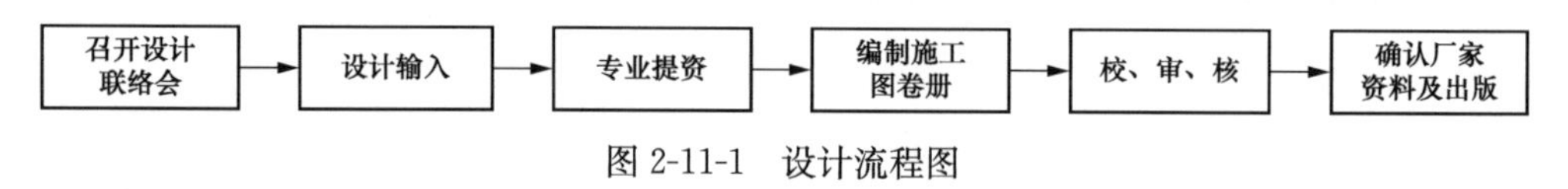

图 2-11-1　设计流程图

三、深度要求

（一）施工图深度

1. 卷册说明

卷册说明应说明本卷册包含内容、主要设计原则、二次设备配置方案、线路保护通道配置、设备订货情况、与其他卷册的分界点等。

2. 二次设备配置图

在本电压等级主接线简图上表示各间隔 TA、TV 二次绕组数量、排列、准确级、变比和功能配置，并示意相关二次设备配置，包含保护装置、测控装置、合并单元、智能终端等二次设备的厂家型号及安装单位。

3. 二次系统信息逻辑图

二次系统信息逻辑图应表示对应间隔二次设备间的信息（含电流、电压、跳闸、信号等）交互，并示意信息流方向。

4. 电流电压回路图

电流电压回路图对应主接线图，表示出所有功能回路 TA、TV 接线方式、去向、回路编号及二次接地点等；应示出保护的双重化配置、保护范围的交叉重叠；应表示 TV 二次回路不同绕组回路编号、引接方式、空气开关的配置、端子箱处接地方式等。

5. 交直流电源

交直流电源图应表示本电压等级开关场交直流电源进线、供电方式等内容。

6. 屏柜端子排图

屏柜端子排图应表示出端子排的外部去向，包括回路号、电缆去向及电缆编号。

7. 屏柜光缆（尾缆）联系图

（1）示意不同屏柜间互连的光缆、尾缆，同一屏柜内不同装置间的光纤跳线；光缆应表示光缆编号、套管颜色、光纤色标、芯数、去向等；尾缆应表示尾缆编号及两端的接头类型。

（2）表示出柜内接有尾缆装置的光口号、光口类型，同时表示所接尾缆的编号、尾缆芯编号及去向。

（3）表示光纤配线架的光配单元号及本对侧的光纤接口类型，各光配单元所接的光缆编号；光缆的套管颜色、光纤色标、芯数及去向等。当采用预制光缆时，应包含光缆插头、插座或分支器，光缆的套管颜色、光纤色标、芯数及去向等。

（二）计算深度

需计算柜顶小母线的空气开关是否满足远景需求。

（三）反措要求

根据《国家电网有限公司关于印发〈十八项电网重大反事故措施（修订版）〉的通知》（国家电网设备〔2018〕979 号），本节涉及的十八项电网重大反事故措施如表 2-11-1 所示。

表 2-11-1　　十 八 项 反 措

序号	条文内容
1	14.1.1.10　变电站控制室及保护小室应独立敷设与主接地网单点连接的二次等电位接地网，二次等电位接地点应有明显标志
2	15.6.2.1　在保护室柜屏下层的电缆室（或电缆沟道）内，按柜屏布置的方向逐排敷设截面积不小于 $100mm^2$ 的铜排（缆），将铜排（缆）的首端、末端分别连接，形成保护室内的等电位地网，该等电位地网应与变电站主地网一点相连，连接点设置在保护室的电缆沟道入口处。为保证连接可靠，等电位地网与主地网的连接线应使用 4 根及以上，每根截面积不小于 $50mm^2$ 的铜排（缆）
3	15.6.2.2　分散布置保护小室（含集装箱式保护小室）的变电站，每个小室均应参照 15.6.2.1 要求设置与主地网一点相连的等电位地网。小室之间若存在相互连接的二次电缆，则小室的等电位地网之间应使用截面积不小于 $100mm^2$ 的铜排（缆）可靠连接，连接点应设在小室等电位地网与变电站主接地网连接处。保护小室等电位地网与控制室、通信室等的地网之间亦应按上述要求进行连接
4	15.6.2.3　微机保护和控制装置的屏柜下部应设有截面积不小于 $100mm^2$ 的铜排（不要求与保护屏绝缘），屏柜内所有装置、电缆屏蔽层、屏柜门体的接地端应用截面积不小于 $4mm^2$ 的多股铜线与其相连，铜排应用截面不小于 $50mm^2$ 的铜缆接至保护室内的等电位接地网
5	15.6.2.5　微机型继电保护装置之间、保护装置至开关场就地端子箱之间以及保护屏至监控设备之间所有二次回路的电缆均应使用屏蔽电缆，电缆的屏蔽层两端接地，严禁使用电缆内的备用芯线替代屏蔽层接地

（四）强条

根据国家电网公司企业标准《输变电工程建设标准强制性条文实施管理规程　第 2 部分：变电（换流）站建筑工程设计》（Q/GDW 10248.2—2016），本节涉及的工程建设标准强制性条文执行情况如表 2-11-2 所示。

表 2-11-2　　强 制 性 条 文

序号	强制性条文内容
《电气装置安装工程　接地装置施工及验收规范》(GB 50169—2016)	
1	4.9.1　保护和控制装置的屏柜地面下设置的等电位接地网宜用截面积不小于 $100mm^2$ 的接地铜排连接成首末可靠连接的环网，并应用截面积不小于 $50mm^2$、不少于 4 根铜缆与厂、站的接地网一点直接连接
2	4.9.2　保护和控制装置的屏柜内下部应设有截面积不小于 $100mm^2$ 的接地铜排，屏柜内装置的接地端子应用截面积不小于 $4mm^2$ 的多股铜线和接地铜排相连，接地铜排应用截面积 $50mm^2$ 的铜排或铜缆与地面下的等电位接地母线相连

四、设计接口要点

(一) 专业间收资要点

主接线、开关室布置图。

(二) 专业间提资要点

(1) 需给一次及二次专业提资电源需求（注意双套配套的保护、测控装置和合并单元、智能终端的电源要分别取自同一段直流母线）。

(2) 需要给时间同步卷册提资对时需求和光配分配方案。

(三) 厂家资料确认要点

图纸确认过程中需要提供设计联络会纪要，纪要中会就部分问题提出明确要求，以下仅示例：

(1) 柜体颜色：开关柜上二次压板颜色需按国家电网有限公司要求分色。

(2) 开关柜内二次接地应与一次接地分开，并通过专用接地铜排单独接地，二次接地铜排与接地网连接截面积不小于 $50mm^2$。避雷器引下线采用铜排连接，所附放电计数器（TV 柜）采用编织软铜线接地，其截面应不小于 $25mm^2$。

(3) 开关柜状态指示器（带通信接口装置，带自检功能），采用南京厚泰厂家产品，应满足设计和生产要求。状态指示器具备带电显示、状态指示、温湿度控制功能（具有分开控制功能）。

(4) 开关柜状态指示器（带通信接口装置，带自检功能），采用南京厚泰厂家产品，应满足设计和生产要求。状态指示器具备带电显示、状态指示、温湿度控制功能（具有分开控制功能）。

(5) 二次端子选用凤凰端子（水平布置），二次导线截面积按国标（GB/T 16934—2013），电流线为 $4mm^2$、电压线为 $4mm^2$，电流、电压端子均采用电流型试验端子，辅助单元的控制、信号等导线截面积 $2.5mm^2$；有外引线的电流互感器二次线，尽量装在端子的同一侧。二次小母线为 $\phi6$ 实心圆铜。各种二次空气开关装设永久性标签。

(6) 互感器（TA、TV）采用大一互厂家产品，电流互感器接线端参数明确。

(7) 智能终端合并单元一体化装置（采用统一变电站后台厂家）必须经国家电网有限公司检验合格，开关柜厂家需配合智能终端及合并单元厂家的设备安装调试。在智能设备联调完成后，由智能组件方及测控装置厂家（智能组件厂家需与变电站监控后台厂家一致，保测一体化装置、交换机、TV 并列装置、$3U_0$ 继电器）发往开关柜厂家，由设计单位提前提供智能终端合并单元一体化装置、“五防”锁具、电能表开孔尺寸给开关柜厂家开孔配线，在开关柜厂家完成后发至现场。开关柜内具备光缆熔接终端盒（ODF）放置位置，摆放整齐，熔接可靠。

（8）厂家需提供开关柜内电能表支架和接线盒，电能表电压回路采用三极空气开关。二次消谐装置使用南京厚泰。

下面就各装置及器件确认要点进行分析。

（1）开关柜资料确认：

1）机构：一方面对照通用设备及设计联络会纪要、一方面满足省内习惯，如需明确分合闸电流、辅助触点十开十闭、控制电压 AC220、电机电压 AC380、各隔离开关电机电源单独配置空气开关等。

2）TA：绕组数、容量及二次电流（需要与一次专业间配合）。

3）状态指示仪：一般不需要确认，但需满足设计联络会要求。

4）提供智能终端合并单元一体化装置、“五防”锁具、电能表开孔尺寸给开关柜厂家开孔配线。

（2）综自资料确认：

1）各间隔装置数量及总量、电源回路、开入量点数。

2）保护、测控功能是否完善，如电容器保护是否正确、接地变非电量回路是否有接口等。

（3）电容器资料确认：

1）不平衡电压/差压保护类型。

2）明确端子箱处部分电缆供货方。

（4）确认资料还需注意：

1）提供图纸及各装置数量是否与物资招标、设计联络会纪要一致。

2）提供图纸关于电气属性（电压电流），屏柜颜色、尺寸、开门方向等属性是否符合社联会纪要。

3）若采用下放组柜方式，需将组柜装置资料发至各组装厂家（容易遗漏）。

4）资料原理及各相关回路是否存在明显错误。

5）注意个别地区对低压侧 TV 过压、失压继电器配置要求。

由于消协装置、智能组件在公用及主变压器卷册体现，此处不再累述。

五、图纸设计要点

开关柜二次线卷册主要包括为 10kV 线路、电容器、站用变及分段开关柜中的电压电流回路、控制信号回路、端子排，隔离柜中的原理接线、端子排以及柜顶小母线布置二次设计。

（一）电压电流回路

在电压电流回路中需要注意各智能组件绕组功能要与主接线绕组功能保持一致，备用绕组要将绕组两端短接互连。需要注意，开关柜内公用线路不配置单独电能表的绕组接法，此处保、测共用一个绕组将数字量发至保测计合一装置。由于安徽目前采用保测计成装置，柜内单独配表，仅需将计量绕组介入智能组件计量即可。

TA 各绕组参数要与厂家确认资料保持一致，就智能变电站而言都是采集 TA 模拟量信号到智能组件，经此模数转换，TA 至智能组件距离一般在 20m 以内，按照 TA 容量选取计算 15VA 足够大；220kV 等级智能变电站二次电流为 1A，110kV 等级智能变电站二次电流为 5A。

（二）控制信号回路

控制信号回路中需要注意（交换机、母线侧控装置放置隔离柜）：

（1）智能组件与断路器的分、合闸及跳位监视节点要与机构图纸保持一致。

（2）遥信信号的处理：一般线路间隔较多，间隔遥信信号总数较多，故线路间隔遥信信号实行环发，表现为手拉手式处理；电容器间隔一般视母线测控开入量点数多少来确定是环发还是发至母线侧控，一般发至母线侧控；接地变压器及分段开关柜遥信较少，直接发至母线测控；母设开关柜遥信信号也直接发至母线测控。

（3）除隔离柜外，开关柜开入量信号，如断路器及隔离开关的状态量、状态指示仪报警信号、遥信量（上述 2）等，一般较为固定。

（4）开关状态指示仪各间隔基本类似（隔离柜由于没有开关，有些许不同），都包括断路器及隔离开关的状态量、带电闭锁输出、报警信号等，较为固定。

（5）直流电源：除隔离柜外（由于有交换机需要引两路直流，一路柜顶小母线、一路直流馈线屏），都从柜顶小母线引一路至开关柜。

（6）交流回路中的闭锁回路，一般原则为有接地开关闭锁接地开关，否则闭锁后柜门电磁铁。

（7）材料表中要相信罗列本间隔所用装置及器件，尤其注意空气开关的选型。

（三）端子排

端子排图是上述个回路接线的直接反应，端子排回执需要仔细认真，做到与原理图一致；尤其需要注意公共节点的短接。

（四）分段隔离柜原理接线

（1）由于有交换机需要引两路直流，一路柜顶小母线、一路直流馈线屏。

（2）母线侧测控遥信一般开入到公用测控装置。

（3）母线测控的开入包括 5.2（2）所述之外，还有相当一部分来自母设开关柜，仅需将信号一一开入即可。

（五）柜顶小母线

直流及交流小母线一般都采用带联络开关的接法，两断母线分别接来自不同馈线柜的电源。220kV 一体化电源采用单母分段模式，上述两电源需来自不同母线；110kV 一体化电源采用单母线模式，上述两电源需来自不同馈线柜。

（六）开关柜

图 2-11-2～图 2-11-7 为开关柜展示图。

六、施工过程注意要点

（1）注意光、尾缆走向敷设需准确。

（2）对于改造/扩建工程，需现场核实接线。

（3）施工前进行技术及安全交底、介绍本节施工内容、质量通病防治措施、施工安全风险及预防措施。

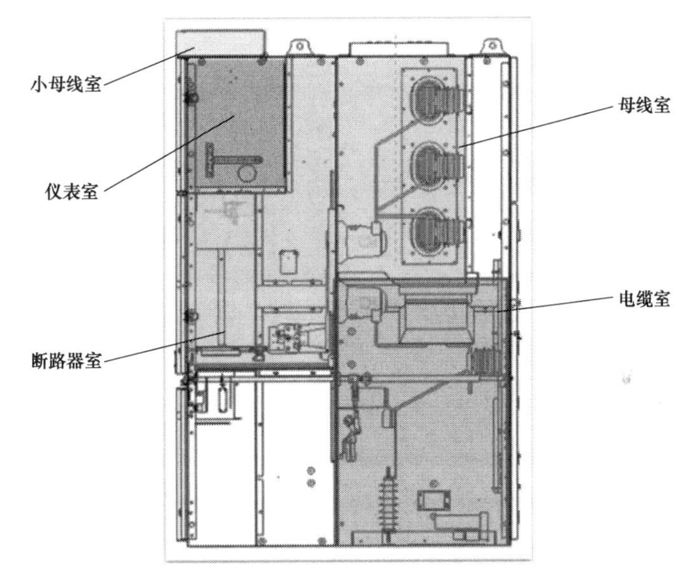

图 2-11-2　开关柜柜体结构图

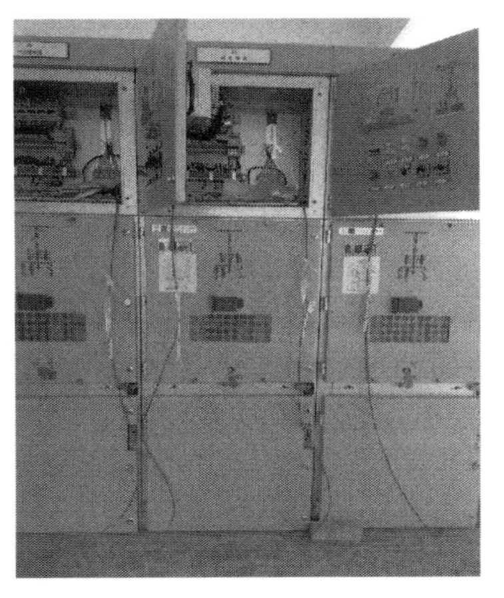

图 2-11-3　开关柜仪表室布置图

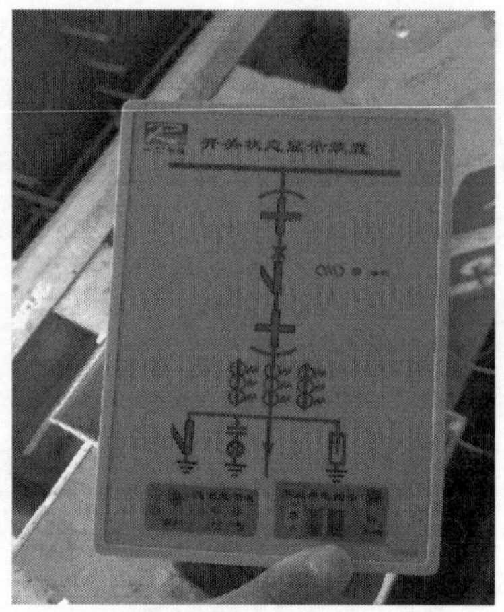

图 2-11-4　开关柜断路器小车及状态指示仪

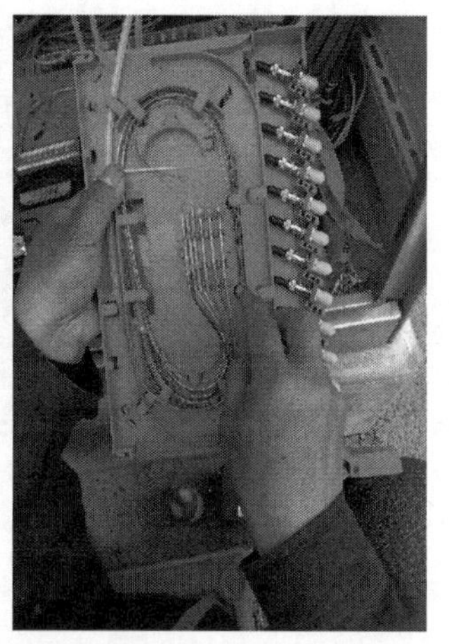

图 2-11-5　开关柜光配实物图

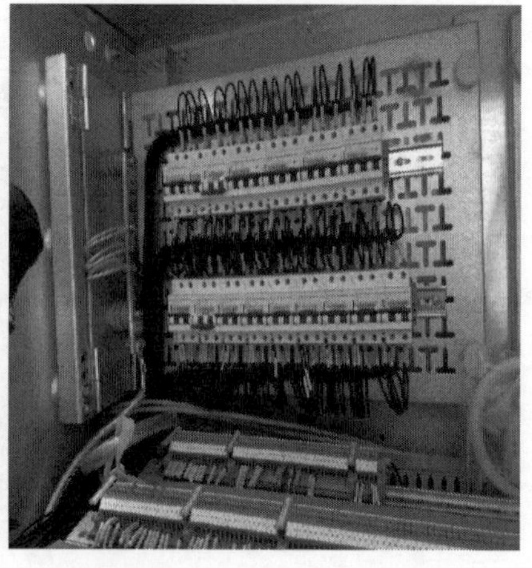

图 2-11-6　开关柜仪表室接线图

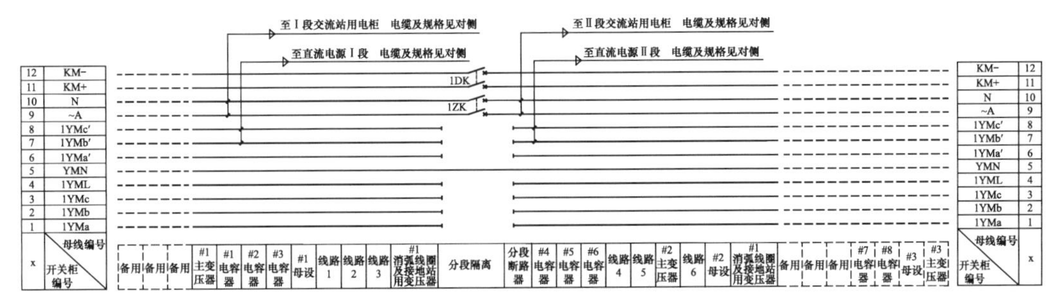

图 2-11-7　开关柜柜顶小母线图

第十二节　站　内　通　信

一、设计依据

（一）设计输入

（1）初步设计评审意见。

（2）设计联络会纪要。

（3）厂家图纸：光纤配线架、数字配线架、音频配线架、PCM 设备、SDH 设备、网络交换机、一体化电源通信部分厂家资料。

（4）总平面图、二次室屏位布置图和预制舱屏位布置图。

（二）规程、规范、技术文件

GB/T 50065—2011《交流电气装置的接地设计规范》

DL/T 547—2020《电力系统光纤通信运行管理规程》

DL/T 5225—2016《220kV～1000kV 变电站通信设计规程》

DL/T 5447—2012《电力系统通信系统设计内容深度规定》

DL/T 5458—2012《变电工程施工图设计内容》

Q/GDW 10248.2—2016《输变电工程建设标准强制性条文实施管理规程　第 2 部分：变电（换流）站建筑工程设计》

Q/GDW 10381.1—2017《国家电网有限公司输变电工程施工图设计内容深度规定　第 1 部分：110kV 智能变电站》

Q/GDW 10381.3—2017《国家电网有限公司输变电工程施工图设计内容深度规定

第 3 部分：电力系统光纤通信》

Q/GDW 10381.5—2017《国家电网有限公司输变电工程施工图设计内容深度规定 第 5 部分：220kV 智能变电站》

《国家电网有限公司关于印发〈十八项电网重大反事故措施（修订版）〉的通知》（国家电网设备〔2018〕979 号）

《国网基建部关于发布〈35～750kV 输变电工程设计质量控制“一单一册”（2019 年版）〉的通知》（基建技术〔2019〕20 号）

《国网基建部关于进一步加强输变电工程设计质量管理的通知》（基建技术〔2020〕4 号）

《国网基建部关于发布输变电工程通用设计通用设备应用目录（2021 年版）的通知》（基建技术〔2021〕2 号）

《国家电网公司输变电工程通用设计 220kV 变电站模块化建设（2017 年版）》

《电力工程设计手册电力系统规划设计（2019 年版）》

二、设计边界和内容

（一）设计边界

光纤配线架、数字配线架、音频配线架、PCM 设备、SDH 设备、网络交换机、一体化电源通信部分等相关接线。

（二）设计内容

通信卷册：通道组织、设备配置、设备缆线连接、通信电源屏原理及接线、光纤分配表、光缆敷设路径。

（三）设计流程

本节设计流程图如图 2-12-1 所示。

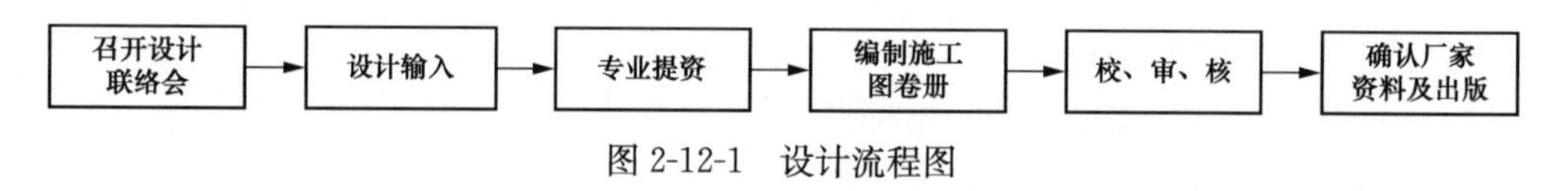

图 2-12-1　设计流程图

三、深度要求

（一）施工图深度

1. 卷册说明

卷册说明应说明设计依据，建设规模、设计范围及分工，工程设计方案，本站设备的配置情况、施工注意事项等。

2. 系统通信通道组织示意图

系统通信通道组织示意图应包括本工程使用相关光缆的起止点、型式、纤芯类型、芯数、长度及光缆所依附的输电线路电压等级等；并应区分本工程新建、已有、在建等光缆线路。在通信站之外的光缆接续特殊节点，应在图中给出该节点的塔位、纤芯熔接分配方案。

3. 系统设备配置图

系统设备配置图应包括光通信设备系统连接，应能明显区分本工程新增设备及现运行设备等；光传输设备的型号、容量、速率及各光接口的型号（含光纤放大器、预放大器及色散补偿模块等）；本工程各中继段光缆长度（如涉及）。

4. 通信设备缆线连接图

通信设备缆线连接图应表示出站内各光通信设备间的连接关系，包括光通信设备与光放大设备、ODF、DDF、NDF、通信电源之间的缆线连接；PCM终端设备与DDF、VDF、通信电源间的缆线连接等；体现所有缆线连接的起点、终点、型号、长度、编序号。

5. 光传输设备机柜屏面布置图

光传输设备机柜屏面布置图应包括光传输设备机架组屏、子架面板布置、各板卡功能、光口分配、机柜PDU端子分配等；PCM终端设备机架组屏、子架面板布置、各板卡功能等。

6. 通信电源屏面板图

通信电源屏面板图应标明设备组屏、子架面板布置等，包括交流空气开关、监控单元、整流模块、显示仪表、外部接线端子等布置。

7. 通信电源屏原理图

通信电源屏原理图应表示通信电源系统各组成部分及接地的连接关系。

8. 通信电源屏端子图

通信电源屏端子图应标明交直流配电端子的空气开关型号、参数、设备接线对应关系，还应包括监控告警、蓄电池接入等部分的端子接线。

9. 通信设备接地示意图

通信设备接地示意图应绘出接地网及集中接地装置的布置情况，并对施工要求进行说明，开列材料表。

10. 配线设备组屏布置图

配线设备组屏布置图应包括ODF机架组屏、模块布置，DDF机架组屏、模块布置，VDF机架组屏、模块布置。

11. 通信设备屏位布置图

通信设备屏位布置图应按比例绘制通信设备区域内通信屏位布置图，标明屏-屏、屏-墙的尺寸及门的位置，说明每个屏位对应的设备名称、型号、数量以及生产厂商，并区分本期、预留及备用屏位。

12. 主控楼电话网络线布置图

主控楼电话网络线布置图应绘出站内音频配线架至楼层分线箱、分线箱至每个房间电话出线盒、出线盒至电话机间的埋管及电缆敷设。

13. 进出线构架光缆安装示意图

进出线构架光缆安装示意图应包括光缆终端盒、余缆盘、光缆交接箱的位置、引入光缆引下方式及安装、三点接地等施工要求，工艺要求参照 Q/GDW 758—2012。

14. 光纤配线屏光纤配线单元端子连接表

光纤配线屏光纤配线单元端子连接表应包括本工程所建设的所有相关光缆的起止点、接续点以及纤芯使用方案、纤芯承载电路等内容。

15. 电缆清册

电缆清册应以表格形式说明每根电缆编号、起止点、规格型号和在本工程中的实际用途等。

16. 设备材料表

设备材料表应列出本部分设备材料明细，标明名称、规格型号及数量等。

17. 站内光缆敷设路径示意图

站内光缆敷设路径示意图应在站区总平面图的基础上绘制光缆敷设图，包括引入光缆型式、敷设路径及方式等；应明确光缆敷设要求、标识标牌悬挂要求、预埋光缆标识要求。若站区内存在光缆交接箱，应标识布设位置。

（二）计算深度

核实交直流一体化电源的空气开关是否满足通信装置需求。

（三）反措要求

根据《国家电网有限公司关于印发〈十八项电网重大反事故措施（修订版）〉的通知》（国家电网设备〔2018〕979 号），本节涉及的十八项电网重大反事故措施如表 2-12-1 所示。

表 2-12-1　　十八项反措要求

序号	条文内容
1	2.4.1.1　认真做好二次系统规划。结合电网发展规划，做好继电保护、安全自动装置、自动化系统、通信系统规划，提出合理配置方案，保证二次相关设施的安全水平与电网保持同步
2	5.3.1.12　220kV 及以上电压等级的新建变电站通信电源应双重化配置，满足“双设备、双路由、双电源”的要求
3	5.3.1.14　直流高频模块和通信电源模块应加装独立进线断路器
4	16.3.1.1　电力通信网的网络规划、设计和改造计划应与电网发展相适应，并保持适度超前，突出本质安全要求，统筹业务布局和运行方式优化，充分满足各类业务应用需求，避免生产控制类业务过度集中承载，强化通信网薄弱环节的改造力度，力求网络结构合理、运行灵活、坚强可靠和协调发展
5	16.3.1.2　通信设备选型应与现有网络使用的设备类型一致，保持网络完整性。承载 110kV 及以上电压等级输电线路生产控制类业务的光传输设备应支持双电源供电，核心板卡应满足冗余配置要求。220kV 及以上新建输变电工程应同步设计、建设线路本体光缆
6	16.3.1.4　县公司本部、县级及以上调度大楼、地（市）级及以上电网生产运行单位、220kV 及以上电压等级变电站、省级及以上调度管辖范围内的发电厂（含重要新能源厂站）、通信枢纽站应具备两条及以上完全独立的光缆敷设沟道（竖井）。同一方向的多条光缆或同一传输系统不同方向的多条光缆应避免同路由敷设进入通信机房和主控室
7	16.3.1.6　通信光缆或电缆应避免与一次动力电缆同沟（架）布放，并完善防火阻燃和阻火分隔等各项安全措施，绑扎醒目的识别标识；如不具备条件，应采取电缆沟（竖井）内部分隔离等措施进行有效隔离。新建通信站应在设计时与全站电缆沟（架）统一规划，满足以上要求
8	16.3.1.7　电网调度机构与直调发电厂及重要变电站调度自动化实时业务信息的传输应具有两条不同路由的通信通道（主/备双通道）

续表

序号	条文内容
9	16.3.1.8　同一条220kV及以上电压等级线路的两套继电保护通道、同一系统的有主/备关系的两套安全自动装置通道应采用两条完全独立的路由。均采用复用通道的，应由两套独立的通信传输设备分别提供，且传输设备均应由两套电源（含一体化电源）供电，满足“双路由、双设备、双电源”的要求
10	16.3.1.9　双重化配置的继电保护光电转换接口装置的直流电源应取自不同的电源。单电源供电的继电保护接口装置和为其提供通道的单电源供电通信设备，如外置光放大器、脉冲编码调制设备（PCM）、载波设备等，应由同一套电源供电
11	16.3.1.10　在双电源配置的站点，具备双电源接入功能的通信设备应由两套电源独立供电。禁止两套电源负载侧形成并联
12	16.3.1.11　县级及以上调度大楼、地（市）级及以上电网生产运行单位、330kV及以上电压等级变电站、特高压通信中继站应配备两套独立的通信专用电源（即高频开关电源，以下简称通信电源）。每套通信电源应有两路分别取自不同母线的交流输入，并具备自动切换功能
13	16.3.1.12　通信电源的模块配置、整流容量及蓄电池容量应符合《通信专用电源技术要求、工程验收及运行维护规程》（Q/GDW 11442—2015）要求。通信电源直流母线负载熔断器及蓄电池组熔断器额定电流值应大于其最大负载电流
14	16.3.1.13　通信电源每个整流模块交流输入侧应加装独立空气开关；采用一体化电源供电的通信站点，在每个DC/DC转换模块直流输入侧应加装独立空气开关
15	16.3.1.14　县级及以上调度大楼、省级及以上电网生产运行单位、330kV及以上电压等级变电站、省级及以上通信网独立中继站的通信机房，应配备不少于两套具备独立控制和来电自启功能的专用的机房空调，在空调“*N*-1”情况下机房温度、湿度应满足设备运行要求，且空调电源不应取自同一路交流母线。空调送风口不应处于机柜正上方
16	16.3.1.15　通信机房、通信设备（含电源设备）的防雷和过电压防护能力应满足电力系统通信站防雷和过电压防护相关标准、规定的要求
17	16.3.2.7　OPGW应在进站门型架顶端、最下端固定点（余缆前）和光缆末端分别通过匹配的专用接地线可靠接地，其余部分应与构架绝缘。采用分段绝缘方式架设的输电线路OPGW，绝缘段接续塔引下的OPGW与构架之间的最小绝缘距离应满足安全运行要求，接地点应与构架可靠连接。OPGW、ADSS等光缆在进站门型架处应悬挂醒目光缆标识牌
18	16.3.2.8　应防止引入光缆封堵不严或接续盒安装不正确造成管内或盒内进水结冰导致光纤受力引起断纤故障的发生。在门型架至电缆沟地埋部分应全程穿热镀锌钢管。钢管应全程密闭并与站内接地网可靠连接，埋设路径上应设置地埋光缆标识或标牌，地面部分应与构架固定

（四）“一单一册”

根据《国网基建部关于发布〈35～750kV输变电工程设计质量控制“一单一册”（2019版）〉的通知》（基建技术〔2019〕20号），本节涉及的“一单一册”相关内容如表2-12-2所示。

表2-12-2　　“一单一册”问题

序号	专业子项	问题名称	问题描述	原因及解决措施	问题类别
1	通信	通信管道光缆或站内引入光缆未预留通、埋管或不满足不同路由管沟要求	通信管道光缆进站需利用电力线路管沟通道，站内引入光缆需利用站内预埋管或电缆沟，由于通信设计专业向土建专业提资的规范性和及时性不足，加之各专业设计进度存在差异，造成土建专业在设计中易遗漏预留管道光缆进站通道和站内预埋管的设计，或未按采用不同路由电缆沟进入通信机房的要求进行设计，导致光缆进站敷设受阻或不规范	通信与相关专业间设计配合不足。通信专业应向相关专业提出需求，加强专业间设计配合的规范性	专业配合不足

续表

序号	专业子项	问题名称	问题描述	原因及解决措施	问题类别
2	通信	OPGW 光缆进站引入时遗漏有关三点接地的施工图设计	OPGW 光缆进站引入时，通信、电气及线路专业设计配合不充分，易遗漏三点接地，造成 OPGW 光缆进站接地设计不符合规程要求	专业间设计界面不清，导致三点接地在施工图设计中未明确。通信专业应向电气及线路专业提出需求，由电气及线路专业配合设计	设计缺项漏项

（五）强条

根据国家电网公司企业标准《输变电工程建设标准强制性条文实施管理规程　第 2 部分：变电（换流）站建筑工程设计》（Q/GDW 10248.2—2016），本节涉及的工程建设标准强制性条文执行情况如表 2-12-3 所示。

表 2-12-3　　强制性条文要求

序号	强制性条文内容
《交流电气装置的接地设计规范》（GB/T 50065—2011）	
1	3.2.1　电力系统、装置或设备的下列部分（给定点）应接地：配电、控制和保护用的屏（柜、箱）等的金属框架
《220kV～1000kV 变电站通信设计规程》（DL/T 5225—2016）	
2	6.11.7　通信设备的下列金属部分应做保护接地：1、通信设备的金属机架。2、配线架的金属骨架和金属保安器排等。3、通信用交、直流电源屏、高频开关电源等金属机架。4、音频电缆和电源电缆的金属外皮和屏蔽层。5、处在同一接地网中的高频电缆的两端的金属外导体、金属铠装与接地网应可靠电气连接。当不处于同一接地网时，一般仅将载波机端的金属外导体、金属铠装与接地网可靠电气连接

（六）通用设计

（1）二次设备室（舱）内柜体尺寸宜统一：靠墙布置二次设备宜采用前接线显示设备，屏柜宜采用 2260mm×800mm×600mm（高×宽×深，高度中包含 60mm 眉头），设备不靠墙布置采用后接线设备时，屏柜宜采用 2260mm×600mm×600mm（高×宽×深，高度中包含 60mm 眉头）。

（2）全站二次系统设备柜体颜色应统一。

（3）光缆的选择根据其传输性能、使用的环境条件决定；除线路纵联保护专用光纤外，其余宜采用缓变型多模光纤。室外预制光缆宜采用铠装非金属加强芯阻燃光缆，当采用槽盒或穿管敷设时，宜采用非金属加强芯阻燃光缆。室内光缆可采用尾缆。

（4）光缆芯数宜选用 4 芯、8 芯、12 芯、24 芯、36 芯、48 芯或 72 芯；尾缆（软装光缆）宜采用 4 芯、8 芯、12 芯规格。每根光缆或尾缆应至少预留 2 芯备用芯，一般预留 20%备用芯。

四、设计接口要点

（一）专业间收资要点

（1）总平面图、二次室屏位布置图和预制舱屏位布置图。

（2）自动化专业提资调度数据网通道类型、数量和编号。

（二）专业间提资要点

（1）通信电源馈线部分向电气二次专业提资。

（2）光缆走线埋管向土建专业提资。

（3）综合数据网设备电气参数向电气二次专业提资。

（三）厂家资料确认要点

（1）核实厂家提供图纸及各装置数量是否与物资招标、设计联络会纪要一致。

（2）核实屏柜颜色尺寸、柜门型式等属性是否满足建设单位要求。

（3）核实交直流一体化电源通信部分厂家资料原理、空气开关容量等是否满足要求。

（4）核实 SDH 设备光口板类型及数量是否满足要求。

（5）核实综合数据网柜内 PDU 是否满足要求。

（6）综合数据网设备厂家不提供屏柜，柜体应单独招标，需要将综合数据网设备厂家资料转发至柜体中标厂家，确保现场安装成功。

五、图纸设计要点

（一）通信设备缆线连接图

保护通道配置方案应与保护专业核实并保持一致，注意保护与通信分芯方案需合理；复用接口装置组屏方案在常规站和智能站中存在明显差异，设计过程中应予以关注。

（二）线路光纤保护通道配置图

保护通道配置方案和分芯方案应与通信设备缆线连接图保持一致。

（三）通信电源

通信电源引自交直流一体化电源屏，需分别绘制出交直流一体化电源面板图、设备配置表、原理图和端子图，注意通信复用接口装置、PCM 设备、SDH 设备的功率差异，并据此合理选择接入端子。

（四）光纤配线屏光纤配线单元端子连接表

光纤分芯方案需与通信设备缆线连接图和线路光纤保护通道配置图保持一致，需注明每根芯的编号、用途和位置。每个保护通道采用 2 用 2 备共 4 芯，若光纤芯数紧张，需要与保护班核实能否采用集中备用的方式。

（五）主控楼电话网络线布置图

电话线自综合配线屏引出采用穿电缆沟方式敷设，并通过预埋 PVC 接至电话插座，预埋 PVC 管路径需在施工前及时给土建专业提资。通常电话分线盒安装距地高度 1.5m，各小室电话插座安装距地高度 0.3m。

（六）站内光缆敷设路径示意图

注意同一方向的多条光缆或同一传输系统不同方向的多条光缆应避免同路由敷设进入二次设备室。引入光缆应使用防火阻燃光缆并在沟道内全程穿防护子管或使用防火槽盒，在门型架至电缆沟地埋部分应全程穿热镀锌钢管，站内道路部分应提前预埋镀锌钢管。

（七）设备材料表

注意计列热镀锌钢管、PVC 管等辅材。

六、施工过程注意要点

（1）涉及利用前期工程预埋镀锌钢管路径的改造、扩建工程注意提前与施工单位核实现场情况。

（2）新建工程注意预埋镀锌钢管数量和管径是否满足要求。

（3）电话线通过 ϕ32 PVC 管在墙壁的涂覆层内敷设，预埋 PVC 管路径需在施工前及时给土建专业提资。

（4）提交施工图出图版至现场，在工程施工过程中，及时与现场保持沟通，做好设计服务。

第三章　变　电　土　建

第一节　土 建 总 平 面

一、设计依据

（一）设计输入

（1）初步设计评审意见。

（2）工程所在地的水文、气象、环保、水质资料。

（3）区域稳定、地震、地质勘探及测量成果等资料。

（二）规程、规范、技术文件

GB 50007—2011《建筑地基基础设计规范》

GB 50016—2014《建筑设计防火规范（2018 年版）》

GB 50017—2017《钢结构设计标准》

GB 50187—2012《工业企业总平面设计规范》

GB 50201—2014《防洪标准》

GB 50229—2019《火力发电厂与变电站设计防火规范》

GB 50330—2013《建筑边坡工程技术规范》

GB 50352—2019《民用建筑设计统一标准》

JGJ 79—2012《建筑地基处理技术规范》

DL/T 5024—2005《电力工程地基处理技术规程》

DL/T 5056—2007《变电站总布置设计技术规程》

DL/T 5458—2012《变电工程施工图设计内容深度规定》

Q/GDW 10248.2—2016《输变电工程建设标准强制性条文实施管理规程　第 2 部分：变电（换流）站建筑工程设计》

Q/GDW 10381.5—2017《国家电网有限公司输变电工程施工图设计内容深度规定　第 5 部分：220kV 智能变电站》

《国家电网有限公司关于印发〈十八项电网重大反事故措施（修订版）〉的通知》（国家电网设备〔2018〕979 号）

《国网基建部关于发布〈35～750kV 输变电工程设计质量控制“一单一册”（2019 年）〉的通知》（基建技术〔2019〕20 号）

《国家电网公司输变电工程标准工艺（2016 年版）》

二、设计边界和内容

（一）设计边界

本节设计范围为变电站围墙、挡土墙基础外边缘或站外边坡工程以内部分的总布置。

（二）设计内容

（1）征地图（站址规划图）。

（2）总平面布置（包含总平面工程量及建构筑物一览表）。

（3）站区竖向布置（包含土方部分）。

（4）边坡方案（挡土墙、护坡等）。

（5）围墙及大门。

（6）道路布置（站内及进站道路）。

（7）管沟布置（电缆沟及盖板）。

（8）地坪做法（广场地坪、碎石地坪、绝缘地坪、道板砖地坪等）。

（9）全站埋管（仅含需穿围墙、道路、建筑物外墙等部分）。

（10）小型构筑物基础（灯具、摄像机支架、端子箱等）。

（三）设计流程

本节设计流程图如图 3-1-1 所示。

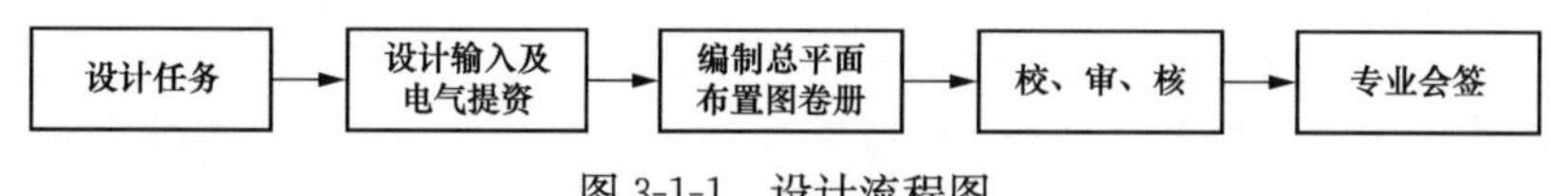

图 3-1-1　设计流程图

三、深度要求

（一）施工图深度

1. 卷册说明

（1）应说明站址基本概况，包括站址基本位置、站址标高，场区布置情况。

（2）应说明地基处理方法、换填措施、土石方设计及施工要求。

（3）应说明本卷册主要设计原则，与其他卷册的分界点。

2. 征地图

（1）在地形图上应绘出变电站围墙中心线、进站道路中心线及边线、征地轮廓线等，必要时应绘制规划控制红线及边坡边线等。

（2）标出指北针或风玫瑰图。

（3）应列表标明征地指标。

（4）说明尺寸单位、比例、坐标及高程系统，并提供测量控制点坐标、高程。所采用的坐标及高程系统应符合当地规划、国土部门的要求。

3. 站区规划图

（1）表示站内所有建（构）筑物的总体布置，可根据初设收口调整后的总平面图绘制，必要时应表示进站道路、站外排水等内容。

（2）标出指北针或风玫瑰图。

4. 站区总平面布置图

（1）根据电气专业提供的电气总平面布置，综合各专业的要求绘制。站内各建（构）筑物布置应符合防火间距、电气专业、运输及消防要求。

（2）标明站内各建（构）筑物、配电装置构架、主变压器场地、围墙、道路等的定位坐标。

（3）标明建（构）筑物的名称或编号、层数，标明各电压等级配电装置场地名称。

（4）综合布置站内主干道、次干道及检修道路等，综合布置站内各种主要管沟。

（5）标明站内道路的宽度及转弯半径。

（6）应计算主要技术经济指标并列表标明。

（7）列表标明站区内建（构）筑物名称、占地面积、建筑面积及配电装置场地名称等。

（8）总平面布置图应按上北下南绘制，标出指北针或风玫瑰图，并应标出指北针与建筑坐标的夹角。

（9）说明尺寸单位、比例、坐标及高程系统、建筑坐标与测量坐标的关系、补充图例等。

5. 竖向布置图

（1）标出站区各建（构）筑物、道路、配电装置场地及其他场地的设计标高，标明场地及道路排水坡度及方向。

（2）设置排水明沟时，标明排水沟的定位坐标，排水沟起点、变坡点、转折点和终点的设计标高，绘制排水沟详图。

（3）示意雨水口平面位置。

（4）绘出指北针或风玫瑰图。

6. 土方图

（1）土方图用方格网绘制，标注各方格点的原地面标高、设计标高、挖填高度，绘制土方挖填分界线，各方格土方量、总土方量等。

（2）绘制土（石）方平衡表。

（3）对土（石）方的平衡情况进行说明。

7. 站内道路平面布置图及站内道路详图

（1）说明站内道路定位坐标道路宽度、转弯半径等。

（2）说明站内道路路面中心控制点标高、纵向坡度等。

（3）必要时标明道路平曲线及竖曲线要素。

（4）绘制各类道路的横断面图并注明道路的材料、构造、厚度和做法。标明纵横伸缩缝的间距并绘制其构造详图。

8. 站区电缆沟（管沟）平面布置图

（1）应标明指北针、站区电缆沟（管沟）、埋管、过水槽的平面定位尺寸、标高、排水方向、坡度等。

（2）应标明电缆沟（管沟）断面尺寸。

（3）说明电缆沟（管沟）变形缝设置要求。

9. 沟道及节点详图

（1）绘制各类沟道剖面图，标明沟道底板、侧壁、盖板（普通盖板和过道路盖板）的材料、厚度和做法。

（2）标明沟底横坡坡度及预埋件做法。

（3）绘制沟道转角、伸缩缝、沟壁穿管、预埋件详图等。

10. 进站道路平面布置图

（1）平面图标明指北针。

（2）标明道路的定位坐标、道路宽度、转弯半径等。

（3）标明道路路面中心控制点标高、纵向坡度等。

（4）必要时绘制道路纵断面和横断面图，表面道路平曲线和竖曲线要素。

（5）标明道路箱涵（或管涵）、排水沟、边坡挡墙等的定位尺寸。

11. 进站道路详图

（1）标明道路路面、水泥稳定层、路基及两侧排水沟的做法。

（2）标明纵横伸缩缝的间距及构造详图。

（3）必要时标明道路超高等做法。

（4）标明道路管涵、箱涵、边坡挡墙等做法。

12. 站区围墙及大门平面布置图

（1）应标明围墙及大门的定位坐标、指北针。

（2）挡土墙及护坡的定位坐标和分段范围。

（3）站外排（截）水沟的定位坐标、起点深度和坡向坡度等。

（4）标明需要预先在围墙下预埋的管道、电缆沟道、通信管道等。

13. 围墙施工图

（1）绘制围墙立面及剖面图，标明围墙墙身、压顶、基础等的材料和做法。

（2）当采用装配式围墙时应标明板的材料、型号和规格、装饰板的形式（必要时应绘制详图）及安装节点构造。

（3）标明墙面装饰、墙身及伸缩缝的要求及做法。

14. 站区大门施工图

绘制大门、门柱的平、立、剖面图，标明大门门柱及基础等的材料和做法。

15. 挡土墙及护坡施工图

（1）绘制挡土墙及边坡的立面、剖面图及构造详图。

（2）标明挡土墙、边坡护面所用材料的品种、型号及规格，标明变形缝的间距及做法，标出泄水孔的标高、间距及做法。

16. 站外排（截）水沟施工图

（1）应标明站外沟道的平面定位坐标，排水沟起点、变坡点、转折点和终点的设计标高。

（2）绘制站外排（截）水沟详图。

（二）计算深度

（1）站区及进站道路的土（石）方工程量计算，各类技术经济指标的计算等。计算深度应符合下列规定：

1）土（石）方工程量的平衡计算应计入建（构）筑物，站内外道路、防排洪设施等的基槽余量。

2）应根据土壤性质确定土壤松散系数；对于场地内有深厚的软弱土层，又存在大面积回填土时，应计算其在施工期间因土体固结引起的土方工程量。

3）若为填方区或一般湿陷性黄土地区还应考虑压缩系数。

（2）围墙及基础计算、门柱及基础计算、挡土墙及基础计算、边坡计算。计算深度应符合下列规定：

1）确定挡土墙的材料及形式，根据挡土墙高度、土壤性质、上部荷载等工况进行强度、稳定的计算；根据地质提供的资料，采用经济、合理的护坡形式。

2）采用锚杆支护等形式时，应根据岩层的破坏形式，山体的整体稳定，确定锚杆的长度、注浆要求等。

3）根据地基承载力计算以上构筑物基础。

4）站外排（截）水沟断面由给排水专业根据水文资料计算确定。

（三）反措要求

根据《国家电网有限公司关于印发〈十八项电网重大反事故措施（修订版）〉的通知》（国家电网设备〔2018〕979号），本节涉及的十八项电网重大反事故措施如表3-1-1所示。

表3-1-1　　十八项反措要求

序号	条文内容
1	5.1.1.2　场地排水方式应根据站区地形、降雨量、土质类别、竖向布置及道路布置，合理选择排水方式

（四）“一单一册”

根据《国网基建部关于发布〈35～750kV输变电工程设计质量控制“一单一册”（2019版）〉的通知》（基建技术〔2019〕20号），本节涉及的“一单一册”相关内容如表3-1-2所示。

表 3-1-2　“一单一册”问题

序号	专业子项	问题名称	问题描述	原因及解决措施	问题类别
1	总平面（含竖向布置）	平面布置中构筑物基础相碰	构、支架基础与围墙基础、电缆沟相碰，造成现场施工困难	专业配合不到位，施工图会签未认真核对基础尺寸。配电装置区构支架基础数量较多，布置紧凑，相关专业需较强配合，核对基础尺寸，确保围墙、电缆沟与构支架基础平面与竖向上相互协调，避免发生基础碰撞	专业配合不足
2	总平面（含竖向布置）	变电站未设计基准点	变电站未设计基准点，不便于变电站以后的改扩建	对基准点重视程度不够，容易遗漏，测量地形图中应该设置基准点	设计缺项漏项
3	地基处理	回填土质量控制要求不完善	施工图回填土质量控制要求不完善，导致基础周边下沉，管道渗漏等一系列问题	设计文件中对回填土施工要求不够详细，存在漏项。施工图应明确回填土分层厚度、压实系数等要求，确保回填土质量	设计深度不足

（五）强条

根据国家电网公司企业标准《输变电工程建设标准强制性条文实施管理规程　第 2 部分：变电（换流）站建筑工程设计》（Q/GDW 10248.2—2016），本节涉及的工程建设标准强制性条文执行情况如表 3-1-3 所示。

表 3-1-3　强制性条文

序号	强制性条文内容
《防洪标准》（GB 50201—2014）	
1	7.3.2　35kV 及以上的高压、超高压和特高压变电设施，应根据电压分为三个防护等级，其防护等级和防洪标准应按表 7.3.2 确定
《工业企业总平面设计规范》（GB 50187—2012）	
2	3.0.12　厂址应位于不受洪水、潮水或内涝威胁的地带，并应符合下列规定： 1　当厂址不可避免地位于受洪水、潮水或内涝威胁的地带时，必须采取防洪、排涝的防护措施
3	3.0.14　下列地段和地区不应选为厂址： 1　发震断层和抗震设防烈度为 9 度及高于 9 度的地震区。 2　有泥石流、流沙、严重滑坡、溶洞等直接危害的地段。 3　采矿塌落（错动）区地表界限内。 4　爆破危险区界限内。 5　坝或堤决溃后可能淹没的地区。 6　有严重放射性物质污染的影响区。 7　生活居住区、文教区、水源保护区、名胜古迹、风景游览区、温泉、疗养区、自然保护区和其他需要特别保护的区域。 8　对飞机起落、机场通信、电视转播、雷达导航和重要的天文、气象、地震观察，以及军事设施等规定有影响的区域。 9　受海啸或湖涌危害的地区
《民用建筑设计统一标准》（GB 50352—2019）	
4	4.3.1　除骑楼 、建筑连接体、地铁相关设施及连接城市的管线、管沟、管廊等市政公共设施以外，建筑物及其附属的下列设施不应突出道路红线或用地红线建造： 1　地下设施，应包括支护桩、地下连续墙、地下室底板及其基础、化粪池、各类水池、处理池、沉淀池等构筑物及其他附属设施等； 2　地上设施，应包括门廊、连廊、阳台、室外楼梯、凸窗、空调机位、雨篷、挑檐、装饰构架、固定遮阳板、台阶、地道、花池、围墙、平台、散水明沟、地下室进风及排风口、地下室出入口、集水井、采光井、烟囱等

续表

序号	强制性条文内容
	《变电站总布置设计技术规程》(DL/T 5056—2007)
5	6.1.1　变电站的站区场地设计标高应根据变电站的电压等级确定。 220kV枢纽变电站及220kV以上电压等级的变电站，站区场地设计标高应高于频率为1%（重现期，下同）的洪水水位或历史最高内涝水位；其他电压等级的变电站站区场地设计标高应高于频率为2%的洪水水位或历史最高内涝水位。 当站区场地设计标高不能满足上述要求时，可区别不同的情况分别采取以下三种不同的措施： 1　对场地标高采取措施时，场地设计标高应不低于洪水水位或历史最高内涝水位。 2　对站区采取防洪或防涝措施时，防洪或防涝设施标高应高于上述洪水水位或历史最高内涝水位标高0.5m。 3　采取可靠措施，使主要设备底座和生产建筑物室内地坪标高不低于上述高水位。 沿江、河、湖、海等受风浪影响的变电站，防洪设施标高还应考虑频率为2%的风浪高和0.5m的安全超高
6	6.3.6　场地挖方坡率允许值应根据工程地质勘察报告中描述的地质条件和设计边坡高度确定。 1　土质开挖边坡的坡率允许值应根据经验，按工程类比的原则并结合已有稳定边坡的坡率值分析确定。当无经验，且土质均匀良好、地下水贫乏、无不良地质现象和地质环境条件简单时，可按表6.3.6-1确定。 2　在边坡保持整体稳定的条件下，岩质边坡开挖的坡率允许值应根据实际经验，按工程类比的原则并结合已有稳定边坡的坡率值分析确定。对无外倾软弱结构面的岩质边坡，其边坡坡率允许值可按表6.3.6-2确定
7	6.3.7　填方区压实填土的边坡允许值，应根据其厚度、填料性质等因素，并结合地区经验，按表6.3.7的数值确定
8	6.3.8　下列边坡的坡率允许值应通过稳定性分析计算确定： 1　坡高超过表6.3.6-1和表6.3.6-2范围的边坡。 2　土质较软的边坡。 3　坡顶边缘附近有较大荷载的边坡。 4　地下水比较发育或有外倾软弱结构面的岩质边坡。 5　边坡下有不良地质条件的边坡
	《火力发电厂与变电站设计防火规范》(GB 50229—2019)
9	11.1.1　建（筑）物危险性能分类及耐火等级应符合表11.1.1的规定
10	11.1.3　变电站内的建（筑）物与变电站外的民用建（筑）物及各类厂房、库房、堆场、贮罐间的防火间距应符合现行国家标准《建筑设计防火规范》(GB 50016)的有关规定
11	11.1.4　变电站内各建（构）筑物及设备的防火间距不应小于表11.1.4的规定
12	11.1.7　设置带油电气设备的建（筑）物与贴邻或靠近该建（筑）物的其他建（筑）物之间应设防火墙
13	11.2.2　地下变电站的变压器应设置能贮存最大一台变压器油量的事故贮油池
	《建筑设计防火规范（2018年版）》(GB 50016—2014)
14	7.1.3　工厂、仓库区内应设置消防车道。 高层厂房、占地面积大于3000m² 的甲、乙、丙类厂房和占地面积大于1500m² 的乙丙类仓库、应设置环形消防车道，确有困难时，应沿建筑物的两个长边设置消防车道
15	7.1.8　消防车道应符合下列要求： 1　车道的净宽和净空高度均不应小于4.0m； 2　转弯半径应满足消防车转弯的要求； 3　消防车道与建筑之间不应设置妨碍消防车操作的树木、架空管线等障碍物
	《建筑边坡工程技术规范》(GB 50330—2013)
16	3.1.3　建筑边坡工程的设计使用年限不应低于被保护的建（构）筑物设计使用年限
17	3.3.6　边坡支护结构设计时应做下列计算和验算： 1　支护结构及其基础的抗压、抗弯、抗剪、局部抗压承载力的计算；支护结构基础的地基承载力计算； 2　锚杆锚固体的抗拔承载力及锚杆杆体抗拉承载力的计算； 3　支护结构稳定性验算
	《建筑地基处理技术规范》(JG J79—2012)
18	3.0.5　处理后的地基应满足建筑物地基承载力、变形和稳定性要求，地基处理的设计尚应符合下列规定： 1　经处理后的地基，当在受力层范围内仍存在软弱下卧层时，应进行软弱下卧层地基承载力验算； 2　按地基变形设计或应作变形验算且需进行地基处理的建筑物或构筑物，应对处理后的地基进行变形验算； 3　对建造在处理后的地基上受较大水平荷载或位于斜坡上的建筑物及构筑物，应进行地基稳定验算

续表

序号	强制性条文内容
	《电力工程地基处理技术规程》（DL/T 5024—2005）
19	5.0.3 当符合下列条件之一时，电力工程应进行地基处理： 1 天然地基承载力或变形不能满足工程要求； 2 发现地基有暗沟、隐埋湖塘、暗浜、土洞或溶洞； 3 地震区存在可液化土层的地基，不能满足抗液化要求； 4 经技术经济比较，处理的地基比天然地基更合理

四、设计接口要点

（一）专业间收资要点

1. 现场收资要点（改造/扩建工程）

（1）前期主要图纸（土建总平面布置图、给排水总平面布置图、各级配电装置区基础布置图等）。

（2）地质勘察资料（如无且现场情况复杂，则出具勘测外委任务书）。

（3）一期构筑物建设情况（构筑物是否按远景规模建设、是否留有扩建接口、构支架型式、电缆沟型式、构支架与基础连接形式等）。

（4）现场地坪做法（室外地坪及室内复杂地坪）。

（5）前期排水布置情况（管道布置及接口连接条件）。

（6）前期地基处理方式，是否已考虑远景部分地基处理。

（7）全站埋管情况（核对前期全站埋管图纸）。

（8）主变压器扩建工程核对配电装置室穿墙套管预留孔洞情况。

2. 专业间收资要点

（1）电气一次专业：电气总平面布置图、室外地坪做法、电缆沟定位、室外部分埋管。

（2）电气二次专业：电缆沟定位、室外部分埋管。

（3）线路电气专业：出线侧线路终端塔定位。

（4）勘测专业：最新版地形图、施工图阶段岩土工程勘察报告。

（二）专业间提资要点

（1）变电电气专业：土建总平面布置图、全站埋管图。

（2）线路电气专业：站址规划图（补充出线构架中心的坐标）。

五、图纸设计要点

（一）征地及土建总平面布置图

（1）绘制征地轮廓线及主要建、构筑物（构架等）坐标，说明坐标及高程系统。

（2）标明站内道路宽度及转弯半径（注意站内道路布置紧贴围墙时进站大门处道路的转弯半径选择）。

（3）站区竖向布置（与建设单位运检部门沟通，确定道路标高）。

（4）主要技术经济指标表（注意与初设的不同，表中各数据应与后续详图一致）。

（5）注意核对平面布置是否满足消防需求，站内道路应满足对应电压等级、道路类别（消防道路、主变压器运输道路、一般道路）的宽度及转弯半径要求，站内需设置消防环道或回车场，道路与建筑物外边缘距离不小于 5m，如生产建筑、生活建筑、电气设备间距离不满足防火间距要求，应设置防火墙。

（二）土方图

（1）依实测地形图绘制。

（2）估算耕植土、淤泥土、杂填土外弃量，建构筑物基础及地基处理出土量。

（三）挡土墙及围墙施工图

（1）根据图集及站内外高度差，选择合适高度的挡土墙，绘制挡土墙剖面图（目前图集中挡土墙顶宽度与围墙宽度尺寸不匹配，依据各工程具体情况进行调整）。

（2）据实计算挡土墙断面面积，计算工程量。

（3）根据初步设计评审意见及建设单位相关要求确定围墙型式（砖砌实体围墙、大砌块围墙、装配式围墙）。

（4）根据模块化变电站建设导则要求，围墙采用预制压顶。

（5）全站如存在无挡土墙的位置，围墙施工图中应补充一般条形基础的围墙断面。

（6）对于装配式围墙，装配式围墙柱和基础宜采用地脚螺栓连接。设计时应对地脚螺栓在不同设计状况下的承载力进行验算，并应符合现行国家标准 GB 50017—2017《钢结构设计标准》的规定。

1）墙板应根据模块化变电站所在地区的气候条件、使用功能等综合确定抗风性能、抗震性能、耐撞击性能、防火性能、隔声性能和耐久性能要求。

2）柱和墙板的设计应符合模数化、标准化的要求，并满足围墙立面效果、制作工艺、运输及施工安装的条件。

3）墙板和柱的连接节点应牢固可靠、受力明确、传力简捷、构造合理；连接节点应具有足够的承载力。承载能力极限状态下，连接节点不应发生破坏；节点设计应便于工厂加工、现场安装就位和调整；连接件的耐久性应满足使用年限要求。

4）墙板接缝处应平整对齐，并采用金属压条密封或耐候胶密封等措施，避免出现漏光、错缝等现象。

（四）道路施工图

（1）绘制道路断面（注意道路基层及垫层的做法）。

（2）绘制道路胀缝、缩缝及交叉转角图纸。

（五）电缆沟施工图

（1）深度 1000mm 及以内的电缆沟采用砖砌电缆沟，深度 1000mm 以上的电缆沟采用钢筋混凝土电缆沟（砖砌电缆沟应增加混凝土板带或随砌混凝土预制块）。

（2）绘制电缆沟断面图，电缆沟排水平面布置图。

（3）绘制电缆沟预制盖板详图，根据站内电缆沟尺寸确定选用表。

（4）绘制电缆沟交叉、转角以及穿建筑物外墙、围墙、挡土墙部分的做法。

（5）绘制电缆沟过道路埋管断面（局部埋管断面如 110kV 全户内变电站等埋管较深的部分，断面需电气专业提资）。

（6）电缆沟采用预制压顶。

（7）电缆沟考虑避让道路，避免施工时电缆沟倒塌。

（六）站内地坪施工图

（1）电气无特殊要求时，室外地坪均采用碎石地坪，碎石厚度 200mm，下设 100mm 素混凝土封闭层或 300mm 三七灰土封闭层，如有要求则按电气提资设置。

（2）与建设单位运检部门沟通，确定广场砖、道板砖及检修小道地坪标高。

（七）大门施工图

（1）与建设单位运检部门沟通大门宽度，原则上大门宽度不超过 10m，特殊情况要求大门宽度不超过 7m 时，需考虑修改进站道路一侧转弯半径。

（2）依据具体地质情况确定门柱下采用挡土墙支护或换填处理。

（3）与电气专业沟通确定门柱处是否有额外门禁用埋管等需求。

（八）全站埋管图

全站埋管图中过围墙、道路、电缆沟处的埋管需进行定位。

（九）专业配合

（1）建构筑物布置需与电气专业配合沟通，符合防火间距、运输及消防需求，注意主变压器、电容器、消弧线圈部分是否需要增加防火墙。

（2）需与电气一次、电气二次、通信专业沟通，核对埋管材质、位置及深度需求。

（十）会签

土建总平面布置图完成后需交电气一次专业核对会签，全站埋管图完成后需交电气一次、电气二次、通信专业核对会签，会签要点如下：

（1）需与电气一次专业复核主要电气设备位置、防火间距是否满足要求。

（2）需与提资专业复核埋管位置、数量是否无误，并核对埋管材质及深度需求。

六、施工过程注意要点

（1）各水工构筑物位置仅供参考，具体定位详见全站给排水总平面布置图。

（2）施工单位场平施工前应对方格网进行复测，如发现与土方图有出入，请通过监理单位及时反馈建设单位及设计单位，进行现场复测（含耕植土厚度）。

（3）回填土应分层压实或夯实，分层厚度不大于 300mm，压实系数不小于 0.94。

（4）在土方回填时，道路及电缆沟下作为重点压实区域处理，在土方回填完成后检测合格方可施工范围内建构筑物基础，确保压实质量。

（5）总平面布置图间隔排序及名称暂定，施工应以电气总图为准。

（6）全站户外埋管按图纸定位埋设，不得遗漏。

（7）施工前应进行施工安全交底，定期开展施工安全检查，确保施工作业的安全。

第二节　建　　筑

一、设计依据

（一）设计输入

（1）初步设计评审意见。

（2）工程所在地的坐标及高程信息、气象条件等。

（3）业主提供的设计要求。

（4）电气一次专业提资：各户内设备的主要尺寸及相关位置，运输、吊装、运维时的净空要求；埋件、埋管、开孔尺寸及定位；电缆沟尺寸及定位；穿墙套管安装孔洞及位置要求。

（5）电气二次专业提资：屏柜的主要尺寸及相关位置，埋件、埋管尺寸及定位图。

（6）现行的国家有关建筑设计规范、规程和规定。

（二）规程、规范、技术文件

GB 50016—2014《建筑设计防火规范（2018 年版）》

GB 50037—2013《建筑地面设计规范》

GB 50176—2016《民用建筑热工设计规范》

GB 50229—2019《火力发电厂与变电站设计防火标准》

GB 50345—2012《屋面工程技术规范》

GB 50352—2019《民用建筑设计统一标准》

GB 50693—2011《坡屋面工程技术规范》

GB 50189—2015《公共建筑节能设计标准》

JGJ 103—2008《塑料门窗工程技术规程》

JGJ 113—2015《建筑玻璃应用技术规程》

JGJ 134—2010《夏热冬冷地区居住建筑节能设计标准》

JGJ 214—2010《铝合金门窗工程技术规范》

DL/T 5457—2012《变电站建筑结构设计技术规程》

Q/GDW 10248.2—2016《输变电工程建设标准强制性条文实施管理规程　第 2 部分：变电（换流）站建筑工程设计》

《国家电网有限公司关于印发〈十八项电网重大反事故措施（修订版）〉的通知》（国家电网设备〔2018〕979 号）

《国网基建部关于发布〈35～750kV 输变电工程设计质量控制“一单一册”（2019 年版）〉的通知》（基建技术〔2019〕20 号）

《工程建设标准强制性条文（工业建筑部分）（2013 年版）》

《国家电网公司输变电工程标准工艺（2016 年版）》

《国家电网有限公司输变电工程通用设计（2018 年版）》

二、设计边界和内容

（一）设计边界

变电站内生产用房及辅助用房的建筑施工图，站内建筑物主要包括配电装置室（楼）、消防泵房、警卫室、运维综合室（楼）等。本节主要针对常规变电站中配电装置室（楼）的建筑施工图设计展开讲解。

（二）设计内容

（1）建筑设计说明：设计总则、依据、概况等必要信息，墙体、楼地面、屋面、门窗等主要分项工程的材料及做法要求，消防、暖通、噪声等其他相关专业需要说明的地方。

（2）建筑平面图：反映各房间尺寸及分布，墙、柱、电缆沟、门窗、各类洞口等的位置和尺寸。

（3）建筑立面图：标示出墙板材料和颜色，特殊围护构件的做法需注明。

（4）建筑剖面图：表示房屋内部的结构或构造形式，标示出屋面板排水坡度。

（5）建筑大样图：墙体、屋面等节点详图，其他平、立、剖面图中未交待明确的建筑构配件或建筑构造。

（三）设计流程

本节设计流程图如图 3-2-1 所示。

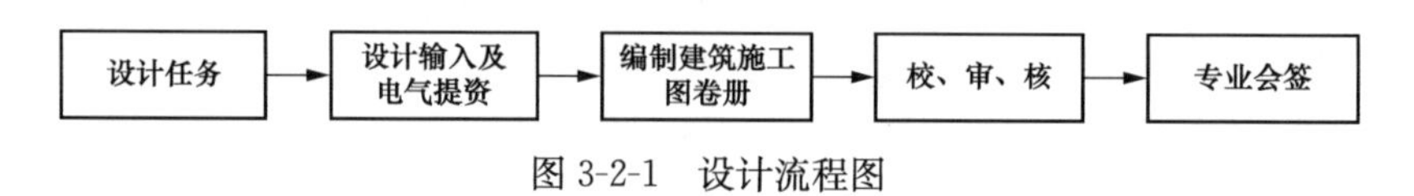

图 3-2-1　设计流程图

三、深度要求

（一）施工图深度

1. 卷册说明

（1）应说明建筑物基本概况、主要用材及构造要求。

（2）应说明建筑消防设计、噪声防治、节能设计要求。

（3）应说明本卷册主要设计原则，与其他卷册的分界点。

2. 建筑设计说明

（1）注明建筑室内地面±0.000m 标高的相对标高与总图绝对标高的关系及标高和尺寸单位。

（2）说明建筑物基本概况，包括设计使用年限、防火分类和耐火等级、屋面防水等级、结构类型、抗震设防烈度等。

（3）说明建筑抗震构造部分。

（4）说明墙体、墙身防潮层、地下室防水、屋面、外墙面、勒脚、散水、台阶、坡道、油漆、涂料等处的材料和做法。

(5) 绘制房屋装修一览表。

(6) 绘制门窗表，说明门窗性能（防火、隔声、防护、抗风压、保温、气密性、水密性等）、用料、颜色、玻璃、五金件等的设计要求。

(7) 说明幕墙工程及特殊屋面工程的性能及制作要求。

(8) 绘制标准图集一览表。

(9) 说明电梯、起重设备等建筑附属设备选择及性能要求。

(10) 说明墙体及楼板预留孔洞需临时封堵方式。

3. 平面图

(1) 绘制平面，标出建筑轴线及其序号，内外门窗位置、编号，门的开启方向，注明房间名称或编号。

(2) 标明轴线总尺寸（或外包总尺寸）、轴线间尺寸、门窗洞口尺寸、分段尺寸。

(3) 标明墙身厚度，柱与壁柱截面尺寸及其与轴线关系尺寸；当围护结构为幕墙时，标明幕墙与主体结构的定位关系。

(4) 标明变形缝位置、尺寸及做法索引，有关平面节点详图或详图索引号。

(5) 标明主要建筑设备和固定家具的位置及相关做法索引。

(6) 标明电梯、步道、楼梯及爬梯位置和楼梯上下方向示意和编号索引。

(7) 标明主要结构和建筑构造部件的位置、尺寸和做法索引，如中庭、天窗、地沟、地坑、重要设备或设备机座的位置尺寸、各种平台、夹层、人孔、阳台、雨篷、台阶、坡道、散水、明沟等。

(8) 标明室外地面标高、底层地面标高、各楼层标高、地下室各层标高。

(9) 标明底层平面标注剖切线位置、编号及指北针。

(10) 屋面平面应有女儿墙、檐口、天沟、坡度、坡向、雨水口、屋脊（分水线）、变形缝、楼梯间、水箱间、电梯机房、天窗反挡风板、屋面上人孔、检修梯、室外消防楼梯及其他构筑物，标明必要的详图索引号、标高等。

4. 立面图

(1) 立面转折较复杂时可用展开立面表示两端轴线编号，但应准确注明转角处的轴线编号。

(2) 标明立面外轮廓及主要结构和建筑构造部件的位置，如女儿墙顶、檐口、柱、变形缝、室外楼梯和垂直爬梯、室外空调机搁板、外遮阳构件、阳台、栏杆，台阶、坡道、花台、雨篷、烟囱、勒脚、门窗、幕墙、洞口、门头、雨水管，以及其他装饰构件、线脚和粉刷分格线等。

(3) 标明建筑的总高度、楼层位置辅助线、楼层数和标高以及关键控制标高，如女儿墙或檐口标高；外墙的留洞应标注尺寸与标高或高度尺寸（宽×高×深及定位尺寸）。

(4) 标明平、剖面图未能表示出来的屋顶、檐口、女儿墙，窗台以及其他装饰构件、线脚等的标高或尺寸。

（5）标明在平面图上表达不清的窗编号。

（6）标明立面装饰用料名称或代号。

5. 剖面图

（1）图中内容有墙、柱、轴线和轴线编号；剖切到或可见的主要结构和建筑构造部件；构件高度尺寸；主要建筑构造或特殊构件的标高；节点构造详图索引号。

（2）剖视位置应选在层高不同、层数不同、内外部空间比较复杂、具有代表性的部位；建筑空间局部不同处以及平面、立面均表达不清的部位，可绘制局部剖面。

6. 详图

（1）凡在平、立、剖面图或文字说明中无法交代或交代不清的建筑构配件和建筑构造应绘制建筑详图。

（2）包括内外墙、屋面等节点详图；楼梯详图；餐厅、卫生间及厨房详图；各层建筑平面开孔详图；吊顶位置、沟道及活动地板布置和电缆竖井详图。

（二）计算深度

无。

（三）反措要求

根据《国家电网有限公司关于印发〈十八项电网重大反事故措施（修订版）〉的通知》（国家电网设备〔2018〕979 号），本节涉及的十八项电网重大反事故措施如表 3-2-1 所示。

表 3-2-1　十八项反措要求

序号	条文内容
1	5.3.1.5　酸性蓄电池室（不含阀控式密封铅酸蓄电池室）照明、采暖通风和空气调节设施均应为防爆型，开关和插座等应装在蓄电池室的门外
2	18.1.2.8　酸性蓄电池室、油罐室、油处理室、大物流仓储等防火、防爆重点场所应采用防爆型的照明、通风设备，其控制开关应安装在室外

（四）"一单一册"

根据《国网基建部关于发布〈35～750kV 输变电工程设计质量控制"一单一册"（2019 版）〉的通知》（基建技术〔2019〕20 号），本节涉及的"一单一册"相关内容如表 3-2-2 所示。

表 3-2-2　"一单一册"问题

序号	专业子项	问题名称	问题描述	原因及解决措施	问题类别
1	建筑物	穿墙套孔预留洞与梁柱相碰	穿墙预留洞与框架梁柱相碰，导致套管无法安装	电气、建筑和结构专业之间配合不足。需要三个专业之间充分配合，建筑专业要根据电气提资标识开孔定位尺寸，结构专业要注意梁柱不与洞口相碰	专业配合不足

（五）强条

根据国家电网公司企业标准《输变电工程建设标准强制性条文实施管理规程　第 2 部分：变电（换流）站建筑工程设计》（Q/GDW 10248.2—2016），本节涉及的工程建设标准强制性条文执行情况如表 3-2-3 所示。

表 3-2-3　　**强制性条文**

序号	强制性条文内容
	《建筑设计防火规范（2018年版）》（GB 50016—2014）
1	3.3.8　变、配电站不应设置在甲、乙类厂房内或贴临，且不应设置在爆炸性气体、粉尘环境的危险区域内。供甲、乙类厂房专用的10kV及以下的变、配电站，当采用无门、窗、洞口的防火墙分割时，可一面贴临，并应符合现行国家标准《爆炸危险环境电力装置设计规范》GB 50058等标准的规定。乙类厂房的配电站确需在防火墙上开窗时，应采用甲级防火窗
2	3.7.2　厂房内每个防火分区或一个防火分区内的每个楼层，其安全出口的数量应经计算确定，且不应少于2个，当符合下列条件时，可设置1个安全出口： 1　甲类厂房，每层建筑面积不大于100m²，且同一时间的作业人数不超过5人； 2　乙类厂房，每层建筑面积不大于150m²，且同一时间的作业人数不超过10人； 3　丙类厂房，每层建筑面积不大于250m²，且同一时间的作业人数不超过20人； 4　丁、戊类厂房，每层建筑面积不大于400m²，且同一时间的作业人数不超过30人； 5　地下或半地下厂房（包括地下或半地下室），每层建筑面积不大于50m²，且同一时间的作业人数不超过15人
3	3.7.3　地下或半地下厂房（包括地下或半地下室），当有多个防火分区相邻布置，并采用防火墙分隔时，每个防火分区可利用防火墙上通向相邻防火分区的甲级防火门作为第二安全出口，但每个防火分区必须至少有1个直通室外的独立安全出口
4	3.7.6　高层厂房和甲、乙、丙类多层厂房的疏散楼梯应采用封闭楼梯间或室外楼梯。建筑高度大于32m且任一层人数超过10人的厂房，应采用防烟楼梯间或室外楼梯
5	6.1.1　防火墙应直接设置在建筑的基础或框架、梁等承重结构上，框架、梁等承重结构的耐火极限不应低于防火墙的耐火极限。防火墙应从楼地面基层隔断至梁、楼板或屋面板的底面基层。当高层厂房（仓库）屋顶承重结构和屋面板的耐火极限低于1.00h，其他建筑屋顶承重结构和屋面板的耐火极限低于0.50h时，防火墙应高出屋面0.5m以上
6	6.1.2　防火墙横截面中心线水平距离天窗端面小于4.0m，且天窗端面为可燃性墙体时，应采取防止火势蔓延的措施
7	6.1.5　防火墙上不应开设门、窗、洞口，确需开设时，应设置不可开启或火灾时能自动关闭的甲级防火门、窗。可燃气体和甲、乙、丙类液体的管道严禁穿过防火墙。防火墙内不应设置排气道
8	6.1.7　防火墙的构造应能在防火墙任意一侧的屋架、梁、楼板等受到火灾的影响而破坏时，不会导致防火墙倒塌
9	6.2.5　除本规范另有规定外，建筑外墙上、下层开口之间应设置高度不小于1.2m的实体墙或挑出宽度不小于1.0m、长度不小于开口宽度的防火挑檐；当室内设置自动喷水灭火系统时，上、下层开口之间的实体墙高度不应小于0.8m。当上、下层开口之间设置实体墙确有困难时，可设置防火玻璃墙，但高层建筑的防火玻璃墙的耐火完整性不应低于1.00h，单、多层建筑的防火玻璃墙的耐火完整性不应低于0.50h。外窗的耐火完整性不应低于防火玻璃窗的耐火完整性要求。 住宅建筑外墙上相邻户开口之间的墙体宽度不应小于1.0m；小于1.0m时，应在开口之间设置突出外墙不小于0.6m的隔板。 实体墙、防火挑檐和隔板的耐火极限和燃烧性能，均不应低于相应耐火等级建筑外墙的要求
10	6.2.6　建筑幕墙应在每层楼板外沿处采取符合本规范第6.2.5条规定的防火措施，幕墙与每层楼板、隔墙处的缝隙应采用防火封堵材料封堵
11	6.2.7　附设在建筑内的消防控制室、灭火设备室、消防水泵房和通风空气调节机房、变配电室等，应采用耐火极限不低于2.00h的防火隔墙和1.50h的楼板与其他部位分隔。设置在丁、戊类厂房内的通风机房，应采用耐火极限不低于1.00h的防火隔墙和0.50h的楼板与其他部位分隔。通风、空气调节机房和变配电室开向建筑内的门应采用甲级防火门，消防控制室和其他设备房开向建筑内的门应采用乙级防火门
12	6.2.9　建筑内的电梯井等竖井应符合下列规定： 1　电梯井应独立设置，井内严禁敷设可燃气体和甲、乙、丙类液体管道，不应敷设与电梯无关的电缆、电线等。电梯井的井壁除设置电梯门、安全逃生门和通气孔洞外，不应设置其他开口； 2　电缆井、管道井、排烟道、排气道、垃圾道等竖向井道，应分别独立设置。井壁的耐火极限不应低于1.00h，井壁上的检查门应采用丙级防火门； 3　建筑内的电缆井、管道井应在每层楼板处采用不低于楼板耐火极限的不燃材料或防火封堵材料封堵。建筑内的电缆井、管道井与房间、走道等相连通的孔隙应采用防火封堵材料封堵

续表

序号	强制性条文内容
13	6.3.5　防烟、排烟、供暖、通风和空气调节系统中的管道及建筑内的其他管道，在穿越防火隔墙、楼板和防火墙处的孔隙应采用防火封堵材料封堵。风管穿过防火隔墙、楼板和防火墙处时，风管上的防火阀、排烟防火阀两侧各 2.0m 范围内的风管应采用耐火风管或风管外壁应采取防火保护措施，且耐火极限不应低于该防火分隔体的耐火极限
14	6.4.1　疏散楼梯间应符合下列规定： 2　楼梯间内不应设置烧水间、可燃材料储藏室、垃圾道； 3　楼梯间内不应有影响疏散的凸出物或其他障碍物； 4　封闭楼梯间、防烟楼梯间及其前室，不应设置卷帘； 5　楼梯间内不应设置甲、乙、丙类液体管道； 6　封闭楼梯间、防烟楼梯间及其前室内禁止穿过或设置可燃气体管道。敞开楼梯间内不应设置可燃气体管道，当住宅建筑的敞开楼梯间内确需设置可燃气体管道和可燃气体计量表时，应采用金属管和设置切断气源的阀门
15	6.4.2　封闭楼梯间除应符合本规范第 6.4.1 条的规定外，尚应符合下列规定： 1　不能自然通风或自然通风不能满足要求时，应设置机械加压送风系统或采用防烟楼梯间； 2　除楼梯间的出入口和外窗外，楼梯间的墙上不应开设其他门、窗、洞口； 3　高层建筑、人员密集的公共建筑、人员密集的多层丙类厂房、甲、乙类厂房，其封闭楼梯间的门应采用乙级防火门，并应向疏散方向开启；其他建筑，可采用双向弹簧门； 4　楼梯间的首层可将走道和门厅等包括在楼梯间内形成扩大的封闭楼梯间，但应采用乙级防火门等与其他走道和房间分隔
16	6.4.3　防烟楼梯间除应符合本规范第 6.4.1 条的规定外，尚应符合下列规定： 1　应设置防烟设施； 3　前室的使用面积：公共建筑、高层厂房（仓库），不应小于 6.0m²；住宅建筑，不应小于 4.5mm²。与消防电梯间前室合用时，合用前室的使用面积：公共建筑、高层厂房（仓库），不应小于 10.0m²；住宅建筑，不应小于 6.0m²； 4　疏散走道通向前室以及前室通向楼梯间的门应采用乙级防火门； 5　除楼梯间和前室的出入口、楼梯间和前室内设置的正压送风口和住宅建筑的楼梯间前室外，防烟楼梯间和前室的墙上不应开设其他门、窗、洞口； 6　楼梯间的首层可将走道和门厅等包括在楼梯间前室内形成扩大的前室，但应采用乙级防火门等与其他走道和房间分隔
17	6.4.4　除通向避难层错位的疏散楼梯外，建筑内的疏散楼梯间在各层的平面位置不应改变。 除住宅建筑套内的自用楼梯外，地下或半地下建筑（室）的疏散楼梯间，应符合下列规定： 1　室内地面与室外出入口地坪高差大于 10m 或 3 层及以上的地下、半地下建筑（室），其疏散楼梯应采用防烟楼梯间；其他地下或半地下建筑（室），其疏散楼梯应采用封闭楼梯间； 2　应在首层采用耐火极限不低于 2.00h 的防火隔墙与其他部位分隔并应直通室外，确需在隔墙上开门时，应采用乙级防火门； 3　建筑的地下或半地下部分与地上部分不应共用楼梯间，确需共用楼梯间时，应在首层采用耐火极限不低于 2.00h 的防火隔墙和乙级防火门将地下或半地下部分与地上部分的连通部位完全分隔，并应设置明显的标志
18	6.4.5　室外疏散楼梯应符合下列规定： 1　栏杆扶手的高度不应小于 1.10m，楼梯的净宽度不应小于 0.90m； 2　倾斜角度不应大于 45°； 3　梯段和平台均应采用不燃材料制作，平台的耐火极限不应低于 1.00h，梯段的耐火极限不应低于 0.25h； 4　通向室外楼梯的门应采用乙级防火门，并应向外开启； 5　除疏散门外，楼梯周围 2m 内的墙面上不应设置门、窗、洞口。疏散门不应正对梯段
19	6.4.10　疏散走道在防火分区处应设置常开甲级防火门
20	6.4.11　建筑内的疏散门应符合下列规定： 1　民用建筑和厂房的疏散门，应采用向疏散方向开启的平开门，不应采用推拉门、卷帘门、吊门、转门和折叠门。除甲、乙类生产车间外，人数不超过 60 人且每樘门的平均疏散人数不超过 30 人的房间，其疏散门的开启方向不限； 2　仓库的疏散门应采用向疏散方向开启的平开门，但丙、丁、戊类仓库首层靠墙的外侧可采用推拉门或卷帘门；

续表

序号	强制性条文内容
20	3　开向疏散楼梯或疏散楼梯间的门，当其完全开启时，不应减少楼梯平台的有效宽度； 4　人员密集场所内平时需要控制人员随意出入的疏散门和设置门禁系统的住宅、宿舍、公寓建筑的外门，应保证火灾时不需使用钥匙等任何工具即能从内部易于打开，并应在显著位置设置具有使用提示的标识
21	6.7.2　建筑外墙采用内保温系统时，保温系统应符合下列规定： 1　对于人员密集场所，用火、燃油、燃气等具有火灾危险性的场所以及各类建筑内的疏散楼梯间、避难走道、避难间、避难层等场所或部位，应采用燃烧性能为A级的保温材料； 2　对于其他场所，应采用低烟、低毒且燃烧性能不低于B1级的保温材料； 3　保温系统应采用不燃材料做防护层。采用燃烧性能为B1级的保温材料时，防护层的厚度不应小于10mm
22	6.7.5　与基层墙体、装饰层之间无空腔的建筑外墙外保温系统，其保温材料应符合下列规定： 1　住宅建筑： 1）建筑高度大于100m时，保温材料的燃烧性能应为A级； 2）建筑高度大于27m，但不大于100m时，保温材料的燃烧性能不应低于B1级； 3）建筑高度不大于27m时，保温材料的燃烧性能不应低于B2级； 2　除住宅建筑和设置人员密集场所的建筑外，其他建筑： 1）建筑高度大于50m时，保温材料的燃烧性能应为A级； 2）建筑高度大于24m，但不大于50m时，保温材料的燃烧性能不应低于B1级； 3）建筑高度不大于24m时，保温材料的燃烧性能不应低于B2级
23	6.7.6　除设置人员密集场所的建筑外，与基层墙体、装饰层之间有空腔的建筑外墙外保温系统，其保温材料应符合下列规定： 1　建筑高度大于24m时，保温材料的燃烧性能应为A级； 2　建筑高度不大于24m时，保温材料的燃烧性能不应低于B1级
24	7.2.4　厂房、仓库、公共建筑的外墙应在每层的适当位置设置可供消防救援人员进入窗口
25	9.3.2　厂房内有爆炸危险场所的排风管道，严禁穿过防火墙和有爆炸危险的车间隔墙
26	9.3.9　排除有燃烧或爆炸危险气体、蒸汽和排风的排风系统，应符合下列规定： 1　排风系统应设置导除静电的接地装置； 2　排风设备不应布置在地下或半地下建筑（室）内； 3　排风管应采用金属管道，并应直接通向室外安全地点，不应暗设
27	9.3.12　通风、空气调节系统的风管在下列部位应设置公称动作温度为70℃的防火阀： 1　穿越防火分区处； 2　穿越通风、空气调节机房的房间隔墙和楼板处； 3　穿越重要的或火灾危险性大的场所的房间隔墙和楼板处； 4　穿越防火分隔处的变形缝两侧； 5　竖向风管与每层水平风管交接处的水平管段上。 注：当建筑内每个防火分区的通风、空气调节系统均独立设置时，水平风管与竖向总管的交接处可不设置防火阀
《火力发电厂与变电站设计防火标准》（GB 50229—2019）	
28	8.1.2　蓄电池室、供氢站、供（卸）油泵房、油处理室、汽车库及运煤（煤粉）系统建（构）筑物严禁采用明火取暖
29	8.1.5　室内采暖系统的管道、管件及保温材料应采用不燃烧材料
30	11.1.1　建（构）筑物的火灾危险性分类及其耐火等级应符合表11.1.1的规定
31	11.6.1　地下变电站采暖、通风和空气调节设计应符合下列规定： 1　所有采暖区域严禁采用明火取暖。 2　电气配电装置室应设置机械排烟装置，其他房间的排烟设计应符合现行国家标准《建筑设计防火规范》GB 50016的规定。 3　当火灾发生时，送、排风系统、空调系统应能自动停止运行。当采用气体灭火系统时，穿过防火区的通风或空调风道上的防火阀应能立即自动关闭
32	11.1.3　变电站内的建（构）筑物与变电站外的民用建（构）筑物及各类厂房、库房、堆场、贮罐之间的防火间距应符合现行国家标准《建筑设计防火规范》（GB 50016）的有关规定

续表

序号	强制性条文内容
33	11.1.4　变电站内各建（构）筑物及设备的防火间距不应小于表 11.1.4 的规定
34	11.1.7　设置带油电气设备的建（构）筑物与贴邻或靠近该建（构）筑物的其他建（构）筑物之间应设置防火墙
《公共建筑节能设计标准》（GB 50189—2015）	
35	3.2.1　严寒和寒冷地区公共建筑体形系数应符合表 3.2.1 的规定
36	3.2.7　甲类公共建筑的屋顶透光部分面积不应大于屋顶总面积的 20%。当不能满足本条的规定时，必须按本标准规定的方法进行权衡判断
37	3.3.1　根据建筑热工设计的气候分区，甲类公共建筑的围护结构热工性能应分别符合表 3.3.1-1～表 3.3.1-6 的规定。当不能满足本条的规定时，必须按本标准规定的方法进行权衡判断
38	乙类公共建筑的围护结构热工性能应符合表 3.3.2-1 和表 3.3.2-2 的规定
39	3.3.2　当公共建筑入口大堂采用全玻幕墙时，全玻幕墙中非中空玻璃的面积不应超过同一立面透光面积（门窗和玻璃幕墙）的 15%，且应按同一立面透光面积（含全玻幕墙面积）加权计算平均传热系数
《夏热冬冷地区居住建筑节能设计标准》（JGJ 134—2010）	
40	4.0.3　夏热冬冷地区居住建筑的体形系数不应大于表 4.0.3 规定的限值。当体形系数大于表 4.0.3 规定的限值时，必须按照本标准第 5 章的要求进行建筑围护结构热工性能的综合判断
41	4.0.4　建筑围护结构各部分的传热系数和热惰性指标不应大于表 4.0.4 规定的限值。当设计建筑的围护结构中的屋面、外墙、架空或外挑楼板、外窗不符合表 4.0.4 的规定时，必须按照本标准第 5 章的规定进行建筑围护结构热工性能的综合判断
42	4.0.5　不同朝向外窗（包括阳台门的透明部分）的窗墙面积比不应大于表 4.0.5-1 规定的限值。不同朝向、不同窗墙面积比的外窗传热系数不应大于表 4.0.5-2 规定的限值；综合遮阳系数应符合表 4.0.5-2 的规定。当外窗为凸窗时，凸窗的传热系数限值应比表 4.0.5-2 规定的限值小 10%；计算窗墙面积比时，凸窗的面积应按洞口面积计算。当设计建筑的窗墙面积比或传热系数、遮阳系数不符合表 4.0.5-1 和表 4.0.5-2 的规定时，必须按照本标准第 5 章的规定进行建筑围护结构热工性能的综合判断
43	4.0.9　建筑物 1～6 层的外窗及敞开式阳台门的气密性等级，不应低于国家标准《建筑外门窗气密、水密、抗风压性能分级及检测方法》GB/T7106—2008 中规定的 4 级；7 层及 7 层以上的外窗及敞开式阳台门的气密性等级，不应低于该标准规定的 6 级
《屋面工程技术规范》（GB 50345—2012）	
44	3.0.5　屋面防水工程应根据建筑物的类别、重要程度、使用功能要求确定防水等级，并应按相应等级进行防水设防；对防水有特殊要求的建筑屋面，应进行专项防水设计。屋面防水等级和设防要求应符合表 3.0.5 的规定
45	4.5.1　卷材、涂膜屋面防水等级和防水做法应符合表 4.5.1 的规定
46	4.5.5　每道卷材防水层最小厚度应符合表 4.5.5 的规定
47	4.5.6　每道涂膜防水层最小厚度应符合表 4.5.6 的规定
48	4.5.7　复合防水层最小厚度应符合表 4.5.7 的规定
《坡屋面工程技术规范》（GB 50693—2011）	
49	3.2.10　屋面坡度大于 100%以及大风和抗震设防烈度为 7 度以上的地区，应采取加强瓦材固定等防止瓦材下滑的措施
50	3.2.17　严寒和寒冷地区的坡屋面檐口部位应采取防冰雪的安全措施
51	10.2.1　单层防水卷材的厚度和搭接宽度应符合表 10.2.1-1 和表 10.2.1-2 的规定
《建筑玻璃应用技术规程》（JGJ 113—2015）	
52	8.2.2　屋面玻璃或雨篷玻璃必须使用夹层玻璃或夹层中空玻璃，其胶片厚度不应小于 0.76mm
53	9.1.2　地板玻璃必须采用夹层玻璃，点支承地板玻璃必须采用钢化夹层玻璃。钢化玻璃必须进行均质处理
《塑料门窗工程技术规程》（JGJ 103—2008）	
54	3.1.2　门窗工程有下列情况之一时，必须使用安全玻璃： 1　面积大于 1.5m² 的窗玻璃； 2　距离可踏面高度 900mm 以下的窗玻璃； 3　与水平面夹角不大于 75°的倾斜窗，包括天窗、采光顶等在内的顶棚； 4　7 层及 7 层以上的建筑外开窗

续表

序号	强制性条文内容
55	6.2.8　建筑外窗的安装必须牢固可靠，在砖砌体上安装时，严禁用射钉固定
56	6.2.19　推拉门窗扇必须有防脱落装置
57	6.2.23　安装滑撑时，紧固螺钉必须使用不锈钢材质，并应与框扇增强型钢或内衬局部加强钢板可靠连接。螺钉与框扇连接处应进行防水密封处理
58	7.1.2　安装门窗、玻璃或擦拭玻璃时，严禁手攀窗框、窗扇、窗梃和窗撑；操作时，应系好安全带，且安全带必须有坚固牢靠的挂点，严禁把安全带挂在窗体上
《铝合金门窗工程技术规范》(JGJ 214—2010)	
59	4.12.1　人员流动性大的公共场所，易于受到人员和物体碰撞的铝合金门窗应采用安全玻璃
60	4.12.2　建筑物中下列部位的铝合金门窗应使用安全玻璃： 1　七层及七层以上建筑物外开窗； 2　面积大于 1.5m² 的窗玻璃或玻璃底边离最终装修面小于 500mm 的落地窗； 3　倾斜安装的铝合金窗
61	4.12.4　铝合金推拉门、推拉窗的扇应有防止从室外侧拆卸的装置。推拉窗用于外墙时，应设置防止窗扇向室外脱落的装置
《民用建筑热工设计规范》(GB 50176—2016)	
62	4.2.10　围护结构中的热桥部位应进行表面结露验算，并应采取保温措施，确保热桥内表面温度高于房间空气露点温度
63	6.1.1　在给定两侧空气温度及变化规律的情况下，外墙内表面最高温度应符合表 6.1.1 的规定
64	6.2.1　在给定两侧空气温度及变化规律的情况下，屋面内表面最高温度应符合表 6.2.1 的规定
65	7.1.1　采暖期间，围护结构中保温材料因内部冷凝受潮而增加的重量湿度允许增量，应符合表 7.1.2 规范
66	4.2.13　建筑及建筑构件应采取密闭措施，保证建筑气密性要求

四、设计接口要点

（一）专业间收资要点

（1）户内电气设备主要尺寸，相应的运输、安装、带电距离等净空尺寸要求。

（2）基础预埋件及吊点的位置和尺寸要求，相应设备的荷载分布及大小，预埋施工作业的允许误差范围，包括楼、地面及梁柱上。

（3）电缆沟、穿墙套管等管沟定位和尺寸，楼、地面留孔位置及尺寸要求。

（4）设备间各埋管定位和管径、管材要求。

（5）暖通、消防、水工等设备布置位置及相应尺寸要求。

（二）专业间提资要点

（1）对结构专业：提供建筑设计说明、平面、立面、剖面图及必要的大样图。说明建筑要求结构梁的控制高度；板底、梁底的控制标高及内外墙板的安装方式及荷载分布；根据电缆沟施工图，对结构柱的控制尺寸提出要求。对于户内变电站等较复杂工程，组织电气、建筑、结构等专业碰头协调。

（2）对建筑电气：提供建筑设计说明、平面、立面、剖面图及必要的大样图。

（3）对暖通消防给排水：提供建筑设计说明、平面、立面、剖面图及必要的大样图。

（三）厂家资料确认要点

（1）建筑物内、外墙板的材料、颜色，厂家需提供样板供设计复核。

（2）排版设计的图纸，墙板复合各层的具体说明，墙板分隔分缝具体做法。

（3）辅助用房中存在装饰装修材料，如地板、吊顶等，涉及颜色及规格的，需提供样品供确认。

五、图纸设计要点

（一）轴网布置

尽量使用常规模数，同时轴网分布尽量均匀，兼顾结构内力分布的均匀性。

（二）竖向布置

注意室内外地面高差，一般生产建筑用房室内外高差为 300mm，生活辅助用房室内外高差为 450mm，建筑图中±0.000m 取室内地面标高。

（三）建筑构造

（1）根据建筑部位的不同、功能要求的不同，选用合适的建筑材料及构造做法。尤其对于模块化变电站中选用的各种不同的墙板材料，注意与厂家收资，查阅对应的构造图集，绘制合理可行的墙体构造图。

（2）对于建筑内、外墙的做法，应根据建筑物的防火分类和耐火等级、防水等级等情况进行选择，并注明墙体材料、规格、型号、性能参数及具体做法。

（3）对于防火墙的设置，应符合下列规定：

1）当室外油浸变压器、电抗器或其他主要的配电装置之间的距离不满足防火规范要求时，应在设备之间设置防火墙。变压器防火墙的高度应高于油枕顶，其长度超出变压器的贮油池两侧不应小于 1m。

2）防火墙由框架结构和填充墙（板）两部分组成。可选择“钢框架＋成品防火板”或“混凝土框架＋大砌块”两种型式。防火墙整体需满足耐火极限不低于 3h 的要求。

3）防火墙框架梁、柱的布置应结合防火墙长度、主变构架根开、墙体厚度、墙板布置等统筹考虑，应根据防火墙结构的受力分析选择合适的梁、柱截面尺寸。

4）当在防火墙墙顶设置主变压器构架时，主变压器构架和防火墙间应采用地脚螺栓连接或法兰连接。

5）防火墙框架或墙体内应根据电气专业需求预留好摄像机、照明等设备管线埋管。

6）防火墙地基基础应根据其所受荷载，结合现场地质条件以及施工条件进行综合分析，选用经济可靠的基础型式和地基处理方法。

（四）专业配合

（1）轴网布置需与电气一次、二次专业沟通，根据各房间电气设备的使用功能要求，考虑电气距离、墙体开洞、消防设计等因素，确定初步布置方案。

（2）对钢筋混凝土框架、钢结构框架、门式刚架等不同的结构形式，考虑相应柱距布置的经济性，可与结构专业碰头协商。

（3）户内变电站由于大型电气设备空间要求，存在架空层或错层设计，此时需注意会同电气和结构专业，进行合理的建筑空间划分，在满足电气专业使用功能要求的同时，方便后期结构构件的布置。

（五）会签

建筑平面布置图、埋件埋管图等完成后需与电气一次、二次专业会签，会签要点如下：

（1）需与电气一次专业复核户内电气设备主要尺寸，相应的运输、安装、带电距离等净空尺寸要求。

（2）需与电气二次专业复核电缆沟、穿墙套管等管沟定位和尺寸，楼、地面留孔位置及尺寸要求。

六、施工过程注意要点

（1）墙板由工厂直接运输到施工现场，进入现场后应该减少转运。板的搬运、装卸和启动使用尼龙带、小推车、塔吊的专用机具，在运输的时候应该采用良好的绑扎措施。而且板材在施工现场的堆放应该靠近安装地点，选择地势坚实、平坦、干燥之处，而并不得使板材直接接触地面，下部用加气块和木方支垫，雨季的时候还应该采取相应的覆盖措施，然后根据实际需要在现场对板材进行适当的切割。

（2）在施工之前地面以及底面弹出墙板安装定位墨线。

（3）墙板采用纵向垂直安装法。安装墙板的时候，在标明的膨胀螺栓固定点打眼、清孔。

（4）注意在门、窗洞口及穿墙套管等开口部分应该采取一定的措施。

（5）管线、电器开关等开口以不破坏板材主龙骨为原则，采用专用切割工具切槽，同时注意开槽口后孔洞的修补。

（6）施工前应进行施工安全交底，定期开展施工安全检查，确保施工作业的安全。

第三节　结　　构

一、设计依据

（一）设计输入

（1）初步设计评审意见。

（2）工程所在地的地震信息、气象条件、基本风压和地质勘测等资料。

（3）总图专业提供的建筑物角点定位资料。

（4）建筑专业提供的配电装置室（楼）平面、立面、剖面图。

（5）电气专业提资：包括设备重量、操作动荷载及其作用点，楼地面的运输重量，吊车起吊点、重量和高度，设备基础埋件定位及尺寸。

(6) 现行的国家有关结构设计规范、规程和规定。

(二) 规程、规范、技术文件

GB 50003—2011《砌体结构设计规范》

GB 50007—2011《建筑地基基础设计规范》

GB 50009—2012《建筑结构荷载规范》

GB 50010—2010《混凝土结构设计规范（2015 年版）》

GB 50011—2010《建筑抗震设计规范（2016 年版）》

GB 50017—2017《钢结构设计标准》

GB 50153—2008《工程结构可靠度设计统一标准》

GB 50223—2008《建筑工程抗震设防分类标准》

GB 50260—2013《电力设施抗震设计规范》

DL/T 5457—2012《变电站建筑结构设计技术规程》

Q/GDW 10248.2—2016《输变电工程建设标准强制性条文实施管理规程　第 2 部分：变电（换流）站建筑工程设计》

《国家电网有限公司关于引发〈十八项电网重大反事故措施（修订版）〉的通知》（国家电网设备〔2018〕979 号）

《国网基建部关于发布〈35～750kV 输变电工程设计质量控制“一单一册”（2019 年版）〉的通知》（基建技术〔2019〕20 号）

《国家电网公司输变电工程标准工艺（2016 年版）》

《国家电网有限公司输变电工程通用设计（2018 年版）》

二、设计边界和内容

(一) 设计边界

变电站内生产用房及辅助用房的结构施工图，站内建筑物主要包括配电装置室（楼）、消防泵房、警卫室、运维综合室（楼）等。本节主要针对常规变电站中配电装置室（楼）的结构施工图设计展开讲解。

(二) 设计内容

配电装置室（楼）结构设计总说明、基础平面布置图、各层结构布置图及配筋图、节点详图等。

(三) 设计流程

本节设计流程图如图 3-3-1 所示。

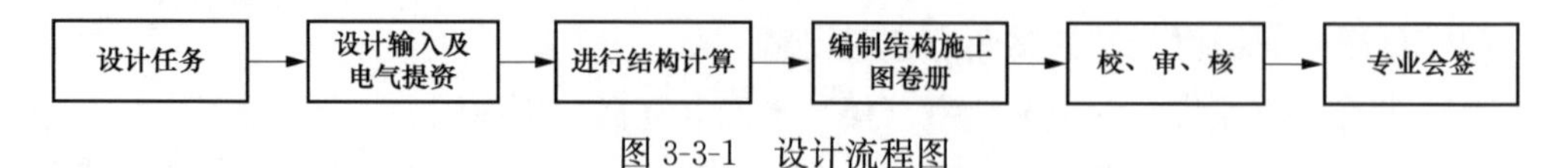

图 3-3-1　设计流程图

三、深度要求

（一）施工图深度

1. 卷册说明

（1）应说明建筑物基本概况、设计依据、地基设计方案。

（2）应说明钢筋、混凝土、砌块、砂浆等结构用材选择方案及相关设计依据、规范要求。

（3）应说明本卷册主要设计原则，与其他卷册的分界点。

2. 结构设计总说明

（1）注明±0.000m标高对应的测量标高和标高、尺寸的单位。

（2）根据工程地质报告说明地震动峰值加速度、建筑场地类别、地基的液化等级。

（3）说明采用的设计荷载，包含风荷载、雪荷载、楼屋面允许使用荷载、特殊部位的最大使用荷载标准值。

（4）说明建筑物结构安全等级、设计使用年限、抗震设防类别和抗震设防烈度、结构的抗震等级、地基基础设计等级、混凝土构件的环境类别和砌体结构施工质量控制等级。

（5）说明地下室的结构选型、防水等级。

（6）说明所选用结构材料的品种、规格、性能及相应的产品标准。当为钢筋混凝土结构时，应说明受力钢筋的保护层厚度、锚固长度、搭接长度、接长方法，对某些构件或部位的材料提出特殊要求。

（7）根据水文地质情况，说明地下水对混凝土、混凝土中的钢筋、钢结构的腐蚀性，并说明基础设计的防腐蚀要求。

（8）说明所采用的通用做法和标准构件图集，如有特殊构件需作结构性能检验时，应指出检验的方法与要求。

（9）钢结构应对钢结构所用的主材及连接材料的材质要求作出规定，包括其力学性能及化学成分等，对钢结构的除锈、防腐、防火要求及做法应在总说明中明确。

（10）应注明钢结构的吊装顺序和确保结构稳定的措施，应明确焊缝形式和焊接质量的等级要求、角焊缝焊脚的构造规定。

（11）对于详图中的通常做法可在结构设计总说明中作统一规定，凡未注明者均按总说明执行，例如节点板的厚度、焊缝高度、焊缝长度等。

（12）对于螺栓连接应明确螺栓的品种、型号与规格。对于摩擦型高强螺栓连接应明确摩擦面的处理及抗滑移系数的要求，承压型高强螺栓连接只需提出要清除连接处构件接触面的油污及浮锈。

（13）施工中应遵循的施工规范和注意事项。

（14）其他需要说明的内容。

3. 基础平面布置图

（1）根据建筑物的结构形式和工程地质条件，选择经济合理的基础形式，绘出基础平面布置图。常规的地基基础形式有独立基础、条形基础、筏基及桩基。

（2）钢结构的柱基础应绘制预埋锚栓布置图及其详图，给出预埋锚栓的误差范围，基础短柱应设置抗剪键的坑槽，并注明钢柱安装校正后需用微膨胀细石混凝土进行二次灌浆。

（3）根据相关规范要求提出沉降观测要求及测点布置。

（4）标明地沟、地坑和设备基础的平面位置、尺寸、标高，无地下室时标明±0.000m标高以下的预留孔与埋件的位置、尺寸、标高。

（5）说明中应包括基础持力层及基础进入持力层的深度，地基的承载能力特征值，基底及基槽回填土的处理措施与要求，以及对施工的有关要求。

4. 地下电缆层结构平面布置及详图

（1）根据建筑提供的平面绘出结构平面布置图并绘出与建筑图一致的轴线网及墙、柱、梁等位置，注明梁柱编号。

（2）明确地下室的抗渗等级，施工缝、后浇带等的设计要求。

（3）标明预留孔洞，预埋管件等的位置。

（4）绘制底板、立墙配筋图。

5. 框架柱平面布置及配筋图

（1）标注各柱的平面尺寸及轴线定位，注明柱编号，表示各柱体的高度。

（2）绘出每种柱的配筋图。

（3）钢结构应绘制柱平面布置图，应标明柱网尺寸、构件型号、支撑位置、支撑形式及其截面规格尺小等；详细绘出各构件的制作详图和安装节点详图。在详图中标明节点板的材料品种、规格、尺寸以及连接用的焊缝、螺栓的型号、规格、尺寸。

6. 各层结构平面布置及配筋图

（1）绘出定位轴线及梁、柱、承重墙、抗震构造柱等定位尺寸。

（2）并注明其编号和楼层标高。

（3）注明预制板的跨度方向、板号、数量及板底标高，标出预留洞大小及位置，预留梁、洞口过梁的位置和型号、梁底标高。

（4）绘出梁的配筋。

（5）现浇板应注明板厚、板面标高、配筋，标高或板厚变化处绘局部剖面，有预留孔、埋件、设备基础时应标示出规格与位置，洞边加强措施。

（6）有圈梁时应注明位置、编号、标高，可用小比例绘制单线平面示意图。

（7）屋面结构平面布置图内容与楼层平面类同，当结构找坡时应标注屋面板的坡度、坡向、坡向起终点处的板面标高，当屋面上留洞或其他设施时应绘出其位置、尺寸与详图，女儿墙或女儿墙构造柱的位置、编号与详图。

（8）当选用标准图中节点或另绘节点构造详图时，应在平面图中注明详图索引号。

7. 楼梯平面结构布置及配筋图

（1）绘出每层楼梯结构平面布置及剖面图。注明尺寸、构件代号、标高，梯梁、梯板详图。

（2）配合建筑节点绘制结构配筋详图。

8. 设备留孔、埋件及设备基础图

（1）根据工艺要求设置预留孔、预埋件，标注预留孔、预埋件的定位尺寸及大小。

（2）绘出预埋件平面、侧面，注明尺寸、钢材和锚筋的规格、型号、性能、焊接要求。

9. 节点构造详图

（1）对于现浇钢筋混凝土结构应绘制节点构造详图。

（2）示出需要作补充说明的内容。

（二）计算深度

1. 计算内容

计算内容包括：结构内力、强度和刚度计算；楼梯、阳台、过梁及雨篷等构件计算；地基基础计算。

2. 计算深度

（1）结构内力、强度和刚度计算。

1）采用手算的结构计算书应给出构件平面布置简图和计算简图；结构计算书内容应完整、清楚，计算步骤要条理分明，引用数据有可靠依据，采用计算图表及不常用的计算公式时，应注明其来源出处，构件编号、计算结果应与图纸一致。

2）当采用计算机软件计算时，应在计算书中注明所采用的计算机软件名称、代号、版本及编制单位，计算软件必须经过有效审定（或鉴定），电算结果应经分析认可；总体输入信息、计算模型、几何简图、荷载简图和结果输出应整理成册。

3）采用结构标准图或重复利用图时，宜根据图集的说明结合工程进行必要的核算工作，且应作为结构计算书的内容。

（2）楼梯、阳台、过梁、雨篷等构件计算。

1）根据上部恒、活载的荷载组合情况，计算梯段、斜梁等的内力及配筋。

2）悬挑结构应对主体结构进行抗剪、抗扭验算。

3）抗震设防区还应按照现行国家标准中有关建筑抗震设计的相关规定进行地震作用的计算。

（3）地基基础计算。

1）根据建筑物的建筑类别、上部荷载、所在区域的地质条件，选择相应的基础形式，进行相应的地基基础、地基承载力及变形沉降计算。

2）采用独立基础时应对基础的总高度及变阶处的高度进行冲切及抗剪计算，同时进行底板的配筋计算。采用条形基础时，取1m长度的基础进行强度和配筋计算。

3）采用桩基时，应进行单桩承载力计算、承台下群桩承载力验算和承台的抗弯、抗剪、抗冲切计算。必要时应进行群桩承台的沉降计算；采用复合地基时，应进行复合地基承载力计算和沉降计算。

4）必要时对地下结构进行抗浮验算。

5）地基遇有软弱下卧层时，应进行软弱层地基承载力及地基变形验算。

6）抗震设防区还应按照现行国家标准中有关建筑抗震设计的相关规定，进行地震作用下地基承载力的验算。

（三）反措要求

根据《国家电网有限公司关于印发〈十八项电网重大反事故措施（修订版）〉的通知》（国家电网设备〔2018〕979 号），本节不涉及十八项电网重大反事故措施。

（四）“一单一册”

根据《国网基建部关于发布〈35～750kV 输变电工程设计质量控制“一单一册”（2019 年版）〉的通知》（基建技术〔2019〕20 号），本节涉及的“一单一册”相关内容如表 3-3-1 所示。

表 3-3-1　　“一单一册”问题

序号	专业子项	问题名称	问题描述	原因及解决措施	问题类别
1	建筑物	穿墙套孔预留洞与梁柱相碰	穿墙预留洞与框架梁柱相碰，导致套管无法安装	电气、建筑和结构专业之间配合不足。需要三个专业之间充分配合，建筑专业要根据电气提资标识开孔定位尺寸，结构专业要注意梁柱不与洞口相碰	专业配合不足
2	结构	梁柱偏心大于 1/4 柱截面宽度	框架梁中心与框架柱中心线之间的偏心距大于 1/4 柱截面宽度，未采取有效措施考虑梁柱偏心影响	钢筋混凝土跨度较大建筑（GIS 室等大空间建筑），设防烈度较高时，框架柱截面宽度较大，而框架梁一般与柱外边平齐设置，会出现梁柱偏心大于 1/4 柱截面宽度。按照抗规要求，此时应考虑偏心影响，同时采取加强梁柱节点配筋或者加腋构造等措施	技术方案不合理

（五）强条

根据国家电网公司企业标准《输变电工程建设标准强制性条文实施管理规程　第 2 部分：变电（换流）站建筑工程设计》（Q/GDW 10248.2—2016），本节涉及的工程建设标准强制性条文执行情况如表 3-3-2 所示。

表 3-3-2　　强制性条文

序号	强制性条文内容
《建筑工程抗震设防分类标准》（GB 50223—2008）	
1	1.0.3　抗震设防区的所有建筑工程应确定其抗震设防类别。 新建、改建、扩建的建筑工程，其抗震设防类别不应低于本标准的规定
2	3.0.2　建筑工程应分为以下四个抗震设防类别： 1　特殊设防类：指使用上有特殊设施，涉及国家公共安全的重大建筑工程和地震时可能发生严重次生灾害等特别重大灾害后果，需要进行特殊设防的建筑。简称甲类。 2　重点设防类：指地震时使用功能不能中断或需尽快恢复的生命线相关建筑，以及地震时可能导致大量人员伤亡等重大灾害后果，需要提高设防标准的建筑。简称乙类。 3　标准设防类：指大量的除 1、2、4 款以外按标准要求进行设防的建筑。简称丙类。 4　适度设防类：指使用上人员稀少且震损不致产生次生灾害，允许在一定条件下适度降低要求的建筑。简称丁类

续表

序号	强制性条文内容
3	3.0.3　各抗震设防类别建筑的抗震设防标准，应符合下列要求： 1　标准设防类，应按本地区抗震设防烈度确定其抗震措施和地震作用，达到在遭遇高于当地抗震设防烈度的预估罕遇地震影响时不致倒塌或发生危及生命安全的严重破坏的抗震设防目标。 2　重点设防类，应按高于本地区抗震设防烈度一度的要求加强其抗震措施；但抗震设防烈度为9度时应按比9度更高的要求采取抗震措施；地基基础的抗震措施，应符合有关规定。同时，应按本地区抗震设防烈度确定其地震作用。 3　特殊设防类，应按高于本地区抗震设防烈度提高一度的要求加强其抗震措施；但抗震设防烈度为9度时应按比9度更高的要求采取抗震措施。同时，应按批准的地震安全性评价的结果且高于本地区抗震设防烈度的要求确定其地震作用。 4　适度设防类，允许比本地区抗震设防烈度的要求适当降低其抗震措施，但抗震设防烈度为6度时不应降低。一般情况下，仍应按本地区抗震设防烈度确定其地震作用。 注：对于划为重点设防类而规模很小的工业建筑，当改用抗震性能较好的材料且符合抗震设计规范对结构体系的要求时，允许按标准设防类设防
	《建筑抗震设计规范（2016年版）》（GB 50011—2010）
4	1.0.2　抗震设防烈度为6度及以上地区的建筑，必须进行抗震设计
5	1.0.4　抗震设防烈度必须按国家规定的权限审批、颁发的文件（图件）确定
6	3.1.1　所有建筑应按现行国家标准《建筑工程抗震设防分类标准》（GB 50223—2008）确定其抗震设防类别及其抗震设防标准
7	3.3.2　建筑场地为Ⅰ类时，对甲、乙类的建筑应允许仍按本地区抗震设防烈度的要求采取抗震构造措施；对丙类的建筑应允许按本地区抗震设防烈度降低一度的要求采取抗震构造措施，但抗震设防烈度为6度时仍应按本地区抗震设防烈度的要求采取抗震构造措施
8	3.4.1　建筑设计应根据抗震概念设计的要求明确建筑形体的规则性。不规则的建筑应按规定采取加强措施；特别不规则的建筑应进行专门研究和论证，采取特别的加强措施；严重不规则的建筑不应采用。 注：形体指建筑平面形状和立面、竖向剖面的变化
9	3.5.2　结构体系应符合下列各项要求： 1　应具有明确的计算简图和合理的地震作用传递途径。 2　应避免因部分结构或构件破坏而导致整个结构丧失抗震能力或对重力荷载的承载能力。 3　应具备必要的抗震承载力，良好的变形能力和消耗地震能量的能力。 4　对可能出现的薄弱部位，应采取措施提高抗震能力
10	3.7.1　非结构构件，包括建筑非结构构件和建筑附属机电设备，自身及其与结构筑体的连接，应进行抗震设计
11	3.7.4　框架结构的围护墙和隔墙，应估计其设置对结构抗震的不利影响，避免不合理设置而导致主体结构的破坏
12	3.9.1　抗震结构对材料和施工质量的特别要求，应在设计文件上注明
13	3.9.2　结构材料性能指标，应符合下列最低要求： 1　砌体结构材料应符合下列规定： 1）烧结普通砖和烧结多孔砖的强度等级不应低于MU10，其砌筑砂浆强等级不应低于M5； 2）混凝土小型空心砌块的强度等级不低于MU7.5。其砌筑砂浆强等级不应低于M7.5。 2　混凝土结构材料应符合下列规定： 1）混凝土的强度等级，框支梁、框支柱及抗震等级为一级的框架梁、柱、节点核芯区，不应低于C30；构造柱、芯柱、圈梁及其他各类构件不低于C20； 2）抗震等级为一、二级的框架结构，其纵向受力钢筋采用普通钢筋时，钢筋的抗拉强度实测值与屈服强度实测值的比值不应小于1.25；且钢筋的屈服强度实测值与强度强的标准值的比值不应大于1.3，且钢筋在最大拉力下的总伸长率实测值不应小于9%。 3　钢结构的钢材应符合下列规定： 1）钢材的屈服强度实测值与抗拉强度实测值的比值不应大于0.85； 2）钢材应有明显的屈服台阶，且伸长率应大于20%； 3）钢材应有良好的可焊性和合格的冲击韧性
14	4.2.2　天然地基基础抗震验算时，应采用地震作用效应标准组合，且地基抗震承载力应取地基承载力特征值乘以地基抗震承载力调整系数计算

续表

序号	强制性条文内容
15	4.3.2 存在饱和砂土和饱和粉土（不含黄土）的地基，除6度设防外，应进行液化判别；存在液化土层的地基，应根据建筑的抗震设防类别、地基的液化的等级，结合具体情况采取相应的措施
16	4.4.5 液化土中桩的配筋范围，应自桩顶至液化以下符合全部消除液化沉陷所要求的深度，其纵向钢筋与桩顶部相同，箍筋应加密
17	5.1.1 各类建筑结构的地震作用，应符合下列规定： 1 一般情况下，应允许在建筑结构的两个主轴方向分别计算水平地震作用，各方向的水平地震作用应由该方向抗侧力构件承担。 2 有斜交抗侧力构件的结构，当相交角大于15°时，应分别计算各抗侧力构件方向的水平地震作用。 3 质量和刚度分布明显不对称的结构，应计入双向水平地震作用下的扭转影响；其他情况，应允许采用调整地震作用效应的方法计入扭转影响。 4 8、9度时的大跨度和长悬臂结构及9度时的高层建筑，应计算竖向地震作用。 注：8、9度时采用隔震设计的建筑结构，应按有关规定计算竖向地震作用
18	5.1.3 计算地震作用时，建筑的重力荷载代表值应取结构和构配件自重标准值和各可变荷载组合值之和。各可变荷载的组合值系数，应按表5.1.3采用
19	5.1.4 建筑结构的地震影响系数应根据烈度、场地类别、设计地震分组和结构自振周期以及阻尼比确定。其水平地震影响系数最大值应按表5.1.4—1采用；特征周期应根据场地类别和设计地震分组按表5.1.4—2采用，计算罕遇地震作用时，特征周期应增加0.05s。 注：周期大于6.0s的建筑结构所采用的地震影响系数应专门研究
20	5.1.6 结构抗震验算，应符合下列规定： 16度时的建筑（不规则建筑及建造于Ⅳ类场地上较高的高层建筑除外），以及生土房屋和木结构房屋等，应符合有关的抗震措施要求，但应允许不进行截面抗震验算。 26度时不规则建筑、建造于Ⅳ类场地上较高的高层建筑，7度和7度以上的建筑结构（生土房屋和木结构房屋等除外），应进行多遇地震作用下的截面抗震验算。 注：采用隔震设计的建筑结构，其抗震验算应符合有关规定
21	5.2.5 抗震验算时，结构任一楼层的水平地震剪力应符合下式要求： $V_{EKi} > \lambda \sum_{j=1}^{n}$ (5.2.5)
22	5.4.1 结构构件的地震作用效应和其他荷载效应的基本组合，应按下式计算： $S=\gamma_G S_{GE}+\gamma_{Eh} S_{Ehk}+\gamma_{EV} S_{EVk}+\psi_W \gamma_W S_{Wk}$ (5.4.1)
23	5.4.2 结构构件的截面抗震验算，应采用下列设计表达式： $S \leqslant R/\gamma_{RE}$ (5.4.2)
24	5.4.3 当仅计算竖向地震作用时，各类结构构件的承载力抗震调整系数均应采用1.0
25	7.2.6 各类砌体沿阶梯形截面破坏的抗震抗剪强度设计值，应按下式确定： $f_{VE}=\zeta_N f_V$ (7.2.6) 式中 f_{VE}——砌体沿阶梯形截面破坏的抗震抗剪强度设计值； f_V——非抗震设计的砌体抗剪强度设计值； ζ_N——砌体抗震抗剪强度的正应力影响系数，应按表7.2.6采用
26	7.3.6 楼、屋盖的钢筋混凝土梁或屋架应与墙、柱（包括构造柱）或圈梁可靠连接；不得采用独立砖柱。跨度不小于6m大梁的支承构件应采用组合砌体等加强措施，并满足承载力要求
27	8.1.3 钢结构房屋应根据设防分类、烈度和房屋高度采用不同的抗震等级，并应符合相应的计算和构造措施要求。丙类建筑的抗震等级应按表8.1.3确定

续表

序号	强制性条文内容
28	8.3.1　框架柱的长细比，一级不应大于 60 $\sqrt{235/f_{ay}}$，二级不应大于 80 $\sqrt{235/f_{ay}}$，三级不应大于 100 $\sqrt{235/f_{ay}}$，四级时不应大于 120 $\sqrt{235/f_{ay}}$
29	8.3.6　梁与柱刚性连接时，柱在梁翼缘上下各 500mm 的范围内，柱翼缘与柱腹板间或箱形柱壁板间的连接焊缝应采用全熔透坡口焊缝
30	8.4.1　中心支撑的杆件长细比和板件宽厚比限值应符合下列规定： 1　支撑杆件的长细比，按压杆设计时，不应大于 120 $\sqrt{235/f_{ay}}$；一、二、三级中心支撑不得采用拉杆设计，四级采用拉杆设计时，其长细比不应大于 180。 2　支撑杆件的板件宽厚比，不应大于表 8.4.1 规定的限值。采用节点板连接时，应注意节点板的强度和稳定
31	8.5.1　偏心支撑框架消能梁段的钢材屈服强度不应大于 345MPa。消能梁段及与消能梁段同一跨内的非消能梁段，其板件的宽厚比不应大于表 8.5.1 规定的限值
32	12.1.5　隔震和消能减震设计时，隔震装置和消能部件应符合下列要求： 1　隔震装置和消能部件的性能参数应经试验确定。 2　隔震装置和消能部件的设置部位，应采取便于检查和替换的措施。 3　设计文件上应注明对隔震装置和消能部件的性能要求，安装前应按规定进行检测，确保性能符合要求
33	12.2.1　隔震设计应根据预期的竖向承载力、水平向减震系数和位移控制要求，选择适当的隔震装置及抗风装置组成结构的隔震层。 隔震支座应进行竖向承载力的验算和罕遇地震下水平位移的验算。 隔震层以上结构的水平地震作用应根据水平向减震系数确定；其竖向地震作用标准值，8 度（0.20g）、8 度（0.30g）和 9 度时分别不应小于隔震层以上结构总重力荷载代表值的 20%、30%和 40%
34	12.2.9　隔震层以下的结构和基础应符合下列要求： 1　隔震层支墩、支柱及相连构件，应采用隔震结构罕遇地震下隔震支座底部的竖向力、水平力和力矩进行承载力验算。 2　隔震层以下的结构（包括地下室和隔震塔楼下的底盘）中直接支承隔震层以上结构的相关构件，应满足嵌固的刚度比和隔震后设防地震的抗震承载力要求，并按罕遇地震进行抗剪承载力验算。隔震层以下地面以上的结构在罕遇地震下的层间位移角限值应满足表 12.2.9 要求。 3　隔震建筑地基基础的抗震验算和地基处理仍应按本地区抗震设防烈度进行，甲、乙类建筑的抗液化措施应按提高一个液化等级确定，直至全部消除液化沉陷
	《电力设施抗震设计规范》（GB 50260—2013）
35	1.0.3　新建、改建和扩建的电力设施必须达到抗震设防要求
36	1.0.7　电力设施中的建（构）筑物根据其重要性分为三类，并应符合下列规定： 一重要电力设施中发电厂的主要建（构）筑物和输变电工程供电建（构）筑物为重点设防类，简称为乙类。 二一般电力设施中的主要建（构）筑物和有连续生产运行设备的建（构）筑物以及公用建（构）筑物、重要材料库为标准设防类，简称为丙类。 三 乙、丙类以外的次要建（构）筑物为适度设防类，简称为丁类
37	1.0.8　电力设施的抗震设防地震动参数或烈度必须按国家规定的权限审批、颁发的文件（图件）确定
38	1.0.10　各抗震设防类别的建（构）筑物的抗震设防标准，均应符合现行国家标准《建筑工程抗震设防分类标准》GB 50223—2018 的有关规定
39	3.0.6　工程场地类别，应根据土层等效剪切波速和场地覆盖层厚度按表 3.0.6 划分为四类，其中Ⅰ类分为 I_0、I_1 两个亚类。当有可靠的剪切波速和覆盖层厚度且其值处于表 3.0.6 所列场地类别的分界线附近时，应允许按插值方法确定地震作用计算所用的设计特征周期
40	5.0.1　电气设施的地震作用应按下列原则确定： 1　电气设施抗震验算应至少在两个水平轴方向分别计算水平地震作用，各方向的水平地震作用应由该方向抗测力构件承担。 2　对质量和刚度不对称的结果，应计入水平地震作用下的扭转影响。 3　抗震设防烈度为 8 度、9 度时，大跨度设施和长悬臂结构应验算竖向地震作用

续表

序号	强制性条文内容
41	5.0.3　地震作用的地震影响系数应根据现行国家标准《中国地震动参数区划图》GB 18306 的有关规定、场地类别、结构自振周期、阻尼比及本规范第 1.0.9 条确定，并应符合下列要求： 1　水平地震影响系数最大值应根据设计基本地震加速度应按表 5.0.3—1（见表 B.2）采用，设计基本地震加速度应根据现行国家标准《中国地震动参数区划图》GB 18306 取电气设施所在地的地震动峰值加速度。 2　水平地震影响系数特征周期应根据现行国家标准《中国地震动参数区划图》GB 18306 取电气设施所在地反应谱特征周期，并根据场地类别调整确定；或根据国家标准《建筑抗震设计规范》GB 50011 按电气设施所在地的设计地震分组和场地类别按表 5.0.3—2 采用。如按罕遇地震计算时特征周期增加 0.05s。 注：周期大于 6.0s 的结构所采用的地震影响系数应专门研究
42	5.0.4　对已编制地震小区划的城市或开展工程场地地震安全性评价的场地，应按批准的设计地震动参数采用相应的地震影响系数
43	7.1.2　电力设施中的建（构）筑物应根据设防分类、烈度、结构类型和结构高度采用不同的抗震等级，并应符合相应的计算和构造措施要求。电力设施中丙类建筑的抗震等级应按表 7.1.2 确定
44	4.2.3　在腐蚀环境下，结构混凝土的基本要求应符合表 4.2.3 的规定
45	4.2.5　钢筋的混凝土保护层最小厚度，应符合表 4.2.5 的规定。后张法预应力混凝土构件的应力钢筋保护层厚度为护套或孔道管外缘至混凝土表面的距离，除应符合表 4.2.5 的规定外，尚应不小于护套或孔道直径的 1/20
46	4.3.1　腐蚀性等级为强、中时，构架、柱、主梁等重要受力构件不应采用格构式和冷弯薄壁型钢
47	4.3.3　钢结构杆件截面的厚度应符合下列规定： 1　钢板组合的杆件，不小于 6mm。 2　闭口截面杆件，不小于 4mm。 3　角钢截面的厚度不小于 5mm
48	4.8.2　基础材料的选择应符合下列规定： 1　基础应采用素混凝土、钢筋混凝土或毛石混凝土。 2　素混凝土和毛石混凝土的强度等级不应低于 C25。 3　钢筋混凝土的混凝土强度等级宜符合本规范表 4.2.3 的要求
49	4.8.3　基础的埋置深度应符合下列规定： 1　生产过程中，当有硫酸、氢氧化钠、硫酸钠等介质泄漏作用，能使地基土产生膨胀时，埋置深度不应小于 2m。 2　生产过程中，当有腐蚀性液态介质泄漏作用时埋置深度不应小于 1.5m
50	3.0.2　根据建筑物地基基础设计等级及长期荷载作用下地基变形对上部结构的影响程度，地基基础设计应符合下列规定： 1　所有建筑物的地基计算均应满足承载力计算的有关规定； 2　设计等级为甲级、乙级的建筑物，均应按地基变形设计； 3　表 3.0.2（见本部分表 A.20）所列范围内设计等级为丙级的建筑物可不作变形验算，如有下列情况之一时，仍应作变形验算： （1）地基承载力特征值小于 130kPa，且体型复杂的建筑； （2）在基础上及其附近有地面堆载或相邻基础荷载差异较大，可能引起基础产生过大的不均匀沉降时； （3）软弱地基上存在偏心荷载时； （4）相邻建筑过近，可能发生倾斜时； （5）地基内有厚度较大或厚薄不均的填土，其自重固结未完成时。 4　对经常受水平荷载作用的高层建筑、高耸结构和挡土墙等，以及建造在斜坡上或边坡附近的建筑物和构筑物，尚应验算其稳定性； 5　基坑工程应进行稳定性验算； 6　当地下水埋藏较浅，建筑地下室或地下构筑物存在上浮问题时，尚应进行抗浮验算
51	3.0.5　地基基础设计时，所采用的荷载效应最不利组合与相应的抗力限值应按下列规定： 1　按地基承载力确定基础底面积及埋深或按单桩承载力确定桩数时，传至基础或承台底面上的荷载效应应按正常使用极限状态下荷载效应的标准组合。相应的抗力应采用地基承载力特征值或单桩承载力特征值；

续表

序号	强制性条文内容
51	2　计算地基变形时，传至基础底面上的荷载效应应按正常使用极限状态下荷载效应的标永久组合，不应计入风荷载和地震作用。相应的限值为地基变形允许值； 3　计算挡土墙土压力、地基或斜坡稳定及滑坡推力时，荷载效应应按承载力极限状态下荷载效应的基本组合，但其分项系数均为 1.0； 4　在确定基础承台高度、支挡结构截面、计算基础或支挡结构内力、确定配筋和验算材料强度时，上部结构传来的荷载效应组合和相应的基底反力，应按承载力极限状态下荷载效应的基本组合，采用相应的分项系数。 5　基础设计安全等级、结构设计使用年限、结构重要性系数应按有关规范的规定采用，但结构重要性系数 γ_0 不应小于 1.0
52	5.3.1　建筑物的地基变形计算值，不应大于地基变形允许值
53	5.3.4　建筑物的地基变形允许值，应按表 5.3.4 规定采用。对表中未包括的建筑物，其地基变形允许值应根据上部结构对地基变形的适应能力和使用上的要求确定
54	6.1.1　山区（包括丘陵地带）地基的设计，应对下列设计条件分析认定： 1　建设场区内，在自然条件下，有无滑坡现象，有无影响场地稳定性的断层、破碎带； 2　在建设场地周围，有无不稳定的边坡； 3　施工过程中，因挖方、填方、堆载和卸载等对山坡稳定性的影响； 4　地基内岩石厚度及空间分布情况、基岩面的起伏情况、有无影响地基稳定性的临空面； 5　建筑地基的不均匀性； 6　岩溶、土洞的发育程度，有无采空区； 7　出现危岩崩塌、泥石流等不良地质现象的可能性； 8　地面水、地下水对建筑地基和建设场区的影响
55	6.3.1　当利用压实填土作为建筑工程的地基持力层时，在平整场地前，应根据结构类型、填料性能和现场条件等，对拟压实的填土提出质量要求。未经检验查明以及不符合质量要求的压实填土，均不得作为建筑工程的地基持力层
56	6.4.1　在建设场区内，由于施工或其他因素的影响有可能形成滑坡的地段，必须采取可靠的预防措施。对具有发展趋势并威胁建筑物安全使用的滑坡，应及早采取综合整治措施，防止滑坡继续发展
57	7.2.7　复合地基设计应满足建筑物承载力和变形要求。当地基土为欠固结土、膨胀土、湿陷性黄土、可液化土等特殊土时，设计采用的增强体和施工工艺应满足处理后地基土和增强体共同承担荷载的技术要求
58	7.2.8　复合地基承载力特征值应通过现场复合地基载荷试验确定，或采用增强体载荷试验结果和其周边土的承载力特征值结合经验确定
59	8.2.7　扩展基础的计算应符合下列规定： 1　对柱下独立基础，当冲切破坏锥体落在基础底面以内时，应验算柱与基础交接处以及基础变阶处的受冲切承载力； 2　对基础底面短边尺寸小于或等于柱宽加两倍基础有效高度的柱下独立基础，以及墙下条形基础，应验算柱（墙）与基础交接处的基础受剪切承载力； 3　基础底板的配筋，应按抗弯计算确定； 4 当扩展基础的混凝土强度等级小于柱的混凝土强度等级时，尚应验算柱下扩展基础顶面的局部受压承载力
60	8.4.6　平板式筏基的板厚应满足受冲切承载力的要求
61	8.4.9　平板式筏基应验算距内筒和柱边缘 h0 处截面的受剪承载力。当筏板变厚度时，尚应验算变厚度处筏板的受剪承载力
62	8.4.11　梁板式筏基底板应计算正截面受弯承载力，其厚度尚应满足受冲切承载力、受剪切承载力的要求
63	8.4.18　梁板式筏基基础梁和平板式筏基的顶面应满足底层柱下局部受压承载力的要求。对抗震设防烈度为 9 度的高层建筑，验算柱下基础梁、筏板局部受压承载力时，应计入竖向地震作用对柱轴力的影响
64	8.5.10　桩身混凝土强度应满足桩的承载力设计要求
65	8.5.13　桩基沉降计算应符合下列规定： 1　对以下建筑物的桩基应进行沉降验算： 1）地基基础设计等级为甲级的建筑物桩基； 2）体型复杂、荷载不均匀或桩端以下存在软弱土层的设计等级为乙级的建筑物桩基；

续表

序号	强制性条文内容
65	3）摩擦型桩基。 2 桩基沉降不得超过建筑物的沉降允许值，并应符合本规范表 5.3.4 的规定
66	8.5.20 柱下桩基独立承台应分别对柱边和桩边、变阶处和桩边连线形成的斜截面进行受剪计算。当柱边外有多排桩形成多个剪切斜截面时，尚应对每个斜截面进行验算
67	8.5.22 当承台的混凝土强度等级低于柱或桩的混凝土强度等级时，尚应验算柱下或桩上承台的局部受压承载力
68	9.1.3 基坑工程设计应包括下列内容： 1 支护结构体系的方案和技术经济比较； 2 基坑支护体系的稳定性验算； 3 支护结构的承载力、稳定和变形计算； 4 地下水控制设计； 5 对周边环境影响的控制设计； 6 基坑土方开挖方案； 7 基坑工程的监测要求
69	9.1.9 基坑土方开挖应严格按设计要求进行，不得超挖。基坑周边堆载不得超过设计规定。土方开挖完成后应立即施工垫层，对基坑进行封闭，防止水浸和暴露，并应及时进行地下结构施工
70	10.2.10 复合地基应进行桩身完整性和单桩竖向承载力检验以及单桩或多桩复合地基载荷试验，施工工艺对桩间土承载力有影响时还应进行桩间土承载力检验
71	10.2.13 人工挖孔桩终孔时，应进行桩端持力层检验。单柱单桩的大直径嵌岩桩，应视岩性检验孔底下 3 倍桩身直径或 5m 深度范围内有无土洞、溶洞、破碎带或软弱夹层等不良地质条件
72	10.2.14 施工完成后的工程桩应进行桩身完整性检验和竖向承载力检验。承受水平力较大的桩应进行水平承载力检验，抗拔桩应进行抗拔承载力检验
73	10.3.2 基坑开挖应根据设计要求进行监测，实施动态设计和信息化施工
74	10.3.8 下列建筑物应在施工期间及使用期间进行沉降变形观测： 1 地基基础设计等级为甲级建筑物； 2 软弱地基上的地基基础设计等级为乙级建筑物； 3 处理地基上的建筑物； 4 加层、扩建建筑物； 5 受邻近深基坑开挖施工影响或受场地地下水等环境因素变化影响的建筑物； 6 采用新型基础或新型结构的建筑物
75	3.1.3 桩基应根据具体条件分别进行下列承载能力计算和稳定性验算： 1 应根据桩基的使用功能和受力特征分别进行桩基的竖向承载力计算和水平承载力计算； 2 应对桩身和承台结构承载力进行计算；对于桩侧土不排水抗剪强度小于 10KPa 且长径比大于 50 的桩，应进行桩身压屈验算；对于混凝土预制桩，应按吊装、运输和锤击作用进行桩身承载力验算；对于钢管桩，应进行局部压屈验算； 3 当桩端平面以下存在软弱下卧层时，应进行软弱下卧层承载力验算； 4 对位于坡地、岸边的桩基，应进行整体稳定性验算； 5 对于抗浮、抗拔桩基，应进行基桩和群桩的抗拔承载力计算； 6 对于抗震设防区的桩基，应进行抗震承载力验算
76	3.1.4 下列建筑桩基应进行沉降计算： 1 设计等级为甲级的非嵌岩桩和非深厚坚硬持力层的建筑桩基； 2 设计等级为乙级的体形复杂、荷载分布显著不均匀或桩端平面以下存在软弱土层的建筑桩基； 3 软土地基多层建筑减沉复合疏桩基础
77	5.2.1 桩基竖向承载力计算应符合下列要求： 1 荷载效应标准组合 轴心竖向力作用下 $N_K \leqslant R$ (5.2.1-1) 偏心竖向力作用下，除满足上式外，尚应满足下式的要求： $N_{kmax} \leqslant 1.2R$ (5.2.1-2)

续表

序号	强制性条文内容
77	2　地震作用效应和荷载效应标准组合： 轴心竖向力作用下 $$N_{EK} \leqslant R \quad (5.2.1\text{-}3)$$ 偏心竖向力作用下，除满足上式外，尚应满足下式的要求： $$N_{Ekmax} \leqslant 1.2R \quad (5.2.1\text{-}4)$$
78	5.4.2　符合下列条件之一的桩基，当桩周土层产生的沉降超过基桩的沉降时，在计算基桩承载力时应计入桩侧负摩阻力： 1　桩穿越较厚松散填土、自重湿陷性黄土、欠固结土、液化土层进入相对较硬土层时； 2　桩周存在软弱土层，领近桩侧地面承受局部较大的长期荷载，或地面大面积堆载（包括填土）时； 3　由于降低地下水位，使桩周土有效应力增大，并产生显著压缩沉降时
79	5.5.1　建筑桩基沉降变形计算值不应大于桩基沉降变形允许值
80	5.5.4　建筑桩基沉降变形允许值，应按表 5.5.4 规定采用
81	5.9.6　桩基承台厚度应满足柱（墙）对承台的冲切和基桩对承台的冲切承载力要求
82	5.9.9　柱（墙）桩基承台，应分别对柱（墙）边、变阶处和桩边连线形成的贯通承台的斜截面的受剪承载力进行验算。当承台悬挑有多排基桩形成多个斜截面时，应对每个斜截面的受剪承载力进行验算
83	5.9.15　对于柱下桩基，当承台混凝土强度等级低于柱或桩的混凝土强度等级时，应验算柱下或桩上承台的局部受压承载力
84	3.1.2　基坑支护应满足下列功能要求： 1　保证基坑周边建（构）筑物、地下管线、道路的安全和正常使用； 2　保证主体地下结构的施工空间
85	8.2.2　安全等级为一级、二级的支护结构，在基坑开挖过程与支护结构使用期内，必须进行支护结构的水平位移监测和基坑开挖影响范围内建（构）筑物、地面的沉降监测
《工程结构可靠度设计统一标准》（GB 50153—2008）	
86	3.2.1　工程结构设计时，应根据结构破坏可能产生的后果（危及人的生命、造成经济损失、对社会或环境产生影响等）的严重性，采用不同的安全等级。工程结构安全等级的划分应符合表 3.2.1 的规定
87	3.3.1 工程结构设计时，应规定结构的设计使用年限
88	3.2.1　工程结构设计时，应根据结构破坏可能产生的后果（危及人的生命、造成经济损失、对社会或环境产生影响等）的严重性，采用不同的安全等级。工程结构安全等级的划分应符合表 3.2.1 的规定
89	3.3.2 工程结构设计时，应规定结构的设计使用年限
90	3.1.2　建筑结构设计时，应按下列规定对不同荷载采用不同的代表值： 1　对永久荷载应采用标准值作为代表值。 2　对可变荷载应根据设计要求采用标准值、组合值、频遇值或准永久值作为代表值； 3　对偶然荷载应按建筑结构使用的特点确定其代表值
91	3.1.3　确定可变荷载代表值时应采用 50 年设计基准期
92	3.2.3　对于基本组合，荷载效应组合的设计值 S 应从下列组合值中取最不利值确定： 1　由可变荷载效应控制的组合： $$S = \sum_{i=2}^{n} \gamma_G S_{GK} + \gamma_{Q1} S_{Q1K} + \sum_{i=2}^{n} \gamma_{Qi} \psi_{ci} S_{QiK} \quad (3.2.3\text{-}1)$$ 2　由永久荷载效应控制的组合： $$S = \gamma_G S_{GK} + \sum_{i=1}^{n} \gamma_{Qi} \psi_{ci} S_{QiK} \quad (3.2.3\text{-}2)$$
93	3.2.4　基本组合的荷载分项系数，应按下列规定采用： 1　永久荷载的分项系数应符合下列规定： 1）当永久荷载效应对结构不利时，对由可变荷载效应控制的组合应取 1.2，对由永久荷载效应控制的组合应取 1.35； 2）当永久荷载效应对结构有利时，不应大于 1.0 2 可变荷载的分项系数应符合下列规定： 1）对标准值大于 $4kN/m^2$ 的工业房屋楼面结构的活荷载，应取 1.3；

续表

序号	强制性条文内容
93	2）其他情况，应取 1.4。 3　对结构的倾覆、滑移或漂浮验算，荷载的分项系数应满足有关的建筑结构设计规范的规定
94	5.1.1　民用建筑楼面均布活荷载的标准值及其组合值系数、频遇值系数和准永久值系数的取值，不应小于表 5.1.1 的规定
95	5.1.2　设计楼面梁、墙、柱及基础时，本规范表 5.1.1 中楼面活荷载标准值的折减系数取值不应小于下列规定。 1　设计楼面梁时： 1）第 1（1）项当楼面梁从属面积超过 25m² 时，应取 0.9； 2）第 1（2）～7 项当楼面梁从属面积超过 50m² 时应取 0.9； 3）第 8 项对单向板楼盖的次梁和槽形板的纵肋应取 0.8；对单向板楼盖得主梁应取 0.6；对双向板楼盖的梁应取 0.8； 4）第 9～13 项应采用与所属房屋类别相同的折减系数。 2　设计墙、柱和基础时： 1）第 1（1）项应按表 5.1.2 规定采用； 2）第 1（2）～7 项应采用与其楼面梁相同的折减系数； 3）第 8 项的客车，对单向板楼盖应取 0.5；对双向板楼盖和无梁楼盖应取 0.8； 4）第 9～13 项应采用与所属房屋类别相同的折减系数。 注：楼面梁的从属面积应按梁两侧各延伸二分之一梁间距的范围内实际面积确定
96	5.3.1　房屋建筑的屋面，其水平投影面上的屋面均布活荷载的标准值及其组合值系数、频遇值系数和准永久值系数的取值，不应小于表 5.3.1 的规定
97	5.5.1　施工和检修荷载应按下列规定采用： 1　设计屋面板、檩条、钢筋混凝土挑檐、悬挑雨篷和预制小梁时，施工或检修几种荷载标准值不应小于 1.0kN，并应在最不利位置处进行验算。 2　对于轻型构件或较宽的构件，应按实际情况验算，或应加垫板、支撑等临时设施； 3　计算挑檐、悬挑雨篷的承载力时，应沿板宽度每隔 1.0m 取一个集中荷载；在验算挑檐、悬挑雨篷的倾覆时，应沿板宽每隔 2.5m～3.0m 取一个集中荷载
98	5.5.2　楼梯、看台、阳台和上人屋面等的栏杆活荷载标准值，不应小于下列规定： 1　住宅、宿舍、办公楼、旅馆、医院、托儿所、幼儿园，栏杆顶部的水平荷载应取 1.0kN/m； 2　学校、食堂、剧场、电影院、车站、礼堂、展览馆或体育场，栏杆顶部的水平荷载应取 1.0kN/m，竖向荷载应取 1.2kN/m，水平荷载与竖向荷载应分别考虑
99	7.1.1　屋面水平投影上的雪荷载标准值，应按下式计算： $S_K=\mu_r s_0$　　(7.1.1) 式中　S_K——雪荷载标准值，kN/m²； μ_r——屋面积雪分布系数； s_0——基本雪压，kN/m²
100	7.1.2　基本雪压应采用按本规范规定的方法确定的 50 年重现期的雪压；对雪荷载敏感的结构，应采用 100 年重现期的雪压
101	8.1.1　垂直于建筑物表面上的风荷载标准值，应按下述公式计算： 1　当计算主要承重结构时：$w_K=\beta_z\mu_s\mu_z w_0$　　(8.1.1-1) 2　当计算围护结构时：$w_K=\beta_{gz}\mu_{sl}\mu_z w_0$　　(8.1.1-2)
102	8.1.2　基本风压应采用本规范规定的方法确定 50 年重现期的风压，但不得小于 0.3kN/m²。对于高层建筑、高耸结构以及对风荷载比较敏感的其他结构，基本风压的取值应适当提高，并应符合有关结构设计规范的规定
《钢结构设计标准》（GB 50017—2017）	
103	4.3.2　承重结构所用的钢材应具有屈服强度、抗拉强度、断后伸长率和硫、磷含量的合格保证，对焊接结构尚应具有碳当量的合格保证。焊接承重结构以及重要的非焊接承重结构采用的钢材应具有冷弯试验的合格保证；对直接承受动力荷载或需验算疲劳的构件所用钢材尚应具有冲击韧性的合格保证
104	4.4.1　钢材的设计用强度指标，应根据钢材牌号、厚度或直径按表 4.4.1 采用
105	4.4.3　结构用无缝钢管的强度指标应按表 4.4.3 采用

续表

序号	强制性条文内容
106	4.4.4　铸钢件的强度设计值应按表 4.4.4 采用
107	4.4.5　焊缝的强度指标应按表 4.4.5 采用并应符合下列规定： 1　手工焊用焊条、自动焊和半自动焊所采用的焊丝和焊剂，应保证其熔敷金属的力学性能不低于母材的性能。 2　焊缝质量等级应符合现行国家标准《钢结构焊接规范》GB 50661 的规定，其检验方法应符合现行国家标准《钢结构工程施工质量验收规范》GB 50205 的规定。其中厚度小于 6mm 钢材的对接焊缝，不应采用超声波探伤确定焊缝质量等级。 3　对接焊缝在受压区的抗弯强度设计值取 f_{cw}，在受拉区的抗弯强度设计值取 f_{tw}。 4　计算下列情况的连接时，表 4.4.5 规定的强度设计值应乘以相应的折减系数；几种情况同时存在时，其折减系数应连乘。 1）施工条件较差的高空安装焊缝乘以系数 0.9； 2）进行无垫板的单面施焊对接焊缝的连接计算应乘折减系数 0.85
108	4.4.6　螺栓连接的强度指标应按表 4.4.6 采用
109	18.3.3　高温环境下的钢结构温度超过 100℃时，应进行结构温度作用验算，并应根据不同情况采取防护措施： 1　当钢结构可能受到炽热熔化金属的侵害时，应采用砌块或耐热固体材料做成的隔热层加以保护； 2　当钢结构可能受到短时间的火焰直接作用时，应采用加耐热隔热涂层、热辐射屏蔽等隔热防护措施； 3　当高温环境下钢结构的承载力不满足要求时，应采取增大构件截面、采用耐火钢或采用加耐热隔热涂层、热辐射屏蔽、水套隔热降温措施等隔热降温措施； 4　当高强度螺栓连接长期受热达 150℃以上时，应采用加耐热隔热涂层、热辐射屏蔽等隔热防护措施
110	5.7.1　承受动载需经疲劳验算时，严禁使用塞焊、槽焊、电渣焊和气电立焊接头
111	3.1.7　在同一连接接头中，高强度螺栓连接不应与普通螺栓连接混用。承压型高强度螺栓连接不应与焊接连接并用
112	4.3.1　每一杆件在高强度螺栓连接节点及拼接接头的一端，其连接的高强度螺栓数量不应少于 2 个
113	10.1.5　考虑地震作用组合的砌体结构构件，其截面承载力应除以承载力抗震调整系数 γ_{RE}，承载力抗震调整系数应按表 10.1.5 采用。当仅计算竖向地震作用时，各类结构构件承载力抗震调整系数均应采用 1.0
114	10.1.6　配筋砌块砌体抗震墙结构房屋抗震设计时，结构抗震等级应根据设防烈度和房屋高度按表 10.1.6 采用
	《混凝土结构设计规范（2015 年版）》(GB 50010—2010)
115	3.1.7　设计应明确结构的用途，在设计使用年限内未经技术鉴定或设计许可，不得改变结构的用途和使用环境
116	3.3.2　对持久设计状况、短暂设计状况和地震设计状况，当用内力的形式表达时，结构构件应采用下列承载能力极限状态设计表达式： $\gamma_0 S \leqslant R$　(3.3.2-1) $R=R(f_c, f_\xi, a_k, \cdots\cdots)/\gamma_{Rd}$　(3.3.2-2)
117	4.1.3　混凝土轴心抗压强度 f_{ck} 的标准值应按表 4.1.3-1 采用；轴心抗拉强度 f_{tk} 的标准值应按表 4.1.3-2 采用
118	4.1.4　混凝土轴心抗压强度的设计值 f_c 应按表 4.1.4-1 采用；轴心抗拉强度的设计值 f_t 应按表 4.1.4-2 采用
119	4.2.2　钢筋的强度标准值具有不小于 95%的保证率。 普通钢筋的屈服强度标准值 f_{yk}、极限强度标准值 f_{stk} 应按表 4.2.2-1 采用；预应力钢丝、钢绞线和预应力螺纹钢筋的屈服强度标准值 f_{pyk}、极限强度标准值 f_{ptk} 应按表 4.2.2-2 采用
120	4.2.3　普通钢筋的抗拉强度设计值 f_y、抗压强度设计值 f'_y 应按表 4.2.3-1 采用；预应力筋的抗拉强度设计值 f_{py}、抗压强度设计值 f'_{py} 应按表 4.2.3-2 采用。 当构件中配有不同种类的钢筋时，每种钢筋应采用各自的强度设计值。横向钢筋的抗拉强度设计值 f_{yv} 应按表中 f_y 的数值采用；当用作受剪、受扭、受冲切承载力计算时，其数值大于 $360N/mm^2$ 时应取 $360N/mm^2$
121	8.5.1　钢筋混凝土结构构件中纵向受力钢筋的配筋百分率 ρ_{min} 不应小于表 8.5.1 规定的数值

续表

序号	强制性条文内容
122	11.1.3　房屋建筑混凝土结构构件的抗震设计，应根据设防类别、烈度、结构类型和房屋高度采用不同的抗震等级，并应符合相应的计算和构造措施要求。丙类建筑的抗震等级应按表 11.1.3 确定
123	11.2.3　按一、二、三级抗震等级设计的框架和斜撑构件，其纵向受力普通钢筋应符合下列要求： 1　钢筋的抗拉强度实测值与屈服强度实测值的比值不应小于 1.25； 2　钢筋的屈服强度实测值与屈服强度标准值的比值不应大于 1.30； 3　钢筋最大拉力下的总伸长率实测值不应小于 9%
124	11.3.1　梁正截面受弯承载力计算中，计入纵向受压钢筋的梁端混凝土受压区高度应符合下列要求： 一级抗震等级 $x \leqslant 0.25h_0$　(11.3.1-1) 二、三级抗震等级 $x \leqslant 0.35h_0$　(11.3.1-2)
125	11.3.6　框架梁的钢筋配置应符合下列规定： 1　纵向受拉钢筋的配筋率不应小于表 11.3.6-1 规定的数值； 2　框架梁梁端截面的底部和顶部纵向受力钢筋截面面积的比值，除按计算确定外，一级抗震等级不应小于 0.5；二、三级抗震等级不应小于 0.3； 3　梁端箍筋的加密区长度、箍筋最大间距和箍筋最小直径，应按表 11.3.6-2 采用；当梁端纵向受拉钢筋配筋率大于 2%时，表中箍筋最小直径应增大 2mm
126	11.4.12　框架柱和框支柱的钢筋配置，应符合下列要求： 1　框架柱和框支柱中全部纵向受力钢筋的配筋百分率不应小于表 11.4.12-1 规定的数值，同时，每一侧的配筋百分率不应小于 0.2；对Ⅳ类场地上较高的高层建筑，最小配筋百分率应按表中数值增加 0.1 采用； 2　框架柱和框支柱上、下两端箍筋应加密，加密区的箍筋最大间距和箍筋最小直径应符合表 11.4.12-2（见表 B.70）的规定； 3　框支柱和剪跨比不大于 2 的框架柱应在柱全高范围内加密箍筋，且箍筋间距应符合本条第 2 款一级抗震等级的要求； 4　一级抗震等级框架柱的箍筋直径大于 12mm 且箍筋肢距不大于 150mm 及二级抗震等级框架柱的直径不小于 10mm 且箍筋肢距不大于 200mm 时，除柱根外，箍筋间距应允许采用 150mm；四级抗震等级框架柱剪跨比不大于 2 时，箍筋直径不应小于 8mm
127	11.7.14　剪力墙的水平和竖向分布钢筋的配置应符合下列规定： 1　一、二、三级抗震等级的剪力墙的水平和竖向分布钢筋配筋率均不应小于 0.25%；四级抗震等级剪力墙不应小于 0.2%； 2　部分框支剪力墙结构的剪力墙底部加强部位，水平和竖向分布钢筋配筋率不应小于 0.3%。 说明：对高度小于 24m 且剪压比很小的四级抗震等级剪力墙，其竖向分布筋最小配筋率应允许按 0.15%采用

四、设计接口要点

（一）专业间收资要点

（1）配电装置室（楼）平面、立面、剖面图及必要的详图。

（2）基础预埋件及吊点的位置和尺寸要求，相应设备的荷载分布及大小，预埋施工作业的允许误差范围，包括楼、地面及梁柱上。

（3）楼、地面各留孔、埋管位置及尺寸要求。

（二）专业间提资要点

本节不涉及此内容。

（三）厂家资料确认要点

采用钢结构建筑后，注意确认厂家加工后的钢构件及螺栓等是否符合设计要求。

五、图纸设计要点

（一）基础埋深

基础埋深的确定需综合考虑持力层深度、地梁底标高等因素，尽量避免深基坑开挖。

（二）地梁标高

地梁标高需根据电缆沟底板的底标高，以及施工支模距离的要求综合确定；即地梁平面布置图中上部存在电缆沟的地梁顶标高与其他不同。

（三）次梁间距

（1）次梁间距的设计一方面考虑楼板跨度的经济性，另一方面考虑钢筋桁架楼承板的常用宽度，与其尺寸匹配。

（2）钢筋桁架楼承板供应厂家确定后，应针对钢筋桁架楼承板的工艺特点制定合理的施工方案。在与柱相交处被切断，柱边板底应设支承件，板内应布置附加箍筋。

（3）钢筋桁架楼承板的选用应根据施工阶段楼承板的允许跨度及屋面板的类型进行考虑。

（四）专业配合

结构设计需与建筑专业沟通配合，参考建筑专业绘制的设计说明、平面、立面、剖面图及必要的大样图：确定建筑要求结构梁的控制高度；确定板底、梁底的控制标高及内外墙板的安装方式及荷载分布；确定结构柱的控制尺寸。

（五）会签

基础平面布置图、屋面梁平面布置图等完成后需与电气一次、二次专业会签，会签要点如下：

（1）对 GIS 室、开关室等存在挂点的房间，需根据电气专业荷载分布及大小的提资，进行相应结构计算。

（2）在梁、板施工图中布置相应次梁及吊钩，交电气一次、二次专业会签复核位置。

六、施工过程注意要点

（1）预埋件（锚栓）易出现整体或局部偏移、标高有误、丝扣未采取保护措施等问题，直接产生钢柱底板螺栓孔不对位、丝扣长度不够等影响。

措施：钢结构施工单位需协同土建施工单位一起完成预埋件工作，在基础短柱混凝土浇筑之前，必须复核相关定位及尺寸，并保证固定牢固。

（2）施工中易出现锚栓不垂直现象，由于框架柱柱脚底板平整度差、锚栓不垂直，导致钢柱安装后不在一条直线上，影响后期钢梁安装，并对结构受力产生不利影响，不符合施工验收规范要求。

措施：锚栓施工时，先用钢筋、角钢固定锚栓，保证支撑，避免浇灌混凝土时出现移位。

（3）螺栓装备面不符合要求，造成螺栓不好安装或螺栓紧固度不符合设计要求。

措施：高强螺栓表面浮锈、油污或螺栓孔壁毛病，应逐个清理干净。使用前必须进行防锈处理，拼装用的螺栓，不得在正式安装时使用。施工过程中，螺栓应由专人保管和发放。

（4）施工前应进行施工安全交底，定期开展施工安全检查，确保施工作业的安全。

第四节　构架加工图及基础

一、设计依据

（一）设计输入

（1）初步设计评审意见。

（2）工程所在地的地震信息、气象条件、基本风压和地质勘测等资料。

（3）电气一次专业提资：不同工况下主变压器进线荷载标准值及导线偏角。

（4）线路电气专业提资：不同工况下构架出线荷载标准值及导地线偏角。

（5）导（地）线荷载的分项系数。

（6）材料及其力学指标。

（7）现场收资（涉及改造/扩建）：对于已投运变电站，应利用各方资源收资现场资料。部分工程已收集资料不满足设计要求的，应至现场复核，记录现状。主要核实内容如下：

1）前期设计图纸：各级配电装置区基础布置图、设备支架基础施工图（核对构架基础是否与前期基础碰撞）。

2）施工图阶段岩土工程勘察报告。

3）前期构架型式、构架与基础连接形式。

4）前期地基处理形式：是否已考虑为远景部分进行了地基处理。

（8）现行的国家有关设计规范、规程和规定。

（二）规程、规范、技术文件

GB 50007—2011《建筑地基基础设计规范》

GB 50009—2012《建筑结构荷载规范》

GB 50011—2010《建筑抗震设计规范（2016 年版）》

GB 50017—2017《钢结构设计标准》

GB 50046—2018《工业建筑防腐蚀设计规范》

GB 50068—2018《建筑结构可靠度设计统一标准》

GB 50223—2008《建筑工程抗震设防分类标准》

GB 50229—2019《火力发电厂与变电站设计防火标准》

GB 50661—2011《钢结构焊接规范》

JGJ 82—2011《钢结构高强螺栓连接技术规程》

JGJ 120—2012《建筑基坑支护技术规程》

DL/T 5457—2012《变电站建筑结构设计技术规程》

DL/T 5458—2012《变电工程施工图设计内容》

Q/GDW 10248.2—2016《输变电工程建设标准强制性条文实施管理规程　第 2 部分：变电（换流）站建筑工程设计》

Q/GDW 10381.5—2017《国家电网有限公司输变电工程施工图设计内容深度规定　第 5 部分：220kV 智能变电站》

《国家电网有限公司关于印发〈十八项电网重大反事故措施（修订版）〉的通知》（国家电网设备〔2018〕979 号）

《国家电网公司输变电工程施工安全风险识别、评估及预控措施管理办法》（国网（基建/3）176-2019）

《国网基建部关于发布〈35～750kV 输变电工程设计质量控制“一单一册”（2019 年版）的通知〉》（基建技术〔2019〕20 号）

《国家电网公司输变电工程标准工艺（2016 年版）》

二、设计边界和内容

（一）设计边界

110kV 和 220kV 构架配电装置场区。

（二）设计内容

（1）构架设计说明（材料强度要求、构件加工说明及构架柱接地件和光缆接地件示意图）。

（2）构架总组装图（包括 220kV 和 110kV 构架构件一览表）。

（3）构架基础平面图（包括基础平面布置图、基础详图和构架基础一览表）。

（4）构架人字柱和横梁加工图（包括带端撑和不带端撑构架人字柱加工图、出线构架横梁加工图、中间构架梁加工图及各构件材料表）。

（5）地线柱、爬梯加工图和梁上走道详图（包括构件材料一览表）。

（6）避雷针加工图（包括构件材料一览表）。

（三）设计流程

本节设计流程图如图 3-4-1 所示。

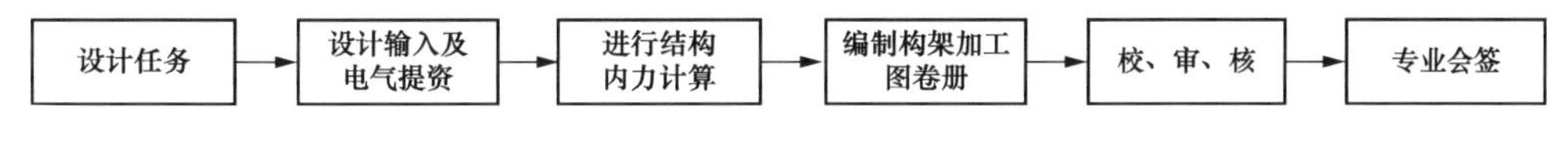

图 3-4-1　设计流程图

三、深度要求

（一）施工图深度

1. 卷册说明

（1）应说明构架钢管制作、焊接要求及构架焊缝要求。

（2）应说明钢筋、焊条、等构架用材选择方案及构架设计依据、相关规范要求。

（3）应说明本卷册主要设计原则，与其他卷册的分界点。

2. 构架基础平面布置图

（1）应标明构架基础的平面位置尺寸与每个基础的外形尺寸。

（2）宜表示道路、电缆沟等构筑物的位置。

（3）平面图中应标明指北针与纵横轴线坐标。

（4）应列出必要的说明，如基础材料的要求、工程地质条件、地基处理的技术措施、地基基础的设计等级、地基承载力特征值或采用的桩基承载力特征值等，并宜按统一格式列出基础一览表。

3. 构架基础详图

（1）以平、剖面图表示出基础的外形尺寸、杯口尺寸、埋深等。注明基础标高、当埋深不一致时应分别注出。

（2）采用钢筋混凝土基础应按结构配筋图的要求表示出配筋情况。

（3）遇不良地基时，基础底部的加固形式、埋深、标高等均需标明。

（4）基础使用材料、二次灌浆材料、杯口粗糙要求、绝对高程与标高的关系、地基承载力特征值等应加以注明。

4. 构架加工总说明

（1）标明设计±0.000m 标高所对应的绝对标高值。

（2）标明本工程结构设计的主要依据，荷载资料、项目类别、工程概况、所用钢材牌号和质量等级（必要时提出物理、力学性能和化学成分要求）及连接件的型号、规格、焊接质量等级、防腐及防火措施。建筑结构的安全等级和设计使用年限。

（3）标明采用的设计荷载，包含风荷载、导线荷载、特殊部位的最大使用荷载标准值。

（4）标明结构的变形规定、安装和使用要求，构架梁起拱的要求。

（5）标明所采用的通用做法和标准构件图集，如有特殊构件需作结构性能检验时，应指出检验的方法与要求。

（6）标明施工中应遵循的施工规范和注意事项。

（7）标明施工安装中应注意的操作工艺和质量要求。

5. 构架轴测图

（1）绘出构架的全貌、定位轴线、标高、尺寸、构件编号，应绘制出钢材汇总表。

（2）注明构件钢材牌号、主材规格。

（3）标明指北针。

（4）构架安装图。

（5）绘出构架轴线标高、尺寸、构件编号。

（6）附属构件如爬梯的编号、位置。

6. 柱结构详图

（1）表明构架的正视与侧视，注明构架的尺寸、高度及根开尺寸。

（2）表明构架梁与柱及柱与基础的连接方式以及埋置深度。连接节点大样图画入本图，也可单独绘制。

（3）应注明节点编号与构件编号（或代号），并按统一格式列出材料汇总一览表。

（4）标明必要的设计说明及施工注意事项。

（5）对格构式构架应绘制柱的单线图，图中应注明不同节间长度的主、斜材两端间的中心尺寸，并增加表格说明不同编号柱的根开尺寸和底部变化段主、斜材尺寸。

7. 横梁结构详图

（1）格构钢横梁需画出结构单线展开图，在图中应注明不同节间长度的斜材两端间的中心尺寸。

（2）绘出钢梁的正视（仰视）图，以及端部、分段处、挂线板等断面处的结构外形图应表明主斜材、节点板、缀板（条）的编号和尺寸以及焊缝的要求。如为螺栓连接时，应标明连接件的规格垫圈螺杆长度、螺孔布置等。总、分尺寸应齐全。

（3）应注明梁端与连接构件（例如构架柱）的关系尺寸，连接形式，表明挂线板的材料型号与主材的连接方式以及挂线孔的位置尺寸。非对称梁应注明安装方向。

（4）主斜材的连接应绘制大样图，以确定斜材的长度与切角尺寸，并注明杆件末端至几何交点的尺寸。

（5）钢构件的编号宜由主材—斜材—腹杆—节点板从左到右、从下到上编制。

（6）绘制支座节点、拼装节点大样图，注明连接螺孔的孔距、孔径，注明连接螺栓规格、长度与丝扣长度。当主要接头需双螺帽时，应特别注明。

（7）应按统一格式列出材料明细表。

（8）标明横梁预起拱值。

8. 杆段加工制作图

（1）用立面图、剖面图、大样图表明杆段各部分构造，应注明分段尺寸及分段编号。

（2）为便于加工，可将各分册所使用的杆段加工图汇总绘制在一张图上，此时不同规格的杆段可按上段、中段、下段分类，仅画出单线外形图，对杆段端部、接头处、接地螺母、预埋件以及特殊要求处可绘出局部大样图，并分类标明。

（3）图纸中应附材料明细表，表内材料编号、规格、尺寸、数量、单件及小计重。

（二）计算深度

1. 构架基础计算深度

（1）计算内容包括：构架基础计算和柱脚连接计算。

（2）计算深度应符合下列规定：

1）构架基础计算包括基础的地基承载力、抗拔与抗倾覆稳定验算；受拉柱脚验算管壁与二次灌浆混凝土、二次灌浆混凝土与杯壁之间的结合能力及二次灌浆混凝土的抗剪强度；基础配筋计算。

2）柱脚连接计算包括柱脚连接件的数量、规格，连接件强度等的计算。

2. 构架主体计算深度

（1）计算内容包括构架强度与稳定、变形计算的荷载组合计算；横梁构件的强度、稳定、挠度计算；柱的强度与稳定、变形计算；连接件的强度计算；支架的强度、稳定与变形计算。

（2）计算深度应符合下列规定：

1）构架强度与稳定、变形计算的荷载组合计算。根据电气专业提供的荷载对各工况下的最不利组合进行计算。

2）横梁构件的强度、稳定、挠度计算。验算主、斜材的强度和稳定，对水平斜材验算局部弯曲应力，对横梁的整体挠度进行验算。

3）柱的强度与稳定、变形计算。按受力性质进行受弯，偏压或偏拉的强度计算。

4）连接件的强度计算。对钢梁或钢柱分段连接处的焊接或螺栓连接等进行强度和变形计算。

（三）反措要求

根据《国家电网有限公司关于印发〈十八项电网重大反事故措施（修订版）〉的通知》（国家电网设备〔2018〕979 号），本节不涉及十八项电网重大反事故措施。

（四）“一单一册”

根据《国网基建部关于发布〈35～750kV 输变电工程设计质量控制“一单一册”（2019版）〉的通知》（基建技术〔2019〕20 号），本节涉及的“一单一册”相关内容如表 3-4-1 所示。

表 3-4-1　“一单一册”问题

序号	专业子项	问题名称	问题描述	原因及解决措施	问题类别
1	地基处理	回填土质量控制要求不完善	施工图回填土质量控制要求不完善，导致基础周边下沉、管道渗漏等一系列问题	设计文件中对回填土施工要求不够详细，存在漏项。施工图应明确回填土分层厚度、压实系数等要求，确保回填土质量	设计深度不足

（五）强条

根据国家电网公司企业标准《输变电工程建设标准强制性条文实施管理规程　第 2 部分：变电（换流）站建筑工程设计》（Q/GDW 10248.2—2016），本节涉及的工程建设标准强制性条文执行情况如表3-4-2所示。

表3-4-2　　强制性条文

序号	强制性条文内容
《建筑地基基础设计规范》(GB 50007—2011)	
1	3.0.5　地基基础设计时，所采用的荷载效应最不利组合与相应的抗力限值应按下列规定： 1　按地基承载力确定基础底面积及埋深或按单桩承载力确定桩数时，传至基础或承台底面上的荷载效应应按正常使用极限状态下荷载效应的标准组合。相应的抗力应采用地基承载力特征值或单桩承载力特征值； 2　计算地基变形时，传至基础底面上的荷载效应应按正常使用极限状态下荷载效应的标永久组合，不应计入风荷载和地震作用。相应的限值为地基变形允许值； 3　计算挡土墙土压力、地基或斜坡稳定及滑坡推力时，荷载效应应按承载力极限状态下荷载效应的基本组合，但其分项系数均为1.0； 4　在确定基础承台高度、支挡结构截面、计算基础或支挡结构内力、确定配筋和验算材料强度时，上部结构传来的荷载效应组合和相应的基底反力，应按承载力极限状态下荷载效应的基本组合，采用相应的分项系数。 5　基础设计安全等级、结构设计使用年限、结构重要性系数应按有关规范的规定采用，但结构重要性系数 γ_0 不应小于1.0
2	6.1.1　山区（包括丘陵地带）地基的设计，应对下列设计条件分析认定： 1　建设场区内，在自然条件下，有无滑坡现象，有无影响场地稳定性的断层、破碎带； 2　在建设场地周围，有无不稳定的边坡； 3　施工过程中，因挖方、填方、堆载和卸载等对山坡稳定性的影响； 4　地基内岩石厚度及空间分布情况、基岩面的起伏情况、有无影响地基稳定性的临空面； 5　建筑地基的不均匀性； 6　岩溶、土洞的发育程度，有无采空区； 7　出现危岩崩塌、泥石流等不良地质现象的可能性； 8　地面水、地下水对建筑地基和建设场区的影响
3	6.3.1　当利用压实填土作为建筑工程的地基持力层时，在平整场地前，应根据结构类型、填料性能和现场条件等，对拟压实的填土提出质量要求。未经检验查明以及不符合质量要求的压实填土，均不得作为建筑工程的地基持力层
4	6.4.1　在建设场区内，由于施工或其他因素的影响有可能形成滑坡的地段，必须采取可靠的预防措施。对具有发展趋势并威胁建筑物安全使用的滑坡，应及早采取综合整治措施，防止滑坡继续发展
5	7.2.7　复合地基设计应满足建筑物承载力和变形要求。当地基土为欠固结土、膨胀土、湿陷性黄土、可液化土等特殊土时，设计采用的增强体和施工工艺应满足处理后地基土和增强体共同承担荷载的技术要求
6	7.2.8　复合地基承载力特征值应通过现场复合地基载荷试验确定，或采用增强体载荷试验结果和其周边土的承载力特征值结合经验确定
7	9.1.3　基坑工程设计应包括下列内容： 1　支护结构体系的方案和技术经济比较； 2　基坑支护体系的稳定性验算； 3　支护结构的承载力、稳定和变形计算； 4　地下水控制设计； 5　对周边环境影响的控制设计； 6　基坑土方开挖方案； 7　基坑工程的监测要求
8	9.1.9　基坑土方开挖应严格按设计要求进行，不得超挖。基坑周边堆载不得超过设计规定。土方开挖完成后应立即施工垫层，对基坑进行封闭，防止水浸和暴露，并应及时进行地下结构施工
9	10.2.1　基槽（坑）开挖到底后，应进行基槽（坑）检验。当发现地质条件与勘察报告和设计文件不一致、或遇到异常情况时，应结合地质条件提出处理意见
10	10.2.10　复合地基应进行桩身完整性和单桩竖向承载力检验以及单桩或多桩复合地基载荷试验，施工工艺对桩间土承载力有影响时还应进行桩间土承载力检验

续表

序号	强制性条文内容
11	10.3.2　基坑开挖应根据设计要求进行监测，实施动态设计和信息化施工
《建筑抗震设计规范（2016 年版）》（GB 50011—2010）	
12	1.0.4　抗震设防烈度必须按国家规定的权限审批、颁发的文件（图件）确定
13	4.2.2　天然地基基础抗震验算时，应采用地震作用效应标准组合，且地基抗震承载力应取地基承载力特征值乘以地基抗震承载力调整系数计算
14	4.3.2　存在饱和砂土和饱和粉土（不含黄土）的地基，除 6 度设防外，应进行液化判别；存在液化土层的地基，应根据建筑的抗震设防类别、地基的液化的等级，结合具体情况采取相应的措施
15	4.4.5　液化土中桩的配筋范围，应自桩顶至液化以下符合全部消除液化沉陷所要求的深度，其纵向钢筋与桩顶部相同，箍筋应加密
《工业建筑防腐蚀设计规范》（GB 50046—2018）	
16	4.2.3　在腐蚀环境下，结构混凝土的基本要求应符合表 4.2.3 的规定
17	4.2.5　钢筋的混凝土保护层最小厚度，应符合表 4.2.5 的规定。后张法预应力混凝土构件的应力钢筋保护层厚度为护套或孔道管外缘至混凝土表面的距离，除应符合表 4.2.5 的规定外，尚应不小于护套或孔道直径的 1/20
18	4.3.1　腐蚀性等级为强、中时，构架、柱、主梁等重要受力构件不应采用格构式和冷弯薄壁型钢
19	4.3.3　钢结构杆件截面的厚度应符合下列规定： 1　钢板组合的杆件，不小于 6mm。 2　闭口截面杆件，不小于 4mm。 3　角钢截面的厚度不小于 5mm
20	4.8.2　基础材料的选择应符合下列规定： 1　基础应采用素混凝土、钢筋混凝土或毛石混凝土。 2　素混凝土和毛石混凝土的强度等级不应低于 C25。 3　钢筋混凝土的混凝土强度等级宜符合本规范表 4.2.3 的要求
21	4.8.3　基础的埋置深度应符合下列规定： 1　生产过程中，当有硫酸、氢氧化钠、硫酸钠等介质泄漏作用，能使地基土产生膨胀时，埋置深度不应小于 2m。 2　生产过程中，当有腐蚀性液态介质泄漏作用时埋置深度不应小于 1.5m
《建筑结构可靠度设计统一标准》（GB 50068—2018）	
22	3.2.1　工程结构设计时，应根据结构破坏可能产生的后果（危及人的生命、造成经济损失、对社会或环境产生影响等）的严重性，采用不同的安全等级。工程结构安全等级的划分应符合表 3.2.1 的规定
23	3.3.2　工程结构设计时，应规定结构的设计使用年限
《建筑结构荷载规范》（GB 50009—2012）	
24	3.1.2　建筑结构设计时，应按下列规定对不同荷载采用不同的代表值： 1　对永久荷载应采用标准值作为代表值。 2　对可变荷载应根据设计要求采用标准值、组合值、频遇值或准永久值作为代表值； 3　对偶然荷载应按建筑结构使用的特点确定其代表值
25	3.1.3　确定可变荷载代表值时应采用 50 年设计基准期
26	3.2.3　对于基本组合，荷载效应组合的设计值 S 应从下列组合值中取最不利值确定： 1　由可变荷载效应控制的组合： $$S=\sum_{i=2}^{n}\gamma_{G}S_{GK}+\gamma_{Q1}S_{Q1K}+\sum_{i=2}^{n}\gamma_{Qi}\psi_{ci}S_{QiK} \quad (3.2.3\text{-}1)$$ 2　由永久荷载效应控制的组合： $$S=\gamma_{G}S_{GK}+\sum_{i=1}^{n}\gamma_{Qi}\psi_{ci}S_{QiK} \quad (3.2.3\text{-}2)$$

续表

序号	强制性条文内容
27	3.2.4　基本组合的荷载分项系数，应按下列规定采用： 1　永久荷载的分项系数应符合下列规定： 1）当永久荷载效应对结构不利时，对由可变荷载效应控制的组合应取 1.2，对由永久荷载效应控制的组合应取 1.35； 2）当永久荷载效应对结构有利时，不应大于 1.0 2　可变荷载的分项系数应符合下列规定： 1）对标准值大于 $4kN/m^2$ 的工业房屋楼面结构的活荷载，应取 1.3； 2）其他情况，应取 1.4。 3　对结构的倾覆、滑移或漂浮验算，荷载的分项系数应满足有关的建筑结构设计规范的规定
28	7.1.1　屋面水平投影上的雪荷载标准值，应按下式计算： $$S_K=\mu_r s_0 \quad (7.1.1)$$ 式中　S_K——雪荷载标准值，kN/m^2； μ_r——屋面积雪分布系数； s_0——基本雪压，kN/m^2
29	7.1.2　基本雪压应采用按本规范规定的方法确定的 50 年重现期的雪压；对雪荷载敏感的结构，应采用 100 年重现期的雪压。
30	8.1.2　基本风压应采用本规范规定的方法确定 50 年重现期的风压，但不得小于 $0.3kN/m^2$。对于高层建筑、高耸结构以及对风荷载比较敏感的其他结构，基本风压的取值应适当提高，并应符合有关结构设计规范的规定
	《钢结构设计标准》（GB 50017—2017）
31	4.3.2　承重结构所用的钢材应具有屈服强度、抗拉强度、断后伸长率和硫、磷含量的合格保证，对焊接结构尚应具有碳当量的合格保证。焊接承重结构以及重要的非焊接承重结构采用的钢材应具有冷弯试验的合格保证；对直接承受动力荷载或需验算疲劳的构件所用钢材尚应具有冲击韧性的合格保证
32	4.4.1　钢材的设计用强度指标，应根据钢材牌号、厚度或直径按表 4.4.1 采用
33	4.4.3　结构用无缝钢管的强度指标应按表 4.4.3 采用
34	4.4.4　铸钢件的强度设计值应按表 4.4.4 采用
35	4.4.5　焊缝的强度指标应按表 4.4.5 采用并应符合下列规定： 1　手工焊用焊条、自动焊和半自动焊所采用的焊丝和焊剂，应保证其熔敷金属的力学性能不低于母材的性能。 2　焊缝质量等级应符合现行国家标准《钢结构焊接规范》GB 50661 的规定，其检验方法应符合现行国家标准《钢结构工程施工质量验收规范》GB 50205 的规定。其中厚度小于 6mm 钢材的对接焊缝，不应采用超声波探伤确定焊缝质量等级。 3　对接焊缝在受压区的抗弯强度设计值取 f_{cw}，在受拉区的抗弯强度设计值取 f_{tw}。 4　计算下列情况的连接时，表 4.4.5 规定的强度设计值应乘以相应的折减系数；几种情况同时存在时，其折减系数应连乘。 1）施工条件较差的高空安装焊缝乘以系数 0.9； 2）进行无垫板的单面施焊对接焊缝的连接计算应乘折减系数 0.85
36	4.4.6　螺栓连接的强度指标应按表 4.4.6 采用
37	18.3.3　高温环境下的钢结构温度超过 100 ℃时，应进行结构温度作用验算，并应根据不同情况采取防护措施： 1　当钢结构可能受到炽热熔化金属的侵害时，应采用砌块或耐热固体材料做成的隔热层加以保护； 2　当钢结构可能受到短时间的火焰直接作用时，应采用加耐热隔热涂层、热辐射屏蔽等隔热防护措施； 3　当高温环境下钢结构的承载力不满足要求时，应采取增大构件截面、采用耐火钢或采用加耐热隔热涂层、热辐射屏蔽、水套隔热降温措施等隔热降温措施； 4　当高强度螺栓连接长期受热达 150℃以上时，应采用加耐热隔热涂层、热辐射屏蔽等隔热防护措施
	《钢结构焊接规范》（GB 50661—2011）
38	5.7.1　承受动载需经疲劳验算时，严禁使用塞焊、槽焊、电渣焊和气电立焊接头
	《钢结构高强螺栓连接技术规程》（JGJ 82—2011）
39	3.1.7　在同一连接接头中，高强度螺栓连接不应与普通螺栓连接混用。承压型高强度螺栓连接不应与焊接连接并用
40	4.3.1　每一杆件在高强度螺栓连接节点及拼接接头的一端，其连接的高强度螺栓数量不应少于 2 个

四、设计接口要点

（一）提资内容

电气一次专业：构架基础定位、构架柱基础根开大小、构架爬梯定位。

（二）专业间收资要点

（1）电气一次专业：构架跨度，挂点定位，构架柱接地件大小和定位，构架柱、地线柱及避雷针高度和主变压器进线荷载。

收资图纸：220kV（110kV）屋外配电装置平面布置图、220kV（110kV）屋外配电装置主变压器间隔断面图、220kV（110kV）屋外配电装置线路间隔断面图。

（2）线路电气专业：220kV（110kV）出线站外侧每相导线拉力值、地线拉力值、地线柱挂点定位。

（3）勘测专业：施工图阶段岩土工程勘察报告，包括工程所在地地震信息、场地类别等，确定基础埋深及地基处理方案。

构架进出线荷载收资如图 3-4-2 所示。

构架名称：220/kV110kV配电装置区跨线　　气象条件：4 级气象区

编号	工作情况	气象条件及附加荷重				备注
		温度℃	风速m/s	覆冰厚度mm	导线工作状态	
1	最高最低气温	40/-20	0	0	正常工作，无附加荷重	
2	最大风速	-5	30	0	正常工作，无附加荷重	
3	最大覆水	-10	10	10	正常工作，无附加荷重	
4	安装检修	-10	10	0	三相100kg、单相150kg	

单位：kgf

构架名称		220kV主变压器跨线			110kV主变压器跨线					
导线牌号		LGJ-630/45			2×LGJ-500/45					
档距		L=35m			L=32m					
引下线		3根			1根					
荷载种类		拉力	垂直重	侧风力	拉力	垂直重	侧风力			
荷载代号		H	R	Φ	H	R	Φ			
荷载条件	大风情况	800	300	80	1200	240	90			
	最大覆冰情况	900	330		1300	280				
	安装检修情况	700	260		800	220				
	单相上人(150kg)	1200	330		1700	300				
	三相上人(100kg)	1100	310		1500	260				

注 1.有悬垂绝缘子的构架每相增加荷重110kg;悬挂点见断面图。
2.线路间隔出线拉力见线路提资。
3.导线上人检修，构架横梁中间考虑200kg集中荷重。

图 3-4-2　荷载提资图

（三）厂家资料确认要点

电气专业进行厂家资料确认，土建专业无需进行厂家资料确认。

五、图纸设计注意要点

（一）结构计算

1. 荷载效应组合

变电构架应根据电气布置，不同的工作情况下可能产生的最不利受力情况，并考虑远期发展可能产生的变化，分别按终端构架和中间构架进行设计，一般不考虑断线的条件。荷载效应组合应根据各种不同的工况条件分别进行合理的组合。

（1）终端构架应按照如下三种承载力极限状态情况设计：

1）运行工况，取最大风速、覆冰气象、最低气温条件下，对构架及基础的最不利荷载。

a）最大风速：取最大风速气象条件下的导线张力及结构风压，风向与导线作用方向垂直。当构架上有方向互相垂直的导线作用时，凡顺风方向的导线张力一律取相应于安装条件的导线张力。结构风压的作用方向也应垂直于导线方向，不考虑其他附加荷载。

b）最大覆冰：取覆冰气象条件下的导线张力及结构风压，计算风速取 v=10m/s，不考虑其他附加荷载。

c）最低气温：取最低气温条件下的导线张力、自重及结构风压，计算风速取 v=10m/s，不考虑其他附加荷载。

2）安装工况：应考虑构架组立、导线紧线及紧线时作用在梁上的人及工具重。

安装气象条件下的导线张力，结构风压，计算风速取 v=10m/s，考虑紧线产生的垂直荷重，同时梁上的紧线相有 2kN 的人及工具重的集中荷重，一般只考虑单相紧线（任意相），不考虑三相同时紧线。

3）检修工况：对高度 10m 及 10m 以上构架，应考虑单相带电检修或三相停电同时检修时，导线上人对构架及基础的影响。检修工况下的导线张力，结构风压，计算风速取 v=10m/s，横梁上不作用任何附加荷载。

a）单相导线带电上人检修时，只有一相导线上人，其余未上人相，应取相应于安装工况条件下的导线张力。

b）三相导线同时上人检修时，只考虑在一个档距内有一个回路的三相导线上人检修，不考虑相邻档、相邻回路或上下母线同时上人检修的情况，其余未上人档（或回路）的导线张力应取相应于安装工况条件下的导线张力。

c）只有母线才考虑同一回路上三相同时上人检修，凡导线跨中无引下线的构架均不考虑导线上人检修。

（2）中间构架应按照两种承载力极限状态情况设计，两侧均挂导线的中间构架应考虑以下两种情况：

1）正常运行情况（大风和覆冰）和导线上人检修情况条件下，构架两侧导线所产生的不平衡张力。

2）在安装或移换导线时所产生的最不利情况，一般按一侧架线另一侧不架线的条件对构架及基础进行承载能力计算。

若中间柱在满足上述条件有困难时，根据工程的具体条件也可以在安装过程中设置临时拉线或对导线安装顺序提出要求，但必须在施工图中予以详细说明。

2. 荷载分项系数

注意与 GB 50009—2012《建筑结构荷载规范》的区别。

（1）永久荷载的荷载分项系数 γ_G。

1）当荷载效应对结构抗力不利时，由可变荷载效应控制的组合，应取 1.20；由永久荷载效应控制的组合，应取 1.35。

2）当荷载效应对结构抗力有利时，一般情况采用 1.00，验算结构上拔、倾覆、滑移或漂浮时采用 0.90。

（2）可变荷载的荷载分项系数 γ_Q。

1）一般情况采用 1.40，对于标准值大于 $4kN/m^2$ 应采用 1.30。

2）温度变化作用采用 1.00。

3）地震作用采用 1.30。

（3）偶然荷载的分项系数取 1.0。

导线荷载的荷载分项系数如表 3-4-3 所示。

表 3-4-3　　导线荷载的荷载分项系数

项次	荷载名称	最大风工况	覆冰工况	安装检修工况
1	水平张力	1.3	1.3	1.2
2	垂直荷载	1.3	1.3	1.2
3	侧向风荷载	1.4	1.4	1.4

3. 风荷载计算

风荷载计算包括：人字柱风荷载计算、地线柱风荷载计算、避雷针风荷载计算，计算公式为

$$w_k = \beta_z \mu_s \mu_z w_0$$

式中　w_k——风荷载标准值，kN/m^2；

β_z——高度 z 处的风振系数；

μ_s——风荷载体型系数；

μ_z——风压高度变化系数；

w_0——基本风压，kN/m^2。

4. 温度作用效应

（1）两端设有刚性支撑的连续排架，当其总长度超过 150m。

（2）连续刚架，当其总长度超过 100m。

两种情况均应考虑温度作用的影响。在计算温度作用效应时，应根据工程具体条件合理选择选择计算温差。

1）当地冬季允许露天作业的最低日平均气温条件下安装，在最高日计算平均温度条件下运行，此时的计算温差可取 $\Delta t = +50℃$。

2）当地夏季允许露天作业的最高日平均气温条件下安装，在最低日计算平均温度条件下运行，此时的计算温差可取 $\Delta t = -40℃$。

3）在夏季或冬季允许露天作业的气温条件下安装，在最大风环境温度条件下运行，此时的计算温差可取 $\Delta t=+35℃$或$-30℃$。

5. 地震作用计算

变电构架进行截面抗震验算时，其计算简图可与静力分析简图一致，尚应按两个水平主轴方向分别进行验算。变电构架和设备支架可简化为单质点体系按底部剪力法进行计算。计算基本周期时，可取构架柱重的 1/4 集中于柱顶；计算构架水平地震作用力时，可取构架柱重的 2/3 集中于柱顶。

6. 模型的建立与分析

模型利用变电构架建模软件进行绘制，包括构件梁绘图、构件斜撑柱绘图、构件 A 字柱绘图、单钢管柱绘图、避雷针绘图、地线柱绘图。利用结构计算软件进行建模计算分析时，荷载以及材料力学性能根据上述几点进行确定。模型完成计算分析后进入后处理阶段，可利用软件进行钢结构验算，可快速确定不合格构件影响因素，从而调整构件截面大小或强度，提高设计效率。

（二）人字柱（含端撑人字柱）设计

（1）人字柱的根开与柱高之比，不宜小于 1/7。打拉线构架平面内柱脚根开与柱高（地面至拉线点的高度）之比，不宜小于 1/5。

（2）变电构架 A 型柱的主柱与水平横杆的连接，应在平面外有足够的刚度，以保证拉压杆的共同工作。

（3）人字柱和端撑人字柱受力性质按照压弯构件进行强度和整体稳定性的验算，计算公式为

强度验算：
$$\frac{N}{A_n}\pm\frac{M_x}{\gamma_x W_{ny}}\pm\frac{M_y}{\gamma_y W_{ny}}$$

整体稳定验算
$$\frac{N}{\varphi_x A}+\frac{\beta_{mx}M_x}{\gamma_x W_{1x}\left(1-0.8\frac{N}{N'_{Ex}}\right)}$$

式中　N——同一截面处轴心压力设计值，N；$N'_{Ex}=\frac{\pi^2 EA}{1.1\lambda_x^2}$，其中 E 是弹性模量，A 是截面面积；

M_x、M_y——分别为同一截面处对 x 轴和 y 轴的弯矩设计值，N·mm；

β_{mx}——等效弯矩系数；

γ_x、γ_y——截面塑性发展系数；

A_n——构件的净截面面积，mm^2；

W_n——构件的净截面模量，mm^3；

φ_x——弯矩作用平面内、外轴心受压构件稳定系数；

M_{1x}——所计算构件段范围内的最大弯矩设计值，N·mm；

W_{1x}——在弯矩作用平面内对受压最大纤维的毛截面模量，mm^3；

W_n——构件的净截面模量，mm^3。

（4）人字柱顶部节点大样图中螺栓开孔大小与定位务必与横梁端部节点相对应，同时注意横梁安装方向，梁柱节点示意图如图 3-4-3 所示。

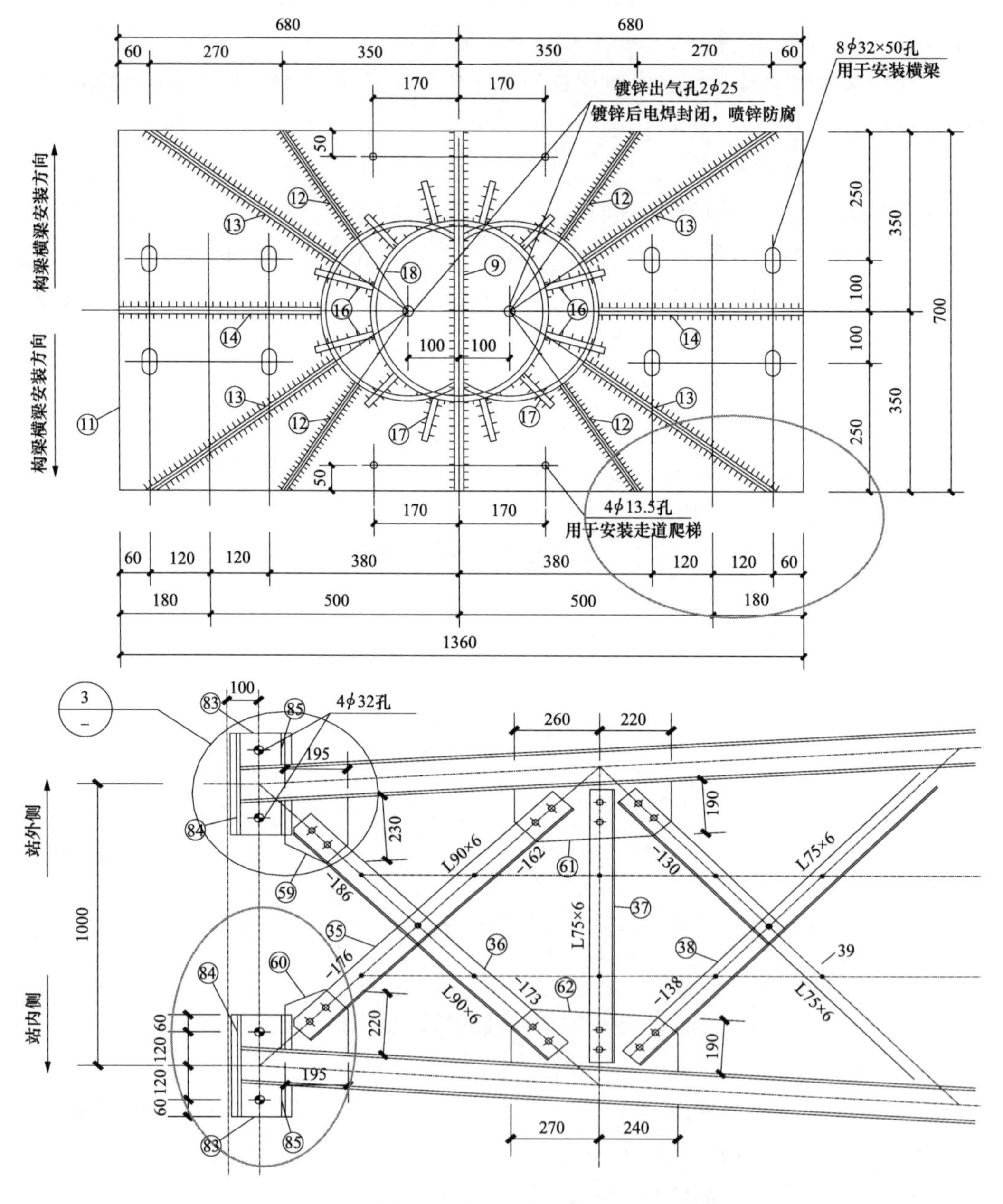

图 3-4-3　梁柱节点示意图

（5）构架柱节点构造，应符合 DL/T 5457—2012《变电站建筑结构设计技术规程》7.3.7 要求。

（三）横梁设计

（1）220kV 和 110kV 出线构架采用正三角形断面的钢梁，主材为钢管，水平斜材和侧面斜材均为角钢。中间构架横梁采用正三角形断面的钢梁，主材为角钢，水平斜材和侧面斜材均为圆钢。

（2）构架横梁跨度较大，起拱度可用恒荷载标准值加 1/2 活荷载标准值所产生的挠度来表示。一般可取梁跨度的 $L/300 \sim L/500$ 起拱，同时还应注意与构架上的荷载相匹配，不要出现起拱太大。设计时梁跨中可预起拱 20mm，下料时应考虑起拱因素。

（3）横梁按轴心构件计算主材、斜材的应力，计算公式为

受拉验算：
$$\sigma = \frac{N}{A}$$

受压验算：
$$\sigma = \frac{N}{\varphi A}$$

式中　N——所计算截面处的拉力、压力设计值，N；

A——构件的毛截面面积，mm^2；

φ——轴心受压构件的稳定系数。

整体稳定验算：
$$\frac{N}{\varphi_x A} + \frac{\beta_{mx} M_x}{\gamma_x W_{1x}\left(1 - 0.8\frac{N}{N'_{Ex}}\right)}$$

（4）当构架横梁下设置有倒装悬吊绝缘子构架横梁时，需注意节点连接和螺栓孔点位。

（四）基础设计

基础设计时需进行地基承载力验算、按重力基础进行抗拔安全系数与抗倾覆安全系数验算，计算公式为

地基承载力验算：
$$P_{kmax} = \frac{N_k + G_k}{A} + \frac{M_k^x}{W_x} + \frac{M_k^y}{W_y} \leqslant 1.2 f_a$$

基础抗拔验算：
$$\frac{G'}{N_y} \geqslant 1.0$$

基础抗倾覆验算：
$$\frac{(G' + N)\ B}{2M} > 1.0$$

式中　N_k——上部结构传至基础顶面的竖向力值，kN；

G_k——基础自重和基础上的土重，kN；

A——基础底面面积，m^2；

M_k——作用于基础底面的力矩值；

W——基础底面的抵抗矩，m^3；

f_a——修正后的地基承载力特征值，kPa；

G'——基础自重和基础上的土重，kN；

N_y——基础上拔力，kN；

N——上部结构传至基础的竖向力值，kN；

B——基础宽度，mm；

M——作用于基础的力矩值，mm。

构架基础主要有两种形式：插入式杯口基础、外露式基础。但目前考虑到施工周期和构架安装效率，构架基础宜采用外露式基础。按照外露式基础进行设计时，柱脚的构造应符合计算假定，传力可靠，减少应力集中，且便于制作、运输和安装，并采取可靠的防腐、隔热措施。设计中为保证安全裕度柱脚底板可设置抗剪键抵抗柱脚底部的水平反力，同时为保证构架人字柱安装定位方便，柱脚底板预留椭圆孔，具体尺寸根据设计确定。柱脚抗剪键布置如图 3-4-4 所示。

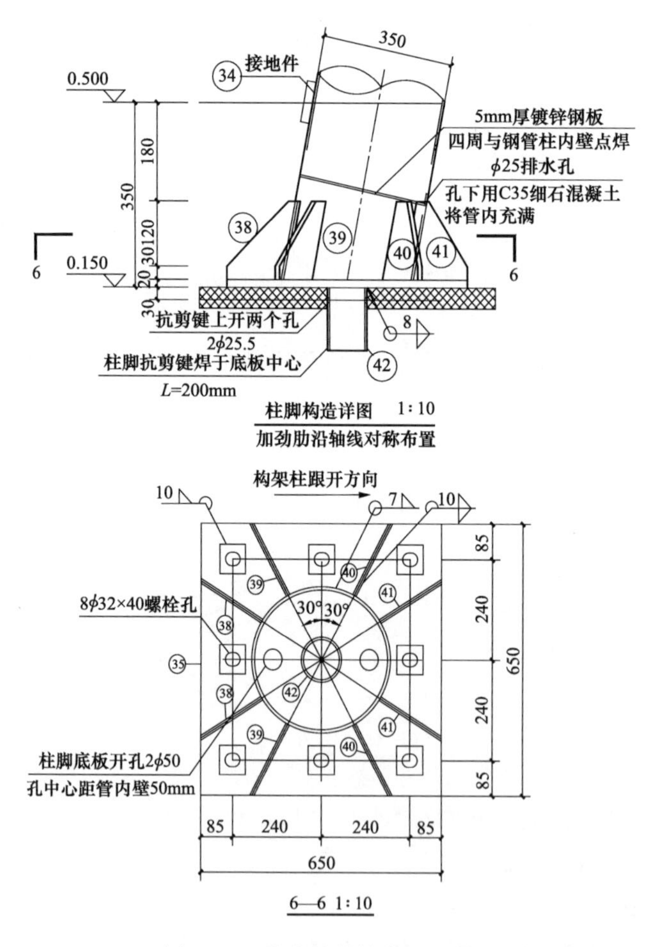

图 3-4-4 柱脚抗剪键布置示意图

（五）专业配合

（1）构架结构计算需线路电气专业提供 220kV（110kV）出线站外侧每相导线拉力值、地线拉力值、地线柱挂点定位。

（2）图纸设计时需与电气专业核实保证构架挂点定位准确，同时尽量保证挂点定位作用于节点处，使构架横梁受力合理。

（六）会签

构架组装图、构架基础平面布置图、出线构架横梁加工图等完成后需与电气一次、线路电气专业会签，会签要点如下：

（1）需与电气一次专业核对构架横梁挂点定位。

（2）需与线路电气专业核对地线柱挂线板开孔大小及构架横梁挂线环厚度和开孔大小是否满足要求。

六、施工过程注意要点

（1）图中材料表尺寸仅供备料及放样时参考，施工中所有的构件及钢板尺寸均必须按照 1：1 放样试组装后才能成批下料。

（2）构架现场吊装前应检查构件编号及方向，以免装错装反；应注意构架柱顶板上所开螺孔与梁及法兰螺栓孔位置一一对应，注意梁上导线挂线板、地线柱挂线板与导地线方向一致。

（3）工厂加工及现场安装时要特别注意导线挂点及柱上梁支座的方向，特别是不对称挂点构架梁和构架柱。

（4）严格控制柱脚底板螺栓孔与人字柱构架平面的相互关系，待构架柱安装校正拧紧螺栓后，现场将螺栓垫板焊于构架柱脚底板上，并补喷锌防腐。

（5）严格执行质量通病防治手册、标准工艺等相关文件要求。

（6）对施工安全风险要严格控制，尤其是梁柱吊装时的高空作业风险，具体可参见《国家电网公司输变电工程施工安全风险识别、评估及预控措施管理办法》（国网（基建/3）176—2019）。

（7）施工前应进行施工安全交底，定期开展施工安全检查，确保施工作业的安全。

第五节　主变压器场区构筑物

一、设计依据

（一）设计输入

（1）初步设计评审意见。

（2）区域稳定、地震、地质勘探及测量成果等资料。

（3）总图专业提供的土建总平面布置图。

（4）电气专业提供的主变压器场区设备提资图。

（5）现场收资（涉及改造/扩建）：对于已投运变电站，应利用各方资源收资现场资料。部分工程已收集资料不满足设计要求的，应至现场复核，记录现状。主要核实内容如下：

1）前期主要图纸（土建总平面布置图、给排水总平面布置图、主变压器场区基础布置图等）。

2）地质勘察资料（如缺失且现场情况复杂需外委勘测工作）。

3）一期构筑物建设情况（主变压器构架是否已建设，如未建设则需收资前期工程构支架型式、构支架与基础连接形式等）。

4）电缆沟及基础布置（前期电缆沟及设备基础布置位置）。

5）前期排水布置情况（管道布置及接口连接条件）。

6）前期地基处理方式，是否已考虑远景部分地基处理。

7）主变压器场区埋管情况。

8）核对配电装置室穿墙套管预留孔洞情况。

9）前期主变压器消防方式，如为泡沫喷淋消防系统或水喷雾消防系统，需收资前期主变压器消防系统图及管道布置图。

（6）现行的国家有关设计规范、规程和规定。

（二）规程、规范、技术文件

GB 50007—2011《建筑地基基础设计规范》

GB 50009—2012《建筑结构荷载规范》

GB 50010—2010《混凝土结构设计规范（2015 年版）》

GB 50011—2010《建筑抗震设计规范（2016 年版）》

GB 50202—2013《建筑地基基础工程施工质量验收规范》

GB 50204—2015《混凝土结构工程施工质量验收规范》

GB 50223—2008《建筑工程抗震设防分类标准》

JGJ 120—2012《建筑基坑支护技术规程》

Q/GDW 10248.2—2016《输变电工程建设标准强制性条文实施管理规程　第 2 部分：变电（换流）站建筑工程设计》

Q/GDW 10381.5—2017《国家电网有限公司输变电工程施工图设计内容深度规定　第 5 部分：220kV 智能变电站》

《国家电网有限公司关于印发〈十八项电网重大反事故措施（修订版）〉的通知》（国家电网设备〔2018〕979 号）

《国网基建部关于发布〈35～750kV 输变电工程设计质量控制“一单一册”（2019 年版）〉的通知》（基建技术〔2019〕20 号）

《国家电网公司输变电工程标准工艺（2016 年版）》

《国家电网有限公司输变电工程通用设备（2018 年版）》

二、设计边界和内容

（一）设计边界

本节设计范围为变电站主变压器场区的平面布置，场区内构支架及其基础、主变压器防火墙及基础、设备基础、主变压器油池加工详图。

（二）设计内容

主要主变压器基础平面图及详图、中性点基础详图、防火墙梁柱及基础详图、油坑详图、主变压器场区构支架图纸等。

（三）设计流程

本节设计流程图如图 3-5-1 所示。

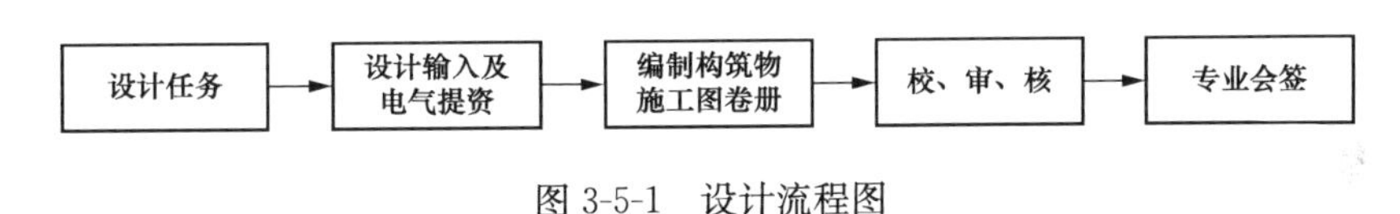

图 3-5-1　设计流程图

三、深度要求

（一）施工图深度

1. 卷册说明

（1）应说明主变场区构、支架钢管制作、焊接要求及构架焊缝要求。

（2）应说明钢筋、焊条、等构架用材选择方案及构架设计依据、相关规范要求。

（3）应说明本卷册主要设计原则，与其他卷册的分界点。

2. 构支架基础及设备基础平面布置图

（1）应标明设备基础的平面位置尺寸与每个基础的外形尺寸。

（2）设备支架基础及设备基础应标明相互间距、相间尺寸及与构架基础的关系尺寸。构架基础与支架基础及设备基础可合并绘制，也可单独绘制。

（3）宜表示道路、电缆沟等构筑物的位置。

（4）平面图中应标明指北针与纵横轴线坐标。

（5）应列出必要的说明，如基础材料的要求、工程地质条件、地基处理的技术措施、地基基础的设计等级、地基承载力特征值或采用的桩基承载力特征值等，并宜按统一格式列出基础一览表。

3. 构支架基础及设备基础详图

（1）以平、剖面图表示出基础的外形尺寸，杯口尺寸、垫层与埋深等。注明基础标高、当埋深不一致时应分别注出。

（2）根据工艺提供的资料绘制设备基础预留管沟，标明埋件大小，位置，说明设备基础面的平整度要求及埋件的防腐处理。

（3）钢筋混凝土基础应按结构配筋图的要求表示出配筋情况。

（4）遇不良地基时，基础底部的加固形式、埋深、标高等均需标明。

（5）对长度较长的 GIS、HGIS 等设备基础，明确特殊施工要求，设置沉降观测点，明确沉降观测点的平面布置及详图。

（6）基础使用材料、二次灌浆材料、杯口粗糙要求、绝对高程与标高的关系、地基承载力特征值等应加以注明。

4. 主变压器基础平面图及详图

（1）应绘制基础平面图和剖面图。

（2）平面图中应标明储油坑、主变压器基础集油井的平面尺寸以及主变压器基础中心线、储油坑中心线和主变压器构架中心线之间的关系尺寸。标明主变压器基础留孔、埋件的位置、尺寸、储油坑底排油坡度；若储油坑采用格栅，应绘制格栅平面布置及详图。

（3）剖面图中应标明主变压器基础的断面尺寸、储油坑和集油坑的高度和深度，并标明主变压器基础、储油坑、集油坑等材料以及对卵石层的要求。

（4）主变压器消防设施相关基础。

（5）根据需要设置沉降观测点，明确沉降观测点的平面布置及详图。

5. 防火墙梁柱及基础详图

（1）应绘制防火墙平面图、立面图和剖面图。

（2）平面图中应标出平面尺寸、柱距及与主变压器基础的关系尺寸。

（3）剖面图中应标出防火墙的厚度、高度及框架梁的位置。

（4）应绘出预埋件位置及详图。

（5）应绘制出基础详图及结构配筋图。

（6）注明使用的材料及施工要求。

6. 构支架加工总说明

（1）标明设计±0.000m 标高所对应的绝对标高值。

（2）标明本工程结构设计的主要依据，荷载资料、项目类别、工程概况、所用钢材牌号和质量等级（必要时提出物理、力学性能和化学成分要求）及连接件的型号、规格、焊接质量等级、防腐及防火措施。建筑结构的安全等级和设计使用年限。

（3）标明采用的设计荷载，包含风荷载、导线荷载、特殊部位的最大使用荷载标准值。

（4）标明结构的变形规定、安装和使用要求。构架梁起拱的要求。

（5）标明所采用的通用做法和标准构件图集，如有特殊构件需作结构性能检验时，应指出检验的方法与要求。

（6）标明施工中应遵循的施工规范和注意事项。

（7）标明施工安装中应注意的操作工艺和质量要求。

7. 设备支架加工图

（1）以立面图表示出支架尺寸、标高、编号等；注明杆段的埋件位置、接地件等；标出与基础的连接方式。

（2）应绘出与上部设备连按构造、加工要求。

（3）绘出附件详图。

8. 构架轴测图

（1）绘出构架的全貌、定位轴线、标高、尺寸、构件编号，应绘制出钢材汇总表。

（2）注明构件钢材牌号、主材规格。

（3）标明指北针。

9. 构架安装图

（1）绘出构架轴线、标高、尺寸、构件编号。

（2）附属构件如爬梯的编号、位置。

10. 柱结构详图

（1）表明构架的正视与侧视，注明构架的尺寸、高度及根开尺寸。

（2）表明构架梁与柱及柱与基础的连接方式以及埋置深度。连接节点大样图画入本图，也可单独绘制。

（3）应注明节点编号与构件编号（或代号），并按统一格式列出材料汇总一览表。

（4）标明必要的设计说明及施工注意事项。

（5）对格构式构架应绘制柱的单线图，图中应注明不同节间长度的主、斜材两端间的中心尺寸，并增加表格说明不同编号柱的根开尺寸和底部变化段主、斜材尺寸。

11. 横梁结构详图

（1）格构钢横梁需画出结构单线展开图，在图中应注明不同节间长度的斜材两端间的中心尺寸。

（2）绘出钢梁的正视（仰视）图，以及端部、分段处、挂线板等断面处的结构外形图应表明主（斜）材、节点板、缀板（条）的编号和尺寸以及焊缝的要求。如为螺栓连接时，应标明连接件的规格垫圈螺杆长度、螺孔布置等。总、分尺寸应齐全。

（3）应注明梁端与连接构件（例如构架柱）的关系尺寸，连接形式，表明挂线板的材料型号与主材的连接方式以及挂线孔的位置尺寸。非对称梁应注明安装方向。

（4）主斜材的连接应绘制大样图，以确定斜材的长度与切角尺寸，并注明杆件末端至几何交点的尺寸。

（5）钢构件的编号宜由主材—斜材—腹杆—节点板从左到右、从下到上编制。

（6）绘制支座节点、拼装节点大样图，注明连接螺孔的孔距、孔径，注明连接螺栓规格、长度与丝扣长度。当主要接头需双螺帽时，应特别注明。

（7）应按统一格式列出材料明细表。

（8）标明横梁预起拱值。

12. 杆段加工制作图

（1）用立面图、剖面图、大样图表明杆段各部分构造，应注明分段尺寸及分段编号。

（2）为便于加工，可将各分册所使用的杆段加工图汇总绘制在一张图上，此时不同规格的杆段可按上段、中段、下段分类，仅画出单线外形图，对杆段端部、接头处、接地螺母、预埋件以及特殊要求处可绘出局部大样图，并分类标明。

（3）图纸中应附材料明细表，表内包含材料编号、规格、尺寸、数量、单件及小计重。

（二）计算深度

（1）构支架及设备基础计算深度应符合下列规定：

1）构支架基础计算包括基础的地基承载力、抗拔与抗倾覆稳定验算；受拉柱脚验算管壁与二次灌浆混凝土、二次灌浆混凝土与杯壁之间的结合能力及二次灌浆混凝土的抗剪强度；基础配筋计算。

2）设备基础计算包括基础的地基承载力、抗拔与抗倾覆稳定验算，基础地基不均匀沉降的计算；基础配筋的计算，短柱及埋件等强度的计算。

3）柱脚连接计算包括柱脚连接件的数量、规格，连接件强度等的计算。

（2）主变压器基础计算和防火墙计算计算深度应符合下列规定：

1）主变压器基础计算。

a）应进行地基承载力的计算。

b）采用桩基时，应进行单桩承载力计算、承台下桩群承载力验算和承台的抗弯、抗剪、抗冲切计算。必要时应进行群桩承台的沉降计算；采用复合地基时，应进行复合地基承载力计算和沉降计算。

2）防火墙计算。防火墙根据不同的结构形式进行结构的强度、变形或稳定性计算。

（3）构架主体计算深度。

1）计算内容包括构架强度与稳定、变形计算的荷载组合计算；横梁构件的强度、稳定、挠度计算；柱的强度与稳定、变形计算；连接件的强度计算；支架的强度、稳定与变形计算。

2）计算深度应符合下列规定：

a）构架强度与稳定、变形计算的荷载组合计算。根据电气专业提供的荷载对各工况下的最不利组合进行计算。

b）横梁构件的强度、稳定、挠度计算。验算主、斜材的强度和稳定，对水平斜材验算局部弯曲应力对横梁的整体挠度进行验算。

c）柱的强度与稳定、变形计算。按受力性质进行受弯，偏压或偏拉的强度计算。

d）连接件的强度计算。对钢梁或钢柱分段连接处的焊接或螺栓连接等进行强度和变形计算。

（三）反措要求

根据《国家电网有限公司关于印发〈十八项电网重大反事故措施（修订版）〉的通知》（国家电网设备〔2018〕979号），本节不涉及十八项电网重大反事故措施。

（四）“一单一册”

根据《国网基建部关于发布〈35～750kV输变电工程设计质量控制“一单一册”（2019版）〉的通知》（基建技术〔2019〕20号），本节涉及的“一单一册”相关内容如表3-5-1所示。

表3-5-1　“一单一册”问题

序号	专业子项	问题名称	问题描述	原因及解决措施	问题类别
1	其他	主变压器、GIS等主要设备的沉降观测点设置不合理	主变压器、GIS基础漏设沉降观测点或设置位置不合理，影响沉降正确观测	主变压器、GIS等对沉降要求严格的设备基础应设置沉降观测点，埋设位置应避开上方平台或设备等有碍设标与观测的障碍物，以方便观测	专业配合不足
2	地基处理	回填土质量控制要求不完善	施工图回填土质量控制要求不完善，导致基础周边下沉，管道渗漏等一系列问题	设计文件中对回填土施工要求不够详细，存在漏项。施工图应明确回填土分层厚度、压实系数等要求，确保回填土质量	设计深度不足

（五）强条

根据国家电网公司企业标准《输变电工程建设标准强制性条文实施管理规程　第2部分：变电（换流）站建筑工程设计》（Q/GDW 10248.2—2016），本节涉及的工程建设标准强制性条文执行情况如表3-5-2所示。

表3-5-2　强制性条文

序号	强制性条文内容
《建筑工程抗震设防分类标准》（GB 50223—2008）	
1	1.0.3　抗震设防区的所有建筑工程应确定其抗震设防类别。 新建、改建、扩建的建筑工程，其抗震设防类别不应低于本标准的规定
2	3.0.2　建筑工程应分为以下四个抗震设防类别： 1　特殊设防类：指使用上有特殊设施，涉及国家公共安全的重大建筑工程和地震时可能发生严重次生灾害等特别重大灾害后果，需要进行特殊设防的建筑。简称甲类。 2　重点设防类：指地震时使用功能不能中断或需尽快恢复的生命线相关建筑，以及地震时可能导致大量人员伤亡等重大灾害后果，需要提高设防标准的建筑。简称乙类。 3　标准设防类：指大量的除1、2、4款以外按标准要求进行设防的建筑。简称丙类。 4　适度设防类：指使用上人员稀少且震损不致产生次生灾害，允许在一定条件下适度降低要求的建筑。简称丁类

续表

序号	强制性条文内容
3	3.0.3　各抗震设防类别建筑的抗震设防标准，应符合下列要求： 1　标准设防类，应按本地区抗震设防烈度确定其抗震措施和地震作用，达到在遭遇高于当地抗震设防烈度的预估罕遇地震影响时不致倒塌或发生危及生命安全的严重破坏的抗震设防目标。 2　重点设防类，应按高于本地区抗震设防烈度一度的要求加强其抗震措施；但抗震设防烈度为 9 度时应按比 9 度更高的要求采取抗震措施；地基基础的抗震措施，应符合有关规定。同时，应按本地区抗震设防烈度确定其地震作用。 3　特殊设防类，应按高于本地区抗震设防烈度提高一度的要求加强其抗震措施；但抗震设防烈度为 9 度时应按比 9 度更高的要求采取抗震措施。同时，应按批准的地震安全性评价的结果且高于本地区抗震设防烈度的要求确定其地震作用。 4　适度设防类，允许比本地区抗震设防烈度的要求适当降低其抗震措施，但抗震设防烈度为 6 度时不应降低。一般情况下，仍应按本地区抗震设防烈度确定其地震作用。 注：对于划为重点设防类而规模很小的工业建筑，当改用抗震性能较好的材料且符合抗震设计规范对结构体系的要求时，允许按标准设防类设防
	《建筑抗震设计规范（2016 年版）》（GB 50011—2010）
4	1.0.2　抗震设防烈度为 6 度及以上地区的建筑，必须进行抗震设计
5	1.0.4　抗震设防烈度必须按国家规定的权限审批、颁发的文件（图件）确定
6	3.1.1　所有建筑应按现行国家标准《建筑工程抗震设防分类标准》（GB 50223）确定其抗震设防类别及其抗震设防标准
7	4.2.2　天然地基基础抗震验算时，应采用地震作用效应标准组合，且地基抗震承载力应取地基承载力特征值乘以地基抗震承载力调整系数计算
	《建筑地基基础设计规范》（GB 50007—2011）
8	3.0.2　根据建筑物地基基础设计等级及长期荷载作用下地基变形对上部结构的影响程度，地基基础设计应符合下列规定： 1　所有建筑物的地基计算均应满足承载力计算的有关规定； 2　设计等级为甲级、乙级的建筑物，均应按地基变形设计； 3　表 3.0.2（见本部分表 A.20）所列范围内设计等级为丙级的建筑物可不作变形验算，如有下列情况之一时，仍应作变形验算： （1）地基承载力特征值小于 130kPa，且体型复杂的建筑； （2）在基础上及其附近有地面堆载或相邻基础荷载差异较大，可能引起基础产生过大的不均匀沉降时； （3）软弱地基上存在偏心荷载时； （4）相邻建筑过近，可能发生倾斜时； （5）地基内有厚度较大或厚薄不均的填土，其自重固结未完成时。 4　对经常受水平荷载作用的高层建筑、高耸结构和挡土墙等，以及建造在斜坡上或边坡附近的建筑物和构筑物，尚应验算其稳定性； 5　基坑工程应进行稳定性验算； 6　当地下水埋藏较浅，建筑地下室或地下构筑物存在上浮问题时，尚应进行抗浮验算
9	3.0.5　地基基础设计时，所采用的荷载效应最不利组合与相应的抗力限值应按下列规定： 1　按地基承载力确定基础底面积及埋深或按单桩承载力确定桩数时，传至基础或承台底面上的荷载效应应按正常使用极限状态下荷载效应的标准组合。相应的抗力应采用地基承载力特征值或单桩承载力特征值； 2　计算地基变形时，传至基础底面上的荷载效应应按正常使用极限状态下荷载效应的标永久组合，不应计入风荷载和地震作用。相应的限值为地基变形允许值； 3　计算挡土墙土压力、地基或斜坡稳定及滑坡推力时，荷载效应应按承载力极限状态下荷载效应的基本组合，但其分项系数均为 1.0； 4　在确定基础承台高度、支挡结构截面、计算基础或支挡结构内力、确定配筋和验算材料强度时，上部结构传来的荷载效应组合和相应的基底反力，应按承载力极限状态下荷载效应的基本组合，采用相应的分项系数。 5　基础设计安全等级、结构设计使用年限、结构重要性系数应按有关规范的规定采用，但结构重要性系数 γ_0 不应小于 1.0
10	6.3.1　当利用压实填土作为建筑工程的地基持力层时，在平整场地前，应根据结构类型、填料性能和现场条件等，对拟压实的填土提出质量要求。未经检验查明以及不符合质量要求的压实填土，均不得作为建筑工程的地基持力层

续表

序号	强制性条文内容
11	9.1.3　基坑工程设计应包括下列内容： 1　支护结构体系的方案和技术经济比较； 2　基坑支护体系的稳定性验算； 3　支护结构的承载力、稳定和变形计算； 4　地下水控制设计； 5　对周边环境影响的控制设计； 6　基坑土方开挖方案； 7　基坑工程的监测要求
	9.1.9　基坑土方开挖应严格按设计要求进行，不得超挖。基坑周边堆载不得超过设计规定。土方开挖完成后应立即施工垫层，对基坑进行封闭，防止水浸和暴露，并应及时进行地下结构施工
12	10.2.1　基槽（坑）开挖到底后，应进行基槽（坑）检验。当发现地质条件与勘察报告和设计文件不一致、或遇到异常情况时，应结合地质条件提出处理意见
13	10.3.2　基坑开挖应根据设计要求进行监测，实施动态设计和信息化施工
《建筑基坑支护技术规程》（JGJ 120—2012）	
14	3.1.2　基坑支护应满足下列功能要求： 1　保证基坑周边建（构）筑物、地下管线、道路的安全和正常使用； 2　保证主体地下结构的施工空间
15	8.2.2　安全等级为一级、二级的支护结构，在基坑开挖过程与支护结构使用期内，必须进行支护结构的水平位移监测和基坑开挖影响范围内建（构）筑物、地面的沉降监测
《混凝土结构设计规范（2015 年版）》（GB 50010—2010）	
16	3.1.7　设计应明确结构的用途，在设计使用年限内未经技术鉴定或设计许可，不得改变结构的用途和使用环境
17	4.2.2　钢筋的强度标准值具有不小于 95%的保证率。 普通钢筋的屈服强度标准值 f_{yk}、极限强度标准值 f_{stk}应按表 4.2.2-1 采用；预应力钢丝、钢绞线和预应力螺纹钢筋的屈服强度标准值 f_{pyk}、极限强度标准值 f_{ptk}应按表 4.2.2-2 采用
18	4.2.3　普通钢筋的抗拉强度设计值 f_y、抗压强度设计值 f'_y 应按表 4.2.3-1 采用；预应力筋的抗拉强度设计值 f_{py}、抗压强度设计值 f'_{py}应按表 4.2.3-2 采用。 当构件中配有不同种类的钢筋时，每种钢筋应采用各自的强度设计值。横向钢筋的抗拉强度设计值 f_{yv} 应按表中 f_y 的数值采用；当用作受剪、受扭、受冲切承载力计算时，其数值大于 360N/mm^2 时应取 360N/mm^2

四、设计接口要点

（一）专业间收资要点

（1）电气一次专业：主变压器安装平面布置图（包含主变压器构架、母线桥位置及一次电缆沟定位）、主变压器安装图、主变压器断面图、主变压器场区设备安装图（母线桥、避雷器、中性点成套设备等）、主变压器场区一次设备埋管。

（2）电气二次专业：主变压器场区二次电缆沟定位、主变压器场区二次设备安装图（主变压器智能汇控柜、油色谱监测装置等）、主变压器场区二次设备埋管。

（二）专业间提资要点

本节无需向其他专业提资。

五、图纸设计注意要点

（一）主变压器场区平面布置图

（1）图纸中应明确主变压器场区各基础的位置及其与邻近建构筑和变电站内主要轴

线间的位置关系。

（2）图纸中应明确主变压器场区内一次电缆沟及二次电缆沟位置，尽量避免电缆沟与设备基础相碰，碰撞检查时应同时考虑电缆沟沟壁宽度及电缆沟盖板搭接宽度，尽量避免使用异形盖板。

（3）图纸中应明确主变压器场区各基础及主变压器油池尺寸，合理调整基础尺寸防止基础间产生碰撞。

（二）主变压器基础详图

（1）由于主变压器器身往往存在偏心现象，导致主变压器构架中心线与主变压器基础中心线不重合，绘图时应仔细核对电气提资，核对主变压器就位方向及 A 向、B 向的主变压器基础中心线位置，确保与电气图纸保持一致。

（2）根据地质情况合理确定主变压器基础深度，如持力层深度较深，可在计算验证后适当降低主变压器基底埋深，以减少工程地基处理工程量。

（3）主变压器油池内不设钢格栅，内铺河卵石（粒径 50～80mm），主变压器油池与主变压器基础接缝处应设伸缩缝。

（4）主变压器基础预埋件大小及预埋件顶部高度应严格与电气提资保持一致，预埋件应设通气孔及接地圆钢。

（5）根据给排水总平面布置图合理选择主变压器油池坡向，主变压器油池集油坑深度应与排油井深度相匹配。

（6）主变压器基础应设沉降观测点，主变压器油池采用混凝土预制压顶，压顶可根据油池长度排版微调长度。

（三）主变压器构架图纸

（1）主变压器构架高度及宽带应与电气一次专业提资保持严格一致。

（2）主变压器构架爬梯应装设在远离主变压器中性点设备支架的一侧，方便人员检修。

（3）如采用防火墙上主变压器构架，图纸中应明确防火墙与构架连接处的柱脚构造。

（4）其余部分参考构架部分施工图要求及要点执行。

（四）主变压器场区设备支架图纸

（1）主变压器中性点设备为厂供支架及配套地脚螺栓，土建仅做基础部分，母线桥土建专业负责基础及支架，需与电气专业核实接地端子、地脚螺栓露长等部分做法。

（2）与电气专业核对母线桥支架上层槽钢计列方式及避雷器支架计列方式，注意理清土建与电气专业间的分界面。

（3）主变压器在线监测柜、智能控制柜基础土建专业仅提供参考图纸，需提醒现场等待设备到货后再行施工。

（五）专业配合

（1）与电气一次专业核对主变压器构架高度、宽度，以及主变压器构架防火墙位置。

（2）与电气专业核对电气设备布置位置，重点核对电气设备基础与构架基础、防火墙基础是否存在碰撞，如主变压器采用水喷雾基础，则还需核实主变压器水喷雾立管基础与电气设备基础是否存在碰撞。

（3）与电气专业共同协商确定电缆沟及母线桥支架布置位置，同时应仔细考虑母线桥支架基础下部阶梯尺寸、电缆沟沟壁宽度及电缆沟盖板宽度，尽量使布置位置不影响电缆沟盖板搭接，避免出现过多异形盖板。

（4）与电气一次专业核对母线桥支架及避雷器支架上层槽钢计列方式，注意明确电气与土建专业的分界面，防止材料漏计。

（六）会签

主变压器场区平面布置图、主变压器场区设备支架图等完成后需与电气一次专业会签，会签要点如下：

（1）需与电气一次专业核对主变压器场区各设备基础位置及其与邻近建、构筑物轴线间的位置关系。

（2）需与电气一次专业核对主变压器设备各项参数信息，与电气提资图是否一致。

（3）需与电气一次专业核对核对母线桥支架上层槽钢计列方式及避雷器支架计列方式。

六、施工过程注意要点

（1）本册各图中的材料表尺寸仅供备料及放样时参考。所有构件均须放样后下料，下料制作完成进行预组装，待组装合格后方可成批下料。

（2）构架加工和安装时，应注意 A 型杆柱顶板上所开螺孔与梁及法兰螺栓孔位置一一对应，注意梁上导线挂线板、地线柱挂线板与导地线方向一致。

（3）本册图纸建筑坐标系与总图一致，基础及构架坐标位置应以本册图纸为准。

（4）主变压器基础施工完毕后，基础本体四个基础墩顶部标高保证水平一致。

（5）本节施工时，需结合电气相关图纸。

（6）主变压器在线监测柜、智能控制柜基础等待设备到货后再行施工，严格保证基础大小同设备底座。

（7）施工前应进行施工安全交底，定期开展施工安全检查，确保施工作业的安全。

第六节　GIS 基础

一、设计依据

（一）设计输入

（1）初步设计评审意见。

（2）区域稳定、地震、地质勘探及测量成果等资料。

（3）总图专业提供的土建总平面布置图。

（4）电气专业提供的 GIS 设备提资图。

（5）现行的国家有关设计规范、规程和规定。

（二）规程、规范、技术文件

GB 50007—2011《建筑地基基础设计规范》

GB 50009—2012《建筑结构荷载规范》

GB 50010—2010《混凝土结构设计规范（2015 年版）》

GB 50011—2010《建筑抗震设计规范（2016 年版）》

GB 50202—2013《建筑地基基础工程施工质量验收规范》

GB 50204—2015《混凝土结构工程施工质量验收规范》

GB 50223—2008《建筑工程抗震设防分类标准》

JGJ 120—2012《建筑基坑支护技术规程》

Q/GDW 10248.2—2016《输变电工程建设标准强制性条文实施管理规程　第 2 部分：变电（换流）站建筑工程设计》

Q/GDW 10381.5—2017《国家电网有限公司输变电工程施工图设计内容深度规定　第 5 部分：220kV 智能变电站》

《国家电网有限公司关于印发〈十八项电网重大反事故措施（修订版）〉的通知》（国家电网设备〔2018〕979 号）

《国网基建部关于发布〈35～750kV 输变电工程设计质量控制“一单一册”（2019 年版）〉的通知》（基建技术〔2019〕20 号）

《国家电网公司输变电工程标准工艺（2016 年版）》

《国家电网有限公司输变电工程通用设备（2018 年版）》

二、设计边界和内容

（一）设计边界

220kV 及 110kV 场区 GIS、避雷器等电气设备基础。

（二）设计内容

GIS 基础施工图主要包括 GIS 基础平面布置图、基础埋件布置图和避雷器基础及支架详图等。

（三）设计流程

本节设计流程图如图 3-6-1 所示。

图 3-6-1　设计流程图

三、深度要求

（一）施工图深度

1. 卷册说明

（1）应说明 GIS 基础处理方案、大体积混凝土施工技术措施。

（2）应说明钢筋、混凝土等 GIS 基础用材选择方案及相关设计依据、规范要求。

（3）应说明本卷册主要设计原则，与其他卷册的分界点。

2. 设备基础平面布置图

（1）应标明设备基础的平面位置尺寸与每个基础的外形尺寸。

（2）设备支架基础及设备基础应标明相互间距、相间尺寸及与构架基础的关系尺寸。构架基础与支架基础及设备基础可合并绘制，也可单独绘制。

（3）宜表示道路、电缆沟等构筑物的位置。

（4）平面图中应标明指北针与纵横轴线坐标。

（5）应列出必要的说明，如基础材料的要求、工程地质条件、地基处理的技术措施、地基基础的设计等级、地基承载力特征值或采用的桩基承载力特征值等，并宜按统一格式列出基础一览表。

3. 支架基础及设备基础详图

（1）以平、剖面图表示出基础的外形尺寸，杯口尺寸、垫层与埋深等。注明基础标高、当埋深不一致时应分别注出。

（2）根据工艺提供的资料绘制设备基础预留管沟，标明埋件大小、位置，说明设备基础面的平整度要求及埋件的防腐处理。

（3）钢筋混凝土基础应按结构配筋图的要求表示出配筋情况。

（4）遇不良地基时，基础底部的加固形式、埋深、标高等均需标明。

（5）对长度较长的 GIS、HGIS 等设备基础，明确特殊施工要求，设置沉降观测点，明确沉降观测点的平面布置及详图。

（6）基础使用材料、二次灌浆材料、杯口粗糙要求、绝对高程与标高的关系、地基承载力特征值等应加以注明。

（二）计算深度

计算内容包括支架与设备基础计算和柱脚连接计算。计算深度应符合下列规定：

（1）设备基础计算包括基础的地基承载力、抗拔与抗倾覆稳定验算，GIS 或 HGIS 基础地基不均匀沉降的计算，基础配筋的计算，短柱及埋件等强度的计算。

（2）柱脚连接计算包括柱脚连接件的数量、规格，连接件强度等的计算。

（三）反措要求

根据《国家电网有限公司关于印发〈十八项电网重大反事故措施（修订版）〉的通知》（国家电网设备〔2018〕979 号），本节不涉及十八项电网重大反事故措施。

（四）“一单一册”

根据《国网基建部关于发布〈35～750kV 输变电工程设计质量控制“一单一册”（2019 版）〉的通知》（基建技术〔2019〕20 号），本节涉及的“一单一册”相关内容如表 3-6-1 所示。

表 3-6-1　“一单一册”问题

序号	专业子项	问题名称	问题描述	原因及解决措施	问题类别
1	其他	主变压器、GIS 等主要设备的沉降观测点设置不合理	主变压器、GIS 基础漏设沉降观测点或设置位置不合理，影响沉降正确观测	主变压器、GIS 等对沉降要求严格的设备基础应设置沉降观测点，埋设位置应避开上方平台或设备等有碍设标与观测的障碍物，以方便观测	专业配合不足
2	地基处理	回填土质量控制要求不完善	施工图回填土质量控制要求不完善，导致基础周边下沉，管道渗漏等一系列问题	设计文件中对回填土施工要求不够详细，存在漏项。施工图应明确回填土分层厚度、压实系数等要求，确保回填土质量	设计深度不足

（五）强条

根据国家电网公司企业标准《输变电工程建设标准强制性条文实施管理规程　第 2 部分：变电（换流）站建筑工程设计》（Q/GDW 10248.2—2016），本节涉及的工程建设标准强制性条文执行情况如表 3-6-2 所示。

表 3-6-2　强制性条文

序号	强制性条文内容
《建筑工程抗震设防分类标准》（GB 50223—2008）	
1	1.0.3　抗震设防区的所有建筑工程应确定其抗震设防类别。 新建、改建、扩建的建筑工程，其抗震设防类别不应低于本标准的规定
2	3.0.2　建筑工程应分为以下四个抗震设防类别： 1　特殊设防类：指使用上有特殊设施，涉及国家公共安全的重大建筑工程和地震时可能发生严重次生灾害等特别重大灾害后果，需要进行特殊设防的建筑。简称甲类。 2　重点设防类：指地震时使用功能不能中断或需尽快恢复的生命线相关建筑，以及地震时可能导致大量人员伤亡等重大灾害后果，需要提高设防标准的建筑。简称乙类。 3　标准设防类：指大量的除 1、2、4 款以外按标准要求进行设防的建筑。简称丙类。 4　适度设防类：指使用上人员稀少且震损不致产生次生灾害，允许在一定条件下适度降低要求的建筑。简称丁类
3	3.0.3　各抗震设防类别建筑的抗震设防标准，应符合下列要求： 1　标准设防类，应按本地区抗震设防烈度确定其抗震措施和地震作用，达到在遭遇高于当地抗震设防烈度的预估罕遇地震影响时不致倒塌或发生危及生命安全的严重破坏的抗震设防目标。 2　重点设防类，应按高于本地区抗震设防烈度一度的要求加强其抗震措施；但抗震设防烈度为 9 度时应按比 9 度更高的要求采取抗震措施；地基基础的抗震措施，应符合有关规定。同时，应按本地区抗震设防烈度确定其地震作用。 3　特殊设防类，应按高于本地区抗震设防烈度提高一度的要求加强其抗震措施；但抗震设防烈度为 9 度时应按比 9 度更高的要求采取抗震措施。同时，应按批准的地震安全性评价的结果且高于本地区抗震设防烈度的要求确定其地震作用。

续表

序号	强制性条文内容
3	4　适度设防类，允许比本地区抗震设防烈度的要求适当降低其抗震措施，但抗震设防烈度为6度时不应降低。一般情况下，仍应按本地区抗震设防烈度确定其地震作用。 注：对于划为重点设防类而规模很小的工业建筑，当改用抗震性能较好的材料且符合抗震设计规范对结构体系的要求时，允许按标准设防类设防
《建筑抗震设计规范（2016年版）》（GB 50011—2010）	
4	1.0.2　抗震设防烈度为6度及以上地区的建筑，必须进行抗震设计
5	1.0.4　抗震设防烈度必须按国家规定的权限审批、颁发的文件（图件）确定
6	3.1.1　所有建筑应按现行国家标准《建筑工程抗震设防分类标准》（GB 50223）确定其抗震设防类别及其抗震设防标准
7	4.2.2　天然地基基础抗震验算时，应采用地震作用效应标准组合，且地基抗震承载力应取地基承载力特征值乘以地基抗震承载力调整系数计算
《建筑地基基础设计规范》（GB 50007—2011）	
8	3.0.2　根据建筑物地基基础设计等级及长期荷载作用下地基变形对上部结构的影响程度，地基基础设计应符合下列规定： 1　所有建筑物的地基计算均应满足承载力计算的有关规定； 2　设计等级为甲级、乙级的建筑物，均应按地基变形设计； 3　表3.0.2（见本部分表A.20）所列范围内设计等级为丙级的建筑物可不作变形验算，如有下列情况之一时，仍应作变形验算： （1）地基承载力特征值小于130kPa，且体型复杂的建筑； （2）在基础上及其附近有地面堆载或相邻基础荷载差异较大，可能引起基础产生过大的不均匀沉降时； （3）软弱地基上存在偏心荷载时； （4）相邻建筑过近，可能发生倾斜时； （5）地基内有厚度较大或厚薄不均的填土，其自重固结未完成时。 4　对经常受水平荷载作用的高层建筑、高耸结构和挡土墙等，以及建造在斜坡上或边坡附近的建筑物和构筑物，尚应验算其稳定性； 5　基坑工程应进行稳定性验算； 6　当地下水埋藏较浅，建筑地下室或地下构筑物存在上浮问题时，尚应进行抗浮验算
9	3.0.5　地基基础设计时，所采用的荷载效应最不利组合与相应的抗力限值应按下列规定： 1　按地基承载力确定基础底面积及埋深或按单桩承载力确定桩数时，传至基础或承台底面上的荷载效应应按正常使用极限状态下荷载效应的标准组合。相应的抗力应采用地基承载力特征值或单桩承载力特征值； 2　计算地基变形时，传至基础底面上的荷载效应应按正常使用极限状态下荷载效应的标永久组合，不应计入风荷载和地震作用。相应的限值为地基变形允许值； 3　计算挡土墙土压力、地基或斜坡稳定及滑坡推力时，荷载效应应按承载力极限状态下荷载效应的基本组合，但其分项系数均为1.0； 4　在确定基础承台高度、支挡结构截面、计算基础或支挡结构内力、确定配筋和验算材料强度时，上部结构传来的荷载效应组合和相应的基底反力，应按承载力极限状态下荷载效应的基本组合，采用相应的分项系数。 5　基础设计安全等级、结构设计使用年限、结构重要性系数应按有关规范的规定采用，但结构重要性系数 γ_0 不应小于1.0
10	6.3.1　当利用压实填土作为建筑工程的地基持力层时，在平整场地前，应根据结构类型、填料性能和现场条件等，对拟压实的填土提出质量要求。未经检验查明以及不符合质量要求的压实填土，均不得作为建筑工程的地基持力层
11	9.1.3 基坑工程设计应包括下列内容： 1　支护结构体系的方案和技术经济比较； 2　基坑支护体系的稳定性验算； 3　支护结构的承载力、稳定和变形计算； 4　地下水控制设计； 5　对周边环境影响的控制设计； 6　基坑土方开挖方案； 7　基坑工程的监测要求

续表

序号	强制性条文内容
12	9.1.9 基坑土方开挖应严格按设计要求进行，不得超挖。基坑周边堆载不得超过设计规定。土方开挖完成后应立即施工垫层，对基坑进行封闭，防止水浸和暴露，并应及时进行地下结构施工
13	10.2.1 基槽（坑）开挖到底后，应进行基槽（坑）检验。当发现地质条件与勘察报告和设计文件不一致、或遇到异常情况时，应结合地质条件提出处理意见
《建筑基坑支护技术规程》（JGJ 120—2012）	
14	3.1.2 基坑支护应满足下列功能要求： 1 保证基坑周边建（构）筑物、地下管线、道路的安全和正常使用； 2 保证主体地下结构的施工空间
15	8.2.2 安全等级为一级、二级的支护结构，在基坑开挖过程与支护结构使用期内，必须进行支护结构的水平位移监测和基坑开挖影响范围内建（构）筑物、地面的沉降监测
《混凝土结构设计规范（2015年版）》（GB 50010—2010）	
16	3.1.7 设计应明确结构的用途，在设计使用年限内未经技术鉴定或设计许可，不得改变结构的用途和使用环境
17	4.2.2 钢筋的强度标准值具有不小于95%的保证率。 普通钢筋的屈服强度标准值 f_{yk}、极限强度标准值 f_{stk}应按表 4.2.2-1 采用；预应力钢丝、钢绞线和预应力螺纹钢筋的屈服强度标准值 f_{pyk}、极限强度标准值 f_{ptk}应按表 4.2.2-2 采用
18	4.2.3 普通钢筋的抗拉强度设计值 f_y、抗压强度设计值 f'_y应按表 4.2.3-1 采用；预应力筋的抗拉强度设计值 f_{py}、抗压强度设计值 f'_{py}应按表 4.2.3-2 采用。 当构件中配有不同种类的钢筋时，每种钢筋应采用各自的强度设计值。横向钢筋的抗拉强度设计值 f_{yv}应按表中 f_y 的数值采用；当用作受剪、受扭、受冲切承载力计算时，其数值大于 360N/mm^2 时应取 360N/mm^2

四、设计接口要点

（一）专业间收资要点

电气提资的 GIS 设备图纸应明确基础高出地面高度，准确反映出预埋件与接地件长度、位置、数量及高出基础表面高度，同时反映出波纹管位置、避雷器、断路器、进出线套管等设备相对围墙位置。

（二）专业间提资要点

GIS 施工图不需向其他专业提资，但应注意基础是否与构架基础存在碰撞。

（三）厂家资料确认要点

电气专业进行厂家资料确认，土建专业无需进行厂家资料确认。

五、图纸设计注意要点

（一）基础设计

（1）图纸中需计列 GIS 基础所用混凝土和钢材工程量。

（2）GIS 基础本远期一次性建设完成，但避雷器仅建设本期间隔所需基础。

（3）GIS 所用大板基础应依据波纹管位置适当划分为不同板块。

（4）预埋件钢材应做热镀锌防腐处理，高度通常高出基础顶部 3～5mm，并设置排气孔。

（5）注意电缆沟沟壁是否与 GIS 基础重合，注意电缆沟与汇控柜之间开洞连接设计。

（6）注意沉降观测点埋设位置，避免因设备遮挡无法进行沉降观测。

（二）专业配合

与电气一次专业核实预埋件尺寸位置等基本参数；基础设计参考构架基础施工图，避免 GIS 基础与构架基础碰撞。

（三）会签

GIS 基础平面布置图、GIS 基础埋件布置图等完成后需与电气一次专业会签，会签要点如下：

（1）需与电气一次专业核对基础高出地面高度。

（2）需与电气一次专业核对基础埋件尺寸及位置、开洞大小及位置。

六、施工过程注意要点

（1）基坑开挖验收后，应立即进行垫层施工，防止太阳曝晒和雨水浸刷破坏基土原状结构。

（2）基础施工应采取可靠的排水措施，不得长时间晾槽或泡槽，并应及时会同甲方、监理、勘察、设计共同验槽，不得私自开挖超深基坑。

（3）所有外露铁件均须热镀锌处理，不得采用普通铁件，并要求可靠接地。

（4）埋件周边切缝，缝宽 4mm，缝深同预埋件厚度，缝内采用硅酮耐候密封胶密封。待设备安装完毕后将埋件损坏处再刷环氧富锌漆二度。

（5）施工前应进行施工安全交底，定期开展施工安全检查，确保施工作业的安全。

第七节　电容器、二次设备舱、消弧线圈及接地站用变基础

一、设计依据

（一）设计输入

（1）初步设计评审意见。

（2）区域稳定、地震、地质勘探及测量成果等资料。

（3）总图专业提供的土建总平面布置图。

（4）电气专业提供的电容器、二次设备舱、消弧线圈及接地站用变设备提资图。

（5）现场收资（涉及改造/扩建）：对于已投运变电站，应利用各方资源收资现场资料。部分工程已收集资料不满足设计要求的，应至现场复核，记录现状。主要核实内容如下：

1）前期设计图纸：各级配电装置区基础布置图、设备支架基础施工图（核对设备基础是否与前期基础碰撞）。

2）施工图阶段岩土工程勘察报告。

3）前期地基处理形式：是否已考虑为远景部分进行地基处理。

（6）现行的国家有关设计规范、规程和规定。

（二）规程、规范、技术文件

GB 50007—2011《建筑地基基础设计规范》

GB 50010—2010《混凝土结构设计规范（2015 年版）》

GB 50011—2010《建筑抗震设计规范（2016 年版）》

GB 50202—2013《建筑地基基础工程施工质量验收规范》

GB 50204—2015《混凝土结构工程施工质量验收规范》

JGJ 120—2012《建筑基坑支护技术规程》

Q/GDW 10248.2—2016《输变电工程建设标准强制性条文实施管理规程　第 2 部分：变电（换流）站建筑工程设计》

Q/GDW 10381.5—2017《国家电网有限公司输变电工程施工图设计内容深度规定　第 5 部分：220kV 智能变电站》

16G101-1《国家建筑标注设计图集：混凝土结构施工图——平面整体表示方法制图规则和构造详图》

《国家电网有限公司关于印发〈十八项电网重大反事故措施（修订版）〉的通知》（国家电网设备〔2018〕979 号）

《国网基建部关于发布〈35～750kV 输变电工程设计质量控制“一单一册”（2019 年版）〉的通知》（基建技术〔2019〕20 号）

《国家电网公司输变电工程标准工艺（2016 年版）》

《国家电网有限公司输变电工程通用设备（2018 年版）》

二、设计边界和内容

（一）设计边界

电容器、二次设备舱、消弧线圈及接地站用变场区。

（二）设计内容

设备基础施工图主要包括电容器基础施工图、二次设备舱基础施工图、消弧线圈及接地站用变基础施工图。

（1）电容器基础施工图主要包括电容器平面布置图、基础施工图、预埋件详图以及隔离开关支架详图。

（2）二次设备舱基础施工图主要包括二次设备舱基础平面布置图、梁柱施工图及预埋件平面布置图。

（3）消弧线圈及接地站用变基础施工图主要包括消弧线圈及接地站用变平面布置图、基础施工图以及预埋件平面布置图。

（三）设计流程

本节设计流程图如图 3-7-1 所示。

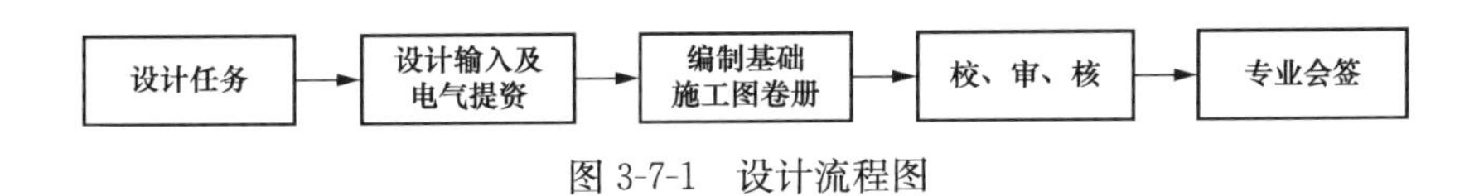

图 3-7-1　设计流程图

三、深度要求

（一）施工图深度

1. 卷册说明

（1）应说明电容器、二次设备舱、消弧线圈及接地站用变压器基础处理方案、超深换填措施。

（2）应说明钢筋、混凝土等基础用材选择方案及相关设计依据、规范要求。

（3）应说明本卷册主要设计原则，与其他卷册的分界点。

2. 设备基础平面布置图

（1）应标明设备基础的平面位置尺寸与每个基础的外形尺寸。

（2）设备支架基础及设备基础应标明相互间距、相间尺寸及与构架基础的关系尺寸。构架基础与支架基础及设备基础可合并绘制，也可单独绘制。

（3）宜表示道路、电缆沟等构筑物的位置。

（4）平面图中应标明指北针与纵横轴线坐标。

（5）应列出必要的说明，如基础材料的要求、工程地质条件、地基处理的技术措施、地基基础的设计等级、地基承载力特征值或采用的桩基承载力特征值等，并宜按统一格式列出基础一览表。

3. 支架基础及设备基础详图

（1）以平、剖面图表示出基础的外形尺寸，垫层与埋深等。注明基础标高、当埋深不一致时应分别注出。

（2）根据工艺提供的资料绘制设备基础预留管沟，标明埋件大小、位置，说明设备基础面的平整度要求及埋件的防腐处理。

（3）采用钢筋混凝土基础应按结构配筋图的要求表示出配筋情况。

（4）遇不良地基时，基础底部的加固形式、埋深、标高等均需标明。

（5）对长度较长的设备基础，明确特殊施工要求，设置沉降观测点，明确沉降观测点的平面布置及详图。

（6）基础使用材料、二次灌浆材料、杯口粗糙要求、绝对高程与标高的关系、地基承载力特征值等应加以注明。

（二）计算深度

计算内容包括支架与设备基础计算和柱脚连接计算。计算深度应符合下列规定：

（1）设备基础计算包括基础的地基承载力、抗拔与抗倾覆稳定验算，地基不均匀沉降的计算，基础配筋的计算，短柱及埋件等强度的计算。

（2）隔离开关柱脚连接计算包括柱脚连接件的数量、规格，连接件强度等的计算。

（三）反措要求

根据《国家电网有限公司关于印发〈十八项电网重大反事故措施（修订版）〉的通知》（国家电网设备〔2018〕979 号），本节不涉及十八项电网重大反事故措施。

（四）“一单一册”

根据《国网基建部关于发布〈35～750kV 输变电工程设计质量控制“一单一册”（2019 版）〉的通知》（基建技术〔2019〕20 号），本节涉及的“一单一册”相关内容如表 3-7-1 所示。

表 3-7-1　“一单一册”问题

序号	专业子项	问题名称	问题描述	原因及解决措施	问题类别
1	地基处理	回填土质量控制要求不完善	施工图回填土质量控制要求不完善，导致基础周边下沉，管道渗漏等一系列问题	设计文件中对回填土施工要求不够详细，存在漏项。施工图应明确回填土分层厚度、压实系数等要求，确保回填土质量	设计深度不足
2	其他	电抗器基础埋件和配筋形成闭合环路	空心电抗器基础和电容器中性点电抗器基础表面埋件未断开，基础配筋未采取有效绝缘措施导致形成闭合环路，设备运行时会导致设备及基础发热	专业接口要求落实不到位。空心电抗器基础和电容器中性点电抗器基础表面埋件应有效断开，基础配筋应采取绝缘卡座绝缘绑扎带等措施，避免形成闭合环路	专业配合不足

（五）强条

根据国家电网公司企业标准《输变电工程建设标准强制性条文实施管理规程　第 2 部分：变电（换流）站建筑工程设计》（Q/GDW 10248.2—2016），本节涉及的工程建设标准强制性条文执行情况如表 3-7-2 所示。

表 3-7-2　强制性条文

序号	强制性条文内容
	《建筑地基基础设计规范》（GB 50007—2011）
1	3.0.5　地基基础设计时，所采用的荷载效应最不利组合与相应的抗力限值应按下列规定： 1　按地基承载力确定基础底面积及埋深或按单桩承载力确定桩数时，传至基础或承台底面上的荷载效应应按正常使用极限状态下荷载效应的标准组合。相应的抗力应采用地基承载力特征值或单桩承载力特征值； 2　计算地基变形时，传至基础底面上的荷载效应应按正常使用极限状态下荷载效应的标永久组合，不应计入风荷载和地震作用。相应的限值为地基变形允许值； 3　计算挡土墙土压力、地基或斜坡稳定及滑坡推力时，荷载效应应按承载力极限状态下荷载效应的基本组合，但其分项系数均为 1.0； 4　在确定基础承台高度、支挡结构截面、计算基础或支挡结构内力、确定配筋和验算材料强度时，上部结构传来的荷载效应组合和相应的基底反力，应按承载力极限状态下荷载效应的基本组合，采用相应的分项系数。 5　基础设计安全等级、结构设计使用年限、结构重要性系数应按有关规范的规定采用，但结构重要性系数 $\gamma 0$ 不应小于 1.0
2	6.1.1　山区（包括丘陵地带）地基的设计，应对下列设计条件分析认定： 1　建设场区内，在自然条件下，有无滑坡现象，有无影响场地稳定性的断层、破碎带； 2　在建设场地周围，有无不稳定的边坡； 3　施工过程中，因挖方、填方、堆载和卸载等对山坡稳定性的影响； 4　地基内岩石厚度及空间分布情况、基岩面的起伏情况、有无影响地基稳定性的临空面； 5　建筑地基的不均匀性； 6　岩溶、土洞的发育程度，有无采空区； 7　出现危岩崩塌、泥石流等不良地质现象的可能性； 8　地面水、地下水对建筑地基和建设场区的影响

续表

序号	强制性条文内容
3	6.3.1　当利用压实填土作为建筑工程的地基持力层时，在平整场地前，应根据结构类型、填料性能和现场条件等，对拟压实的填土提出质量要求。未经检验查明以及不符合质量要求的压实填土，均不得作为建筑工程的地基持力层
4	6.4.1　在建设场区内，由于施工或其他因素的影响有可能形成滑坡的地段，必须采取可靠的预防措施。对具有发展趋势并威胁建筑物安全使用的滑坡，应及早采取综合整治措施，防止滑坡继续发展
5	7.2.7　复合地基设计应满足建筑物承载力和变形要求。当地基土为欠固结土、膨胀土、湿陷性黄土、可液化土等特殊土时，设计采用的增强体和施工工艺应满足处理后地基土和增强体共同承担荷载的技术要求
6	7.2.8　复合地基承载力特征值应通过现场复合地基载荷试验确定，或采用增强体载荷试验结果和其周边土的承载力特征值结合经验确定
7	9.1.3　基坑工程设计应包括下列内容： 1　支护结构体系的方案和技术经济比较； 2　基坑支护体系的稳定性验算； 3　支护结构的承载力、稳定和变形计算； 4　地下水控制设计； 5　对周边环境影响的控制设计； 6　基坑土方开挖方案； 7　基坑工程的监测要求
8	9.1.9　基坑土方开挖应严格按设计要求进行，不得超挖。基坑周边堆载不得超过设计规定。土方开挖完成后应立即施工垫层，对基坑进行封闭，防止水浸和暴露，并应及时进行地下结构施工
9	10.2.1　基槽（坑）开挖到底后，应进行基槽（坑）检验。当发现地质条件与勘察报告和设计文件不一致、或遇到异常情况时，应结合地质条件提出处理意见
10	10.2.10　复合地基应进行桩身完整性和单桩竖向承载力检验以及单桩或多桩复合地基载荷试验，施工工艺对桩间土承载力有影响时还应进行桩间土承载力检验
11	10.3.2　基坑开挖应根据设计要求进行监测，实施动态设计和信息化施工
《建筑抗震设计规范（2016年版）》(GB 50011—2010)	
12	1.0.4　抗震设防烈度必须按国家规定的权限审批、颁发的文件（图件）确定
13	4.2.2　天然地基基础抗震验算时，应采用地震作用效应标准组合，且地基抗震承载力应取地基承载力特征值乘以地基抗震承载力调整系数计算
14	4.3.2　存在饱和砂土和饱和粉土（不含黄土）的地基，除6度设防外，应进行液化判别；存在液化土层的地基，应根据建筑的抗震设防类别、地基的液化的等级，结合具体情况采取相应的措施
15	4.4.5　液化土中桩的配筋范围，应自桩顶至液化以下符合全部消除液化沉陷所要求的深度，其纵向钢筋与桩顶部相同，箍筋应加密
《建筑基坑支护技术规程》(JGJ 120—2012)	
16	3.1.2　基坑支护应满足下列功能要求： 1　保证基坑周边建（构）筑物、地下管线、道路的安全和正常使用； 2　保证主体地下结构的施工空间
17	8.2.2　安全等级为一级、二级的支护结构，在基坑开挖过程与支护结构使用期内，必须进行支护结构的水平位移监测和基坑开挖影响范围内建（构）筑物、地面的沉降监测
《混凝土结构设计规范（2015年版）》(GB 50010—2010)	
18	3.1.7　设计应明确结构的用途，在设计使用年限内未经技术鉴定或设计许可，不得改变结构的用途和使用环境
19	3.3.2　对持久设计状况、短暂设计状况和地震设计状况，当用内力的形式表达时，结构构件应采用下列承载能力极限状态设计表达式： $\gamma_0 S \leqslant R$　(3.3.2-1) $R=R(f_c, f_\xi, a_k, \cdots)/\gamma_{Rd}$　(3.3.2-2)
20	4.1.3　混凝土轴心抗压强度 f_{ck} 的标准值应按表4.1.3-1采用；轴心抗拉强度 f_{tk} 的标准值应按表4.1.3-2采用

续表

序号	强制性条文内容
21	4.1.4 混凝土轴心抗压强度的设计值 f_c 应按表 4.1.4-1 采用；轴心抗拉强度的设计值 f_t 应按表 4.1.4-2 采用
22	4.2.2 钢筋的强度标准值具有不小于 95%的保证率。普通钢筋的屈服强度标准值 f_{yk}、极限强度标准值 f_{stk}应按表 4.2.2-1 采用；预应力钢丝、钢绞线和预应力螺纹钢筋的屈服强度标准值 f_{pyk}、极限强度标准值 f_{ptk}应按表 4.2.2-2 采用
23	4.2.3 普通钢筋的抗拉强度设计值 f_y、抗压强度设计值 f'_y应按表 4.2.3-1 采用；预应力筋的抗拉强度设计值 f_{py}、抗压强度设计值 f'_{py}应按表 4.2.3-2 采用。当构件中配有不同种类的钢筋时，每种钢筋应采用各自的强度设计值。横向钢筋的抗拉强度设计值 f_{yv}应按表中 f_y 的数值采用；当用作受剪、受扭、受冲切承载力计算时，其数值大于 360N/mm² 时应取 360N/mm²
24	8.5.1 钢筋混凝土结构构件中纵向受力钢筋的配筋百分率 ρ_{min}不应小于表 8.5.1 规定的数值

四、设计接口要点

（一）专业间收资要点

电气提资的设备基础图纸应明确设备荷载、基础高出地面高度，准确反映出预埋件与接地件长度、位置、数量及高出基础表面高度，同时反映出埋管定位，明确厂供设备。

（二）专业间提资要点

设备基础施工图无需向其他专业提资，但应注意基础是否与其他基础存在碰撞、埋管及预埋件定位需电气核实。

（三）厂家资料确认要点

电气专业进行厂家资料确认，土建专业无需进行厂家资料确认。

五、图纸设计注意要点

（一）基础设计

（1）图纸中需计列设备基础所用混凝土和钢材工程量。

（2）图纸中注明埋管路径以及埋管伸出地面高度。

（3）对处于混凝土浇灌面上的预埋件，如果锚板平面尺寸较大（两个边长均大于250mm 时），则应在板面中部适当位置开设直径不小于 30mm 的排气溢浆孔，以利混凝土浇灌捣实。当预埋件为槽钢时注明槽钢开口方向。

（4）注意电缆沟沟壁是否与设备基础碰撞。

（5）注明地基承载力要求，基础回填土必须分层夯实，分层厚度不大于 300mm，压实系数不小于 0.94。对超深部分，采用 C15 素砼自持力层下 300mm 浇筑至基础垫层底设计标高（按 1∶0.1 放坡），素砼顶面尺寸为该基础垫层尺寸每边加 100mm。

（6）围栏基础预埋件一般为槽钢，若电容器围栏基础宽度过小导致后期施工中混凝土难以浇灌捣实，可将槽钢分段或预埋钢板，但钢板必须与围墙立柱定位匹配。

（7）电容器围栏基础设置伸缩缝时，做法见图集皖 01J—307，伸缩缝采用耐候胶密封。

（8）隔离开关基础采用外露式基础，列表注明所有构件的规格，隔离开关支架方向应与电气图纸配合后确定。

（9）图纸中注明框架梁柱构造要求。框架梁、柱配筋及节点抗震构造要求（除单项图纸注明外）应按国标图集 16G101—1 中的构造施工。梁、柱及基础施工图应严格按照图集 16G101 进行绘制。

（二）专业配合

同电气一次专业核对预埋件尺寸和位置、预埋件顶部与基础顶部相对高差、埋管路径和定位以及露出地面高度等基本参数，同时结合土建其他卷册避免设备基础与其他基础碰撞。

（三）会签

接地变及消弧线圈基础施工图、电容器基础平面布置图、二次设备舱基础、梁、柱施工图等完成后需与电气一次、二次专业会签，会签要点如下：

（1）需与电气一次专业核对站用变、电容器设备位置及设备尺寸参数，核对基础埋件位置。

（2）需与电气二次专业核对二次设备舱电缆沟位置，电缆进舱口位置，核实与基础柱是否有碰撞。

六、施工过程注意要点

（1）基坑开挖验收后，应立即进行垫层施工，防止太阳曝晒和雨水浸刷破坏基土原状结构。

（2）基础施工应采取可靠的排水措施，不得长时间晾槽或泡槽，并应及时会同甲方、监理、勘察、设计共同验槽，不得私自开挖超深基坑。

（3）钢构件均需整体镀锌防腐，所有埋件均需要可靠接地，接地做法及要求参见电气相关图纸。

（4）所有预埋穿管的弯曲直径不得小于 $10d$（d 为预埋穿管直径）。

（5）基础中钢筋交点需增加绝缘环，交点钢筋不得接触或连通，以免构成环形，造成环流，所有外露基础阳角均需倒圆角 R＝30mm。

（6）施工时应详细阅读图纸，要求建筑、结构、水、暖、电各工种密切配合，所有预留孔洞及预埋件应事先留置，不得事后敲凿。

（7）严格执行质量通病防治手册、标准工艺等相关文件要求。

（8）对施工安全风险要严格控制，具体可参见《国家电网公司输变电工程施工安全风险识别、评估及预控措施管理办法》（国网（基建/3）176—2019）。

（9）施工前应进行施工安全交底，定期开展施工安全检查，确保施工作业的安全。

第八节　室 内 外 给 排 水

一、设计依据

（一）设计输入

（1）初步设计评审意见。

（2）工程所在地的水文、气象、环保、水质资料。

（3）区域稳定、地震、地质勘探及测量成果等资料。

（4）总图专业提供的征地图、土建总平面布置图。

（5）电气专业提供的主变压器设备资料。

（6）现场收资（涉及改造/扩建）：对于已投运变电站，应利用各方资源收资现场资料。部分工程已收集资料不满足设计要求的，应至现场复核，记录现状。主要核实内容如下：

1）站外排水地点情况是否满足站内雨水排放要求，需核实站外沟渠或市政雨水井位置及深度，并取得相应排水协议。

2）核实站外排水地点附近是否有地下管沟设施，如市政给排水管道、燃气管道、通信电缆等。

3）采用市政供水时需核实供水位置、管径、水压等基本资料，采用站内打井取水时需核实地下水水量、水质情况，获取打井报告。

4）对于扩建工程，需收资站内原有给排水平面布置图。

（7）现行的国家有关设计规范、规程和规定。

（二）规程、规范、技术文件

GB 50013—2018《室外给水设计标准》

GB 50014—2006《室外排水设计规范（2016 年版）》

GB 50015—2019《建筑给水排水设计标准》

DL/T 5458—2012《变电工程施工图设计内容深度规定》

Q/GDW 10248.2—2016《输变电工程建设标准强制性条文实施管理规程　第 2 部分：变电（换流）站建筑工程设计》

Q/GDW 10381.5—2017《国家电网有限公司输变电工程施工图设计内容深度规定　第 5 部分：220kV 智能变电站》

《国家电网有限公司关于印发〈十八项电网重大反事故措施（修订版）〉的通知》（国家电网设备〔2018〕979 号）

《国家电网公司输变电工程标准工艺（2016 年版）》

《国家电网有限公司输变电工程通用设备（2018 年版）》

二、设计边界和内容

（一）设计边界

给排水卷册主要为室内外给排水，其中室内给排水为站内建筑物室内给排水系统，边界为与室外给排水连接处；室外给排水即站内建筑物以外的给排水，边界至征地周边的雨水排放地点。

（二）设计内容

室外给排水系统主要外站内雨水管网平面布置图、站内给水管网平面布置图、污水管网平面布置图、排油管网平面布置图及事故油池施工图。室内给排水图纸主要包括室内给排水平面布置图，给水与排水系统轴测图及材料表。

（三）设计流程

本节设计流程图如图 3-8-1 所示。

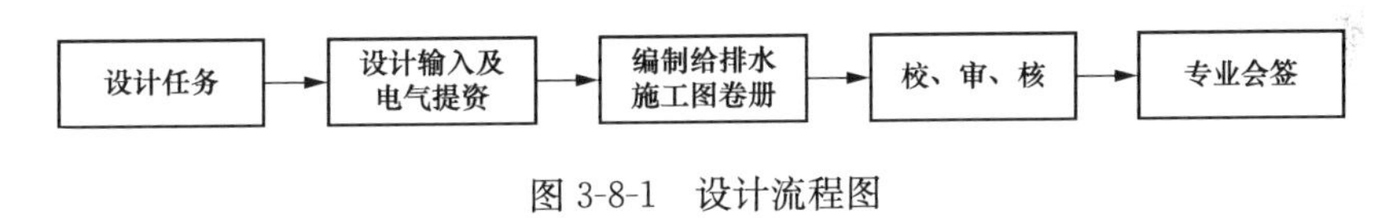

图 3-8-1　设计流程图

三、深度要求

（一）施工图深度

1. 卷册说明

（1）应说明管材接口、管道敷设、管道防腐等施工要求。

（2）应说明管道基础用材选择方案及相关设计依据、施工要求。

（3）应说明本卷册主要设计原则，与其他卷册的分界点。

2. 站区室外上下水管道平面布置图

（1）说明管道配置、防腐要求、接口方式、管道基础及敷设要求，给水管道试验压力，图例符号说明，管道安装与施工应遵守的规范等。

（2）平面图中应注明所有水工建（构）筑物及地下设施的坐标、尺寸，并应标注指北针。

（3）给水管道应按坐标标示管道的走向，详细标注转角点的坐标、转角角度、各段长度、水流方向，给水管道、阀门井的详细位置，位置应明确。

（4）排水管道应标注排水管道的坐标，各段管道长度、坡度、管径，标高及流向、检查井编号、排水管道、检查井的详细布置位置应明确。

（5）应注明小型给水、排水设施和构筑物（阀门井、水表井、检查井、消火栓、洒水栓、化粪池、排水口等）的具体做法。

3. 事故油池管道安装图

（1）事故油池平、剖面图中应标出油池的坐标、方位、尺寸，管道的布置、管径和标高。

（2）简要说明事故排油管道安装及防腐方法等。

4. 雨水泵井管道安装图

（1）雨水泵井平、剖面图中应标出泵井的坐标、方位、尺寸，水泵和管道的布置、管径和标高。

（2）雨水泵安装图应画出雨水泵外形和各种接口尺寸，标明基础外形尺寸，地脚螺栓预留孔洞尺寸及位置，二次灌浆高度，注出雨水泵安装尺寸及地面标高，安装方式及详细的性能参数表。

（3）简要说明雨水泵特性，管道安装及防腐要求、施工运行要求等。

5. 室内各层上下水管道平面图

（1）应注明各给排水设备、管道的位置与管道管径，与室外管道接口处的坐标和管道管径。

（2）应说明管材及接口、管道防腐方法、室内±0.000m 相当于站区的绝对标高、图例符号说明、管道安装与施工应遵守的规范。

（3）说明排水管道穿楼板预留孔洞尺寸及预埋套管要求。

6. 室内上下水管道系统图

（1）应注明各层管道的标高与管道管径，与室外管道接口处的标高与管道管径，排水管道还应注明管道的坡度。

（2）应注明管道穿过楼板的标高。

（3）对表示各种管道的符号加以说明。

7. 水工构筑物的平面布置图、剖面图及节点图

（1）根据工艺专业所提供的资料、在布置图中标示设备埋件、管道及预留孔口的位置，并注明其尺寸等。

（2）标明所采用的水工构筑物的整厚、埋深等尺寸。

（3）绘出爬梯、埋件等布置位置及节点图。

（4）附必需的说明，如池体的抗渗等级、施工缝的处理、套用的标准图集及施工的注意事项等。扼要说明有关地基概况，对不良地基的处理措施及技术要求、地基基础的设计等级、持力层地基承载力特征值，基底及基槽回填土的处理措施与要求。说明防止结构上浮的措施。

8. 配筋图

（1）绘出池体各方向的配筋图、绘出钢筋大样图。

（2）绘出池体留孔钢筋加强图。

（3）附必要的说明，如池体的钢筋、混凝土的材料，钢筋保护层厚度等。

（二）计算深度

（1）室外给排水施工图计算内容包括用水量计算、给水管网水力计算、排水管网水

力计算、污水池容积及污水处理设施计算、事故油池容积计算、雨水泵选型计算、雨水泵井容积计算等。计算深度应符合下列规定：

1）用水量计算。变电站用水量计算包括生活用水、生产人员淋浴用水、暖通用水、消防用水等计算，未预见用水量按各项用水总量的20%计。

2）给水管网水力计算。根据水力计算得出管径，求出沿程和局部水头损失及静扬程后，推算出生活水泵和供水设备的扬程。

3）排水管网水力计算。根据水力计算得出管径和相应的坡度。

4）污水池容积及污水处理设施计算。根据变电站最大日生活污水量和水质确定污水池容积和确定污水处理设施型号。

5）事故油池容积计算。根据单台主变压器（高压电抗器）总油量确定事故油池容积。

6）雨水泵选型计算。根据站区雨水设计流量确定雨水泵流量；根据排水点最高水位确定雨水泵扬程。若站区雨污水合流的，则要考虑污水排水量。

7）雨水泵井容积计算。根据雨水泵流量参数确定雨水泵井容积。

（2）室内给排水图纸计算内容主要为用水量及水力计算。计算深度应符合下列规定：

1）用水量及水力计算。

a）室内给水量计算包括生活给水、生产人员淋浴用水、暖通用水等。

b）根据水力计算得出给水及排水管道管径。

2）事故油池施工图计算内容包括事故油池容积计算、抗浮计算及池体底板、顶板、池壁计算等。计算深度应符合下列规定：

a）事故油池容积计算。计算确定事故油池的有效容积。事故油池必须分隔，以便油水自动分离。

b）抗浮计算。当墙外地下水位较高时，应进行抗浮计算。

c）池体底板、顶板、池壁计算。顶板、底板和池壁应进行内力及裂缝宽度等的计算。

（三）反措要求

根据《国家电网有限公司关于印发〈十八项电网重大反事故措施（修订版）〉的通知》（国家电网设备〔2018〕979号），本节涉及的十八项电网重大反事故措施如表3-8-1所示。

表3-8-1　　十八项反措要求

序号	条文内容
1	5.1.1.2　场地排水方式应根据站区地形、降雨量、土质类别、竖向布置及道路布置，合理选择排水方式
2	18.1.2.7　在建设工程中，消防系统设计文件应报住建部门消防机构审核或备案，工程竣工后应报住建消防机关申请消防验收或备案。消防水系统应同工业、生活水系统分离，以确保消防水量、水压不受其他系统影响；消防设施的备用电源应由保安电源供给，未设置保安电源的应按Ⅱ类负荷供电，消防设施用电线路敷设应满足火灾时连续供电的需求。变电站、换流站消防水泵电机应配置独立的电源

（四）"一单一册"

本节不涉及"一单一册"中施工图相关内容，但在初步设计阶段需出具站内打井取水用的打井报告、水质化验报告以及市政供水所需的接入点水量水压等资料。

（五）强条

根据国家电网公司企业标准《输变电工程建设标准强制性条文实施管理规程　第 2 部分：变电（换流）站建筑工程设计》（Q/GDW 10248.2—2016），本节涉及的工程建设标准强制性条文执行情况如表 3-8-2 所示。

表 3-8-2　　强 制 性 条 文

序号	强制性条文内容
《建筑给水排水设计标准》（GB50015—2019）	
1	3.3.13　严禁生活饮用水管道与大便器（槽）、小便斗（槽）采用非专用冲洗阀直接连接
2	4.4.2　排水管道不得穿越下列场所： 1　卧室、客房、病房和宿舍等人员居住的房间； 2　生活饮用水池（箱）上方； 3　遇水会引起燃烧、爆炸的原料、产品和设备的上面； 4　食堂厨房和饮食业厨房的主副食操作、烹调和备餐的上方
3	4.10.13　化粪池与地下取水构筑物的净距不得小于 30m
《室外给水设计标准》（GB 50013—2018）	
4	3.0.8　生活用水的给水系统供水水质必须符合现行国家标准《生活饮用水卫生标准》GB 5749 的有关规定，专用的工业用水给水系统水质应根据用户的要求确定
《室外排水设计规范（2016 年版）》（GB 50014—2006）	
5	4.3.3　管道基础应根据管道材质、接口形式和地质条件确定，对地基松软或不均匀沉降地段，管道基础应采取加固措施

四、设计接口要点

（一）专业间收资要点

查阅初设评审要求，明确站内供水方式。根据征地图、土建总平面布置图，核实站外排水地点能否满足要求。电气一次专业需提供主变压器储油量。

（二）专业间提资要点

水工专业需向电气专业提资相关用电设备资料，如水泵、电热水器功率等。

（三）厂家资料确认要点

无。

五、图纸设计注意要点

（一）站外排水

（1）图纸应说明站外排水地点，并标注在取得相应排水协议后排放雨水。若排入沟渠水塘，需核实沟渠水塘深度能否满足站内总排水干管深度要求；若排入市政管网，明确所排入市政窨井位置与深度。

（2）在满足洪水位的情况下，另需注重内涝情况对变电站影响。注意站内外地形高差，根据地形坡度明确站址周边雨水是否会聚集于站址周边，是否需要设置截水沟，避免站外雨水回灌站内；若站外大幅高于站内，需在围墙与护坡之间设置截水沟，并设置一定坡度，保证排水通畅。

(3) 进行雨水排放量计算时应根据不同地区暴雨强度公式进行计算，严禁使用同一公式套算。

(二) 碰撞检查

给排水管道较多，需注意相关易碰撞地点：

(1) 给排水管道间埋深不同时的碰撞。

(2) 管道与全站埋管、电缆沟的碰撞。

(3) 主变压器场区雨水管道、排油管道、消防管道、防火墙基础之间的碰撞。

(三) 专业配合

主变压器油量和安装图纸需向电气一次专业收资，土建总平面、征地图和建筑图需向土建相关专业收资，若存在碰撞问题，需专业间协调配合解决。

六、施工过程注意要点

(1) 围墙内靠近围墙侧碎石地坪场地做0.4%坡度坡向围墙下侧排水口，其余场地做0.4%坡度坡向附近雨水口。

(2) 检查井、雨水口标高应低于硬化地面，确保排水通畅。

(3) 避免管道与电缆沟、基础之间的碰撞问题产生。

(4) 站外雨水管道应根据现场地形情况进行放坡，并保证管顶覆土深度不小于300mm。

(5) 施工前应进行施工安全交底，定期开展施工安全检查，确保施工作业的安全。

第九节　暖　　通

一、设计依据

(一) 设计输入

(1) 初步设计评审意见。

(2) 工程所在地的水文、气象、环保、水质资料。

(3) 总图专业提供的征地图、土建总平面布置图。

(4) 电气专业提供的主变压器设备资料。

(5) 现行的国家有关设计规范、规程和规定。

(二) 规程、规范、技术文件

GB 50016—2014《建筑设计防火规范》

GB 50019—2015《工业建筑供暖通风及空气调节设计规范》

GB 50229—2019《火力发电厂与变电站设计防火标准》

GB 50243—2016《通风与空调工程施工质量验收规范》

DL/T 5218—2012《220kV～750kV 变电站设计技术规程》

Q/GDW 10248.2—2016《输变电工程建设标准强制性条文实施管理规程　第 2 部分：变电（换流）站建筑工程设计》

Q/GDW 10381.5—2017《国家电网有限公司输变电工程施工图设计内容深度规定第 5 部分：220kV 智能变电站》

《国家电网有限公司关于印发〈十八项电网重大反事故措施（修订版）〉的通知》（国家电网设备〔2018〕979 号）

《国网基建部关于发布〈35～750kV 输变电工程设计质量控制“一单一册”（2019 年版）〉的通知》（基建技术〔2019〕20 号）

《国家电网公司输变电工程标准工艺（2016 年版）》

《国家电网有限公司输变电工程通用设备（2018 版）》

《国家电网有限公司输变电工程质量通病防治手册》（2020 年版）

二、设计边界和内容

（一）设计边界

暖通设计对象为站内建筑物室内通风空调设计，主要为配电装置室、辅助用房及消防泵房。

（二）设计内容

配电装置室、辅助用房等建筑物内各房间的空调及通风系统选型及布置设计，主要图纸为空调通风设计施工总说明、全站空调通风平剖面图、全站空调通风设备材料表等。

（三）设计流程

本节设计流程图如图 3-9-1 所示。

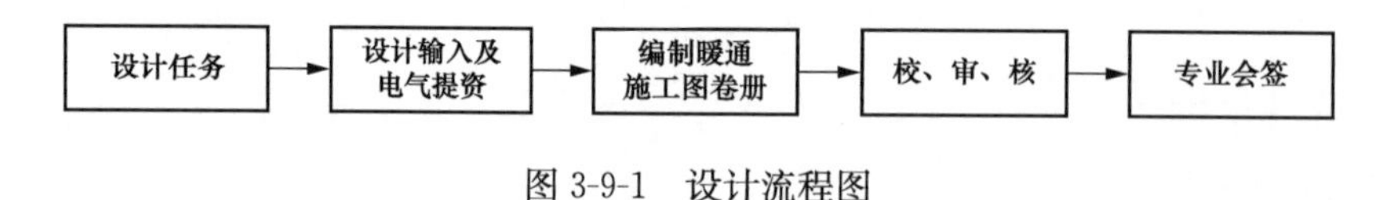

图 3-9-1　设计流程图

三、深度要求

（一）施工图深度

1. 卷册说明

（1）应说明暖通系统形式及设备参数。

（2）应说明相关设计依据、施工要求。

（3）应说明本卷册主要设计原则，与其他卷册的分界点。

2. 设计施工总说明

（1）应说明室内外设计参数包括冷源情况、冷媒参数、冷/热负荷及冷/热指标、风系统总阻力等。

（2）应说明系统形式和控制方法。

（3）应说明消音、减震、防火、防腐、保温、风管、管道等材料选择、安装要求，应说明系统试压要求、管道材料要求。

（4）应说明设计、施工应遵循的有关规程规定和施工验收规范等。

3. 通风、空调平面图

（1）应双线绘出风管、单线绘出冷冻水管等管道。

（2）标注风管及风口的尺寸、设备外形尺寸、定位尺寸，设备编号、气流方向等。

4. 通风、空调剖面图

（1）应绘出平面图中未能表达清楚的标高、尺寸。

（2）应表示出风管、风口、管道等与建筑梁、板及地面的尺寸关系。

5. 主要设备材料清册

（1）按编号注明各主要设备材料型号、数量及性能参数。

（2）注明有特殊要求的设备及材料。

6. 其他

（1）当平面图和剖面图不能表达清楚时，绘制通风/空调风系统图（透视图）。比例宜与平面图一致，按45°绘制；风系统图要注明管径、标高、坡度、坡向、设备编号；当设备部件无法表达清楚时，局部可以不按比例绘制或绘局部放大图；系统图上宜表示图例。

（2）空调系统采用冷冻水系统时，应绘制冷冻水系统图，图中要注明管径、标高、坡度、坡向、设备；冷冻水入口至干管、立管及设备、阀门等系统配件应全部绘出；当设备部件无法表达清楚时，局部可以不按比例绘制或画局部放大图；系统图上宜表示图例。

（二）计算深度

暖通设计计算内容主要包括建筑围护结构冬夏冷、热负荷计算；防、排烟量计算；通风量计算；热平衡计算；风系统阻力计算；空调和通风设备的选择计算；冷冻水管道水力及平衡计算；电气设备和其他工艺设备的发热量计算；空调系统构件或装置选择计算等。

计算深度应符合下列规定：

（1）各通风房间通风量计算。根据电气专业提供的资料，考虑排除室内余热、余湿和事故通风换气次数要求，两者相比较取较大的通风量。

（2）各空调房间空调冷、热负荷计算。对于电气设备散热量占主要冷负荷的电气设备间，空调冷负荷可采用冷负荷指标计算；其他电气设备间及附属房间应采用维护结构耗热、设备及灯光散热、太阳辐射得热、人体散热等因素综合逐时计算。

（3）通风设备选型计算及管道系统水力计算。综合考虑利用风量、风压、管道布置、风速、噪声等因素，计算选择通风设备及管道。

（4）空调设备选型计算及管路系统水力计算。根据冷、热负荷及各房间功能要求，计算选择不同的空调设备。

（三）反措要求

根据《国家电网有限公司关于印发〈十八项电网重大反事故措施（修订版）〉的通知》（国家电网设备〔2018〕979号），本节涉及的十八项电网重大反事故措施如表3-9-1所示。

表3-9-1　十八项反措要求

序号	条文内容
1	5.3.1.5　酸性蓄电池室（不含阀控式密封铅酸蓄电池室）照明、采暖通风和空气调节设施均应为防爆型，开关和插座等应装在蓄电池室的门外

（四）"一单一册"

根据《国网基建部关于发布〈35～750kV输变电工程设计质量控制"一单一册"（2019年版）〉的通知》（基建技术〔2019〕20号），本节涉及的"一单一册"相关内容如表3-9-2所示。

表3-9-2　"一单一册"问题

序号	专业子项	问题名称	问题描述	原因及解决措施	问题类别
1	暖通	暖通进、排风口布置不合理	进、排风口距离过近，室内气流组织不佳，造成气流短路，房间通风效果差	暖通与相关专业配合不足，进、排风口布置不符合GB 50736—2012《民用建筑供暖通风与空气调节设计规范》相关要求。暖通专业应加强专业配合，确定合理的通风方案，送、排风口宜采取对侧或对角布置，保证整个气流走向的畅通，获得最佳的通风效果	技术方案不合理

（五）强条

根据国家电网公司企业标准《输变电工程建设标准强制性条文实施管理规程　第2部分：变电（换流）站建筑工程设计》（Q/GDW 10248.2—2016），本节涉及的工程建设标准强制性条文执行情况如表3-9-3所示。

表3-9-3　强制性条文

序号	强制性条文内容
	《建筑设计防火规范》（GB 50016—2014）
1	9.3.9　排除有燃烧或爆炸危险气体、蒸汽和排风的排风系统，应符合下列规定： 1　排风系统应设置导除静电的接地装置。 2　排风设备不应布置在地下或半地下建筑（室）内。 3　排风管应采用金属管道，并应直接通向室外安全地点，不应暗设
2	9.3.12　通风、空气调节系统的风管在下列部位应设置公称动作温度为70℃的防火阀： 1　穿越防火分区处。 2　穿越通风、空气调节机房的房间隔墙和楼板处。 3　穿越重要的或火灾危险性大的场所的房间隔墙和楼板处。 4　穿越防火分隔处的变形缝两侧。

续表

序号	强制性条文内容
2	5　竖向风管与每层水平风管交接处的水平管段上。 注：当建筑内每个防火分区的通风、空气调节系统均独立设置时，水平风管与竖向总管的交接处可不设置防火阀
《火力发电厂与变电站设计防火规范》(GB 50229—2019)	
3	8.1.5　室内采暖系统的管道、管件及保温材料应采用不燃烧材料
4	11.6.1　地下变电站采暖、通风和空气调节设计应符合下列规定： 1　所有采暖区域严禁采用明火取暖。 2　电气配电装置室应设置机械排烟装置，其他房间的排烟设计应符合现行国家标准《建筑设计防火规范》GB 50016 的规定。 3　当火灾发生时，送、排风系统、空调系统应能自动停止运行。当采用气体灭火系统时，穿过防火区的通风或空调风道上的防火阀应能立即自动关闭
《工业建筑供暖通风与空气调节设计规范》(GB 50019—2015)	
5	6.3.10　排除氢气与空气混合物时，建筑物全面通风系统室内吸风口的布置应符合下列规定： 1　吸风口上缘至顶棚平面或屋顶的距离不应大于 0.1m。 2　因建筑构造形成的有爆炸危险气体排出的死角处应设置导流设施
6	6.4.7　事故通风的通风机应分别设在室内及靠近外门的外墙上设置电气开关

四、设计接口要点

（一）专业间收资要点

建筑平面图中需明确二次设备室、蓄电池室、开关室室内屏柜布置方式，同时核实开关室内母线桥管道高度，以及是否存在六氟化硫气体。户内变电站需向电气收资主变压器、电容器等设备发热量。

（二）专业间提资要点

暖通图提资给建筑电气和电气二次专业，图纸中明确体现暖通设备布置位置、功率、控制要求等。

（三）厂家资料确认要点

无。

五、图纸设计注意要点

（一）暖通设计

（1）靠近主变压器一侧的墙体为防火墙时，防火墙上不应开设门窗风机空洞。

（2）空调室外机宜布置在排水口附近，便于冷凝水排放；空调室内机位置尽量避免压住电缆沟盖板。

（3）蓄电池室风机及空调应采用防爆型。

（4）蓄电池室排风管道吸风口应朝向顶棚且距离不大于 100mm，已排出氢气。

（5）核实开关室是否存在六氟化硫气体，若存在需设置下部排风系统用以排出沉积在地面的六氟化硫气体。

（6）开关室应同时设置空调与除湿机，不应用空调代替除湿机。

（7）开关室轴流风机应设置一定长度的风管，避免室内气流短路。

（8）户内变电站变压器室、电容器室等发热量较大的房间，应根据电气设备发热量和换气次数计算所需通风量，取两者中较大值作为通风量。

（二）专业配合

与电气专业核实开关室内部母线桥套筒位置与高度，避免与风管碰撞；向建筑专业提资风机空洞位置；图纸完成后提资给建筑电气和电气二次专业。

六、施工过程注意要点

（1）空调冷凝水排放采用埋管暗排至就近雨水口。

（2）空调管道穿越墙体处需用不低于墙体耐火极限的防火材料进行封堵。

（3）风机孔洞尺寸需与厂家进行核实后，明确具体开洞尺寸。

（4）施工前应进行施工安全交底，定期开展施工安全检查，确保施工作业的安全。

第十节　全　站　消　防

一、设计依据

（一）设计输入

（1）初步设计评审意见。

（2）工程所在地的水文、气象、环保、水质资料。

（3）总图专业提供的土建总平面布置图。

（4）建筑专业提供的站内建筑图。

（5）电气专业提供的主变压器设备资料。

（6）现场收资（涉及改造/扩建）：对于已投运变电站，应利用各方资源收资现场资料。部分工程已收集资料不满足设计要求的，应至现场复核，记录现状。主要核实内容如下：

1）若前期主变压器为采用水喷雾或泡沫喷雾灭火系统，收资时需获取土建总平面图纸、给排水图纸、主变压器场区布置图纸，明确消防泵房及水池、雨淋阀室或泡沫设备室位置，明确消防供水方式。

2）避免消防管道与给排水管道及设备基础间的碰撞。

（7）现行的国家有关设计规范、规程和规定。

（二）规程、规范、技术文件

GB 50013—2018《室外给水设计标准》

GB 50016—2014《建筑设计防火规范》

GB 50140—2005《建筑灭火器配置设计规范》

GB 50151—2010《泡沫灭火系统设计规范》

GB 50229—2019《火力发电厂与变电站设计防火标准》

GB 50281—2006《泡沫灭火系统施工及验收规范》

GB 50974—2014《消防给水及消火栓系统技术规范》

GB/T 50219—2014《水喷雾灭火系统技术规范》

DL/T 5027—2015《电力设备典型消防规程》

DL/T 5458—2012《变电工程施工图设计内容深度规定》

Q/GDW 10248.2—2016《输变电工程建设标准强制性条文实施管理规程　第2部分：变电（换流）站建筑工程设计》

Q/GDW 10381.5—2017《国家电网有限公司输变电工程施工图设计内容深度规定　第5部分：220kV智能变电站》

《国家电网有限公司关于印发〈十八项电网重大反事故措施（修订版）〉的通知》（国家电网设备〔2018〕979号）

《国家电网公司输变电工程标准工艺（2016年版）》

《国家电网有限公司输变电工程通用设备（2018年版）》

二、设计边界和内容

（一）设计边界

全站消防设计主要针对场区内建筑物和主变压器，其中主变压器消防灭火系统设计对象为220kV变电站；室内外消火栓系统设计对象为110kV及220kV户内变电站，主要为配电装置室及辅助用房；消防器材配置设计对象为各电压等级变电站全站灭火器等消防设施。

（二）设计内容

全站消防施工图主要包括主变压器消防灭火系统施工图、室内外消火栓系统施工图、消防器材配置施工图。

主变压器消防灭火系统为主变压器泡沫喷雾灭火系统和主变压器水喷雾灭火系统设计，主要图纸包括主变压器灭火系统原理图、主变压器消防设备间平剖面图、主变压器消防管道平面布置图、主变压器消防管道立面布置图、主变压器消防管道透视图、喷头配水支管安装图、管道支架安装图等。

室内外消火栓系统设计主要包括消防泵房及水池工艺图纸设计和消防管道系统设计，主要图纸为消防泵房及水池平面图、消防泵房及水池剖面图、室内外消火栓平面布置图、管道轴测图、水泵安装大样图等。

消防器材配置设计主要为全站灭火设施布置，图纸主要包括说明、建筑物各层灭火器平面布置图、灭火器配置明细表、主变压器消防砂箱平面布置图、消防砂箱详图等。

（三）设计流程

本节设计流程图如图3-10-1所示。

图 3-10-1　设计流程图

三、深度要求

（一）施工图深度

1. 卷册说明

（1）应说明灭火器配置种类、适用范围、设置及维护要求。

（2）应说明相关设计依据、配置要求。

（3）应说明本卷册主要设计原则，与其他卷册的分界点。

2. 生活消防泵房及水池平面图

生活消防泵房及水池平面图需标注泵房及水池的坐标，水泵、管道、控制、电气及起吊设备的平面位置、管道规格、设备型号，标准构件采用的标准图编号。

3. 生活消防泵房及水池剖面图

生活消防泵房及水池剖面图需标注管道规格及标高，标准构件采用的标准图编号。

4. 管道轴侧图

管道轴侧图需标注管道规格及标高。

5. 水泵安装大样图

（1）标明水泵基础尺寸、地脚螺栓预留孔洞尺寸及位置、二次灌浆高度、水泵外形尺寸、进出水口规格和方位、安装方式。

（2）绘制性能参数表。

6. 主变压器灭火系统原理图

主变压器灭火系统原理图需对主变压器消防方式在灭火机理、系统动作原理等方面做出说明。

7. 主变压器消防设备间平剖面图

主变压器消防设备间平剖面图需注明设备尺寸、定位尺寸、基础尺寸、管道布置及走向、雨淋阀或其他阀门的安装位置。

8. 主变压器消防管道平面布置图

（1）注明管径、管材及接口、工作压力、试验压力、管道走向、防腐措施等具体要求。

（2）注明喷头的安装角度及支架位置。

9. 主变压器消防管道立面布置图

主变压器消防管道立面布置图需注明管道管径、标高、管道走向等具体要求。

10. 主变压器消防管道透视图

主变压器消防管道透视图需注明管径、管道走向、管道标高、喷头等具体要求。

11. 喷头配水支管安装图

喷头配水支管安装图需注明喷头连接方法及详图。

12. 管道支架安装图。

管道支架安装图需注明基础做法、支架的管径、标高、管箍的做法。

13. 消防器材配置说明

(1) 配置灭火器需依据的规程和规范。

(2) 配置灭火器的种类和使用范围。

(3) 灭火器的设置要求。

(4) 灭火器的日常维护。

14. 建筑物各层灭火器平面布置图

建筑物各层灭火器平面布置图结合主要生产建筑物的平面布置，按现行的有关规范配置灭火器并标注定位尺寸，明确灭火器的布置形式。

15. 灭火器配置明细表

统计整个工程的灭火器配置数量，列出明细表。

16. 主变压器消防砂箱平面布置图

主变压器消防砂箱平面布置图根据变压器的位置，确定消防砂箱的定位。

(二) 计算深度

计算内容包括：消防水泵的流量和扬程计算、消防水池的容积计算、消防管网的水力计算等。

(1) 消防水泵的流量和扬程计算：

1) 根据生活用水量及所需压力确定生活水泵的流量和扬程。

2) 根据消火栓及主变压器水喷雾消防设计流量及所需压力确定消防水泉的流量和扬程。

(2) 消防水池的容积计算：根据消火栓及主变压器水喷雾消防总用水量确定消防水池有效容积。

(3) 消防管网的水力计算：根据水力计算得出生活给水及消防管道管径。

变电站的消防给水量应按火灾时一次最大室内和室外消防用水量之和计算。

对于1100kV户内变电站，站内建筑耐火等级一级，火灾危险性丙类，设置室内外消火栓系统，室内消火栓用水量标准按20L/S，延续时间3h计算用水量为216m^3；室外消火栓用水量标准按25L/S，延续时间3h计算用水量为270m^3。消防水池有效容积不小于486m^3。

对于220kV户外变电站，当采用泡沫喷雾灭火系统时，灭火剂供给强度不小于8L/(min·m^2)，系统连续供给时间不小于15min，保护面积按变压器油箱本体水平投影且四周外延1m的面积计算合成泡沫灭火剂用量；当采用水喷雾灭火系统时，需同时设置室外消火栓系统。其中油浸式电力变压器及其集油坑水量供给强度分别为20L/(min·m^2)

和 6L/(min·m^2)，持续供给时间为 0.4h；室外消火栓用水量标准按 15L/S，延续时间 2h 计算用水量为 108m^3。变压器的保护面积包括扣除底面面积以外的变压器油箱外表面面积、散热器的外表面面积、油枕及集油坑的投影面积。消防水池有效容积取 300m^3。

对于 220kV 户内变电站，站内建筑耐火等级一级，火灾危险性丙类，体积大于 20000m^3。建筑物采用室内消火栓系统，主变压器采用水喷雾灭火系统，同时设置室外消火栓系统。室内消火栓用水量标准按 20L/S，延续时间 3h 计算用水量为 216m^3；室外消火栓用水量标准按 30L/S，延续时间 3h 计算用水量为 324m^3；水喷雾系统用水量标准同户外变压器，但保护面积不包括分体式散热器面积。消防水池有效容积取 720m^3。

（三）反措要求

根据《国家电网有限公司关于印发〈十八项电网重大反事故措施（修订版）〉的通知》（国家电网设备〔2018〕979 号），本节涉及的十八项电网重大反事故措施如表 3-10-1 所示。

表 3-10-1　十八项反措要求

序号	条文内容
1	18.1.2.7　在建设工程中，消防系统设计文件应报公安机关消防机构审核或备案，工程竣工后应报公安消防机关申请消防验收或备案。消防水系统应同工业、生活水系统分离，以确保消防水量、水压不受其他系统影响；消防设施的备用电源应由保安电源供给，未设置保安电源的应按Ⅱ类负荷供电，消防设施用电线路敷设应满足火灾时连续供电的需求。变电站、换流站消防水泵电机应配置独立的电源

（四）“一单一册”

本节不涉及“一单一册”相关内容。

（五）强条

根据国家电网公司企业标准《输变电工程建设标准强制性条文实施管理规程　第 2 部分：变电（换流）站建筑工程设计》（Q/GDW 10248.2—2016），本节涉及的工程建设标准强制性条文执行情况如表 3-10-2 所示。

表 3-10-2　强制性条文

序号	强制性条文内容
《火力发电厂与变电站设计防火规范》（GB 50229—2019）	
1	11.2.8　地下变电站、地上变电站的地下室、半地下室的安全出口数量不应少于 2 个。地下室与地上层不应共用楼梯间，当必须共用楼梯间时，应在地上首层采用耐火极限不低于 2h 的不燃烧隔墙和乙级防火门将地下或半地下部分与地上部分的连通部分完全隔开，并应有明显标志
2	11.5.11　变电站的消防给水量应按火灾时一次最大室内和室外消防用水量之和计算
3	11.5.17　消防水泵房应有不少于 2 条出水管与环状管网连接，当其中一条出水管检修时，其余的出水管应满足全部出水量。消防泵组应设试验回水管，并配装检查用的放水阀门、水锤消除、安全泄压及压力、流量测量装置
《建筑灭火器配置设计规范》（GB 50140—2005）	
4	4.1.3　在同一灭火器配置场所，当选用两种或两种以上类型灭火器时，应采用灭火剂相容的灭火器
5	4.2.1　A 类火灾场所应选择水型灭火器，磷酸铵盐干粉灭火器，泡沫灭火器或卤代烷灭火器
6	4.2.5　E 类火灾场所应选择磷酸铵盐干粉灭火器、碳酸氢钠干粉灭火器、卤代烷灭火器或二氧化碳灭火器，但不得选用装有金属喇叭喷筒的二氧化碳灭火器

续表

序号	强制性条文内容
7	5.1.1　灭火器应设置在位置明显和便于取用的地点，且不得影响安全疏散
8	7.1.2　每个灭火器设置点实配灭火器的灭级别和数量不得小于最小需配灭火级别和数量的计算值
9	7.1.3　灭火器的设置点的位置和数量应根据灭火器的最大保护距离确定，并应保证最不利点至少在1具灭火器的保护范围
《水喷雾灭火系统技术规范》(GB/T 50219—2014)	
10	3.2.3　水喷喷头与保护对象之间的距离不得大于水雾喷头的有效射程
11	4.0.2　1扑救电气火灾，应选用离心雾化型水雾喷头
《泡沫灭火系统设计规范》(GB 50151—2010)	
12	3.7.1　泡沫灭火系统中所用的控制阀门应有明显的启闭标志
13	3.7.6　泡沫管道应采用不锈钢管
14	3.7.7　在寒冷季节有冰冻的地区，泡沫灭火系统的湿式管道应采取防冻措施

四、设计接口要点

（一）专业间收资要点

主变压器消防系统卷册收资时需要详细的主变压器安装图纸，能反映出主变压器尺寸、主变压器周围设备位置高度等。

（二）专业间提资要点

消防专业需向电气专业提资相关用电设备资料，如消防水泵、雨淋阀功率等；同时向结构专业提资消防泵房及水池工艺图。

（三）厂家资料确认要点

主变压器消防系统厂家资料确认时应注意喷头位置，保证满足电气安全；采用泡沫喷雾系统时，注意核实泡沫容量。

五、图纸设计注意要点

（一）安全距离

（1）主变压器消防系统的喷头、管道与高压电气设备带电（裸露）部分最小净距必须符合变压器安全运行的规定，即60kV不小于0.65m，110kV不小于1m，220kV不小于1.8m，500kV不小于3.8m。

（2）室外消火栓距路边不宜小于0.5m，且不大于2.0m；距离建筑物外墙或外墙边缘不宜小于5.0m。

（二）碰撞检查

消防管道敷设长度较长，需注意相关易碰撞地点：

（1）与给排水管道间埋深不同时的碰撞。

（2）与全站埋管、电缆沟的碰撞。

（3）与主变压器场区雨水管道、排油管道、中性点装置基础、构架基础、防火墙基础之间的碰撞。

（三）专业配合

（1）依据电气专业提供的主变压器安装图纸，完成主变压器周围消防管道及喷头布置，满足电气安全规定要求。

（2）与水工专业配合，核实消防管道与给排水管道之间是否存在碰撞；消防管道若无法避开设备基础，可与结构专业配合通过改变设备基础尺寸埋深等避免碰撞；与暖通专业配合，避免消火栓箱与空调室外机碰撞。

六、施工过程注意要点

（1）消防管道采用热镀锌管道，并依据规范做防腐处理，钢管安装和回填土时，应注意防止损坏防腐层。

（2）当消防管道与电缆沟、雨水管或排油管发生碰撞时，消防管道下弯至电缆沟、雨水管排油管底部通过。

（3）主变压器周围消防管道和喷头安装完毕后，电气安全间距按规范要求进行现场复测，如果不满足要求，及时调整。

（4）施工前应进行施工安全交底，定期开展施工安全检查，确保施工作业的安全。